海洋的新边界

Regards sur la Terre 看地球II

Océans : la nouvelle frontière

皮埃尔・雅克 拉金德拉・K. 帕乔里 劳伦斯・图比娅娜/主编 潘革平/译
Pierre Jacquet Rajendra K. Pachauri Laurence Tubiana

Regards sur la Terre 2011, L'annuel du développement durable
Océans : la nouvelle frontière
Pierre Jacquet, Rajendra K. Pachauri, Laurence Tubiana (dir.)

A Planet for Life, Sustainable Development in Action
Oceans: The New Frontier
Pierre Jacquet, Rajendra K. Pachauri, Laurence Tubiana (editors)

本书根据法国开发署（AFD）2011 年版译出

Regards sur la Terre 看地球II

Océans : la nouvelle frontière

皮埃尔·雅克　拉金德拉·K. 帕乔里　劳伦斯·图比娅娜/主编　潘革平/译
Pierre Jacquet　Rajendra K. Pachauri　Laurence Tubiana

社会科学文献出版社
SOCIAL SCIENCES ACADEMIC PRESS (CHINA)

目录

8 总论　一个新兴世界

皮埃尔·雅克，拉金德拉·K.帕乔里，劳伦斯·图比娅娜

16 引言　海洋：新边界

拉斐尔·若藏，朱利安·罗谢特，桑吉维·孙达尔

23 第一章　与海洋共谋未来

戴维·卡隆

30 第二章　一个待发现的世界：生物多样性评估

埃尔娃·埃斯科巴尔，朱利安·巴尔比埃

37 聚焦　海底山：生物多样性的绿洲？

莫里吉奥·武尔茨

41 聚焦　海洋和沿海生态系统的经济价值评估

托马斯·比内，艾德琳·博罗·德巴蒂斯蒂，皮埃尔·法耶

45 第三章　海洋：取之不尽的能源之源？

乔·阿皮奥蒂

54 第四章　全球化的海洋经济：何种代价？

帕特里克·肖梅特

63 聚焦　船舶拆解：寻求可持续发展的经济

玛丽·布雷尔

67 第五章　鱼与人的关系：如何管理“不可管理者”？

雅恩·彼得·约翰森，彼得·霍尔姆，彼得·辛克莱，迪安·巴温顿

76 聚焦　鱼类资源枯竭：水产养殖能替代吗？

索菲·吉拉尔，菲利普·格罗

80 第六章　海洋治理：过于分散的管理框架？

迪雷·特拉迪

87 第七章　海洋保护的区域路径：“区域海洋”的经验

朱利安·罗谢特，吕西安·沙巴松

96 聚焦　东非：生态系统方法的贡献

克莱尔·阿特伍德

99 聚焦　欧盟“Natura 2000”网络：欲向海洋领域延伸

洛朗·热尔曼

103 聚焦 东非：陆地源污染防控
阿孔加·莫马尼

107 第八章 海上运输：经济与环境问题的交汇点
安托万·弗雷蒙

117 第九章 打击非法捕捞
戈登·蒙罗，拉希德·苏迈拉

125 聚焦 渔业码头：陆地与海洋之间的纽带
弗朗索瓦·亨利，迪迪埃·西蒙

128 聚焦 欧盟与西非的渔业协定评述
托马斯·比内，皮埃尔·法耶

134 第十章 有关捕鲸之争的观点交锋
雷米·帕芒蒂埃，森下助二

144 第十一章 海洋遗传资源，活体专利申请权和生物多样性保护
戴维·利里

153 聚焦 公海生物多样性的地位问题：相关国际讨论详解
瓦伦丁娜·格尔马尼，夏洛特·萨尔皮尼

156 第十二章 海洋增铁“施肥”：2009年德印联合科考行动
赛义德·瓦吉赫·纳克维，维克托·斯梅塔切克，阿尔弗雷德·韦格纳

165 第十三章 北极治理的挑战
尼尔·汉密尔顿

173 聚焦 海上石油开采或将受到国际监管？
吕西安·沙巴松

178 聚焦 一个塑料的海洋：太平洋垃圾旋涡
保罗·约恩斯通，戴维·桑蒂洛，米歇尔·奥尔索普，理查德·佩奇

182 第十四章 气候：海洋的挑战
苏珊·艾弗里，亚历山大·马尼安，本杰明·加尔诺，斯科特·多尼

一个新兴世界

皮埃尔 · 雅克（Pierre Jacquet）
法国开发署首席经济学家、法国国立桥路大学校教授、法国经济学家俱乐部会员

拉金德拉 ·K. 帕乔里（Rajendra K. Pachauri）
政府间气候变化小组（GIEC）主席、印度能源和资源研究所（TERI）所长

劳伦斯 · 图比娅娜（Laurence Tubiana）主编
法国可持续发展与国际关系研究所（Iddri）所长，巴黎政治学院教授、美国哥伦比亚大学教授

在国际生物多样性年即将结束之际，《看地球》系列丛书决定将这一活动进一步延伸，把专辑2011年版的主题定为海洋。事实上，海洋是一个巨大的生物多样性宝库，也是未来几十年人类所面临的主要挑战之一。海洋不仅在调节气候、食物和工业、交通运输、娱乐、生物多样性保护、技术创新、全球治理等方面发挥着重要作用，甚至在非法活动或冲突、社会传统以及一些虚构的故事中也有着至关重要的作用。海洋是社会、经济、环境、文化和政治等各种问题的交汇点，它们也因此成为人类活动的“新边界”，成为集体行为以及社会与自然资源之间互动的一个巨大的试验场。这些主题将是2011年版《看地球》丛书的核心内容，之后在导论部分将有更详细的介绍。

在这一开篇概述中，我们将对可持续发展行动的背景作简要回顾。首先，2007年爆发的危机所造成的后果及影响，使得一些与可持续发展相关的经济和社会支柱得到了进一步强化，人们对于世界经济增长前景、对各国国内不平等现象的加剧以及对各国政府把公共资金用于促进绿色和包容性增长的能力等方面的担忧也更加强烈了。然而，2010年仍然取得了一些令人鼓舞的成果：在名古屋召开的生物多样性问题首脑会议（2010年10月18日至29日）以及在坎昆召开的世界气候大会（2010年11月29日至12月10日）——此次会议使得2009年年底在哥本哈根峰会上遭遇困难的多边谈判得以重启。这些事例证实了各级治理机构——包括地方治理机构与全球性治理机构——之间的互动。

怎样的经济模式会从危机中脱颖而出？

在危机爆发三年后，全球经济增长前景有所好转，现在可以说这场危机已经“过去”了吗？当然，金融危机的冲击已经过去。然而这种冲击对于宏观局势、经济增长潜力、日益悬殊的贫富差距、国际关系以及全球化治理等方面的后续影响仍将持续很多年。从南到北，各种各样的救助计划发挥了作用。然而，一方面，这些计划虽然使不同的国家减少了损失，甚至加快了新兴经济体的复苏，但它们并没有解决全球宏观经济失衡的问题——其特征是东方国家的流动性过剩而全球层面则缺乏协调的金融与货币治理；另一方面，这些救助计划也产生了后遗症，尤其是主要的

工业化国家出现了公共财政难以为继的问题——欧元区当前所面临的严重危机就是最好的证明，尽管这里的财政赤字并没有出现大的偏差。

分离与重新定位

从总体上看，发展中国家受这场危机的影响要低于工业化国家。这些工业化国家长期以来一直面临着失业率居高不下、经济增长疲软——最好的情况是经济有望于2011年或在未来的几年间恢复增长。与此相反，新兴国家以及许多发展中国家的增长势头却颇为强劲——过去几十年间所进行的痛苦的经济调整使这些国家的宏观经济获得了一定的腾挪空间，而这是十分有益的。当然，危机使各地的增长速度明显放缓，金融危机的冲击波通过全球贸易量的剧减而影响到了实体经济。但是，正如凯末尔·德尔维[①]所说，这种外部形势趋同之下所掩藏的恰恰是结构性的分离，其表现形式就是不同地区之间增长潜力的差异。

新兴国家——尤其是亚洲——更为强劲的增长趋势进一步加剧了全球经济向亚洲和南方国家相对“倾斜”的步伐。那些新兴国家的国际地位及其经济和社会政策的选择在世界事务中变得越来越举足轻重。这一点既可以在二十国集团框架下的国际谈判中看到，也可以从国际相互依存关系所存在的问题的变化中看到。例如，国际日常收支失衡局面的调整以及国际货币体系改革的关键就是看那些拥有巨大盈余的新兴大国——尤其是中国——是否有能力对其增长模式进行调整：由过去的依赖出口转变为依靠内需来支撑——这其中既涉及经济政策，也会涉及社会政策的调整。这一转型正在进行当中，但它会以一种缓慢而渐进的方式来进行。在金融领域，新兴国家也从当前的危机中吸取了教训，并以一种谨慎而自主的方式改革自己的金融市场，今后还会更多地控制自己参与国际金融一体化的方式[②]。如今，这些新兴经济强国已参与到国际集体规则的谈判中来，并在采取主动行动、提出建议等方面显示出了巨大的能力：这些建议所涉及的领域既包括货币和金融，也包括环境保护。

非洲的新边界

非洲经济也显示出了巨大的抗冲击能力[③]，这在一定程度是因为它们介入全球金融往来的程度并不高，因而未受金融危机的直接冲击。2010年非洲经济的复苏在很大程度上得益于全球农产品以及矿产市场价格的上涨。进入21世纪以来，许多撒哈拉以南非洲国家还从未出现过如此强劲的增长势头。尽管正如2010年9月21日在纽约召开的联合国千年发展大会的报告所揭示的那样，非洲大陆在实现千年发展目标方面仍然滞后，无法在预定的期限内达到目标，但许多非洲国家的人类发展指数明显好转是一个不争的事实[④]。私人投资者重新对非洲产生了兴趣，而分析

---

① 2010年11月25日在巴黎经济学院举办的卡普钦斯基系列研讨会上，他做了一个名为“世界经济发展”的演讲。详见：www.parisschoolofeconomics.eu/IMG/pdf/KDervis-PSE-251110.pdf。

② 请参阅 Bellocq F.-X.et Zlotowski Y.，2011年，《后危机时代的新兴国家：金融一体化提上日程？》（Les pays émergents dans l'après-crise：l'intégration financière en question?），原载《金融经济》（Revue d'économie financière），3，n° 101。

③ 请参阅国际货币基金组织，2010年，《撒哈拉以南非洲：抗打击性与风险》（Afrique subsaharienne. Résilience et risques），区域经济展望。详见以下网址：www.imf.org/external/french。

④ 请参阅联合国开发计划署（PNUD），2010年，《2010年人类发展报告》，详见以下网址：hdr.undp.org/fr。

家则不断强调非洲是一个有发展前途的大陆[①]。

显然，非洲仍面临着巨大的政治、经济和社会挑战。当然，2010年1月的突尼斯革命为这个国家乃至其他国家向真正的民主制度过渡开了个好头。但是非洲仍然是一个复兴缓慢、冲突和民主阵痛不断的地区。2010年底科特迪瓦的总统选举以及此前几内亚、布隆迪和卢旺达的选举都说明了这一点。萨赫勒地区以及东非依然活跃着自称是属基地组织的恐怖组织。在自然灾难面前，非洲大陆仍然十分脆弱，每年的干旱或水灾都会造成重大的人员伤亡和经济损失。

非洲在人口结构的转型方面所出现的滞后现象使得这里的人口到2050年几乎将翻一番，从而带来巨大的挑战：年轻人的就业以及城市化。非洲大陆的增长方式以及国际一体化因此被提上议事日程。除了对自然资源的管理——这方面所固有的困难除了人所共知的（争夺收益而发生的斗争、"荷兰病[②]、多元化动力不足）之外，以下三方面的因素尤其值得关注。首先是农业。无论是自给型还是出口型的农业，长期以来都被各国公共政策和国际资金所忽视。直到2008年农产品价格大幅上涨之后，农业的优先地位才重新被人们认可。从现在开始，应当付诸实施对农业的扶持，既要考虑到养活当地人的重大问题，也要顾及农业食品工业以及出口的问题，还要注意到面对价格波动粮食地位十分脆弱这一问题——这将是2011年法国担任二十国集团轮值主席期间的一个重要议题——以及那些与"土地掠夺"相关的问题：利用外国投资来进行土地开发应当是一种不错的做法，但前提是这些外资必须有利于社会发展和环境保护，而不仅仅是简单的转让收益。第二个问题与非洲的工业化模式、其生产结构的多元化及公共政策在其中发挥的作用以及非洲大陆融入全球化的方式等有关[③]。非洲在工业化方面处于十分落后的地位。非洲工业化落后不仅体现在基础设施不足、能源供应昂贵上，而且还体现在与市场的割裂上。第三个方面则与社会政策有关：社会政策是走出贫困陷阱所必不可缺的，它能为民众应对那些威胁人类活动的风险提供必要的保障。在这种背景下，发展援助比以往任何时候都显得更为必要。此时，"援助"这个术语越来越多显得不合时宜。在这方面，有两大因素值得人们加以深入研究。首先，公共资金在促进发展资金的投入以及促进公共及私营业者发展方面所发挥的作用。富裕国家的目的并不只是简单地向穷国提供公共资金，而且更重要的是还应当帮助纠正本地市场以及国际市场上所存在的一些缺陷——正是这些缺陷导致了私人投资的乏力。捐助国所提供的公共资金能发挥的促进作用可以表现在多个方面：包括寻求新的投资资金，寻求新的干预方式，金融工具的创新——使之更能满足受助方的需要，提高能力建设以及帮助地方制订公共政策等。

第二是转移政策——人们可以简单地称为"北南间的"（转移政策）——预示着一种初级的、隐式的全球公共政策正在逐渐形成。这种说法主要依据的是公共政策以下三方面的功能[④]：再分配功能——这与发展援助通常主打的"慈善"口号相符合，而且也

---

① 请参阅塞韦里诺（Severino J.-M.）和雷（Ray O.），2010年，《非洲的时代》（*Le Temps de l'Afrique*），巴黎，Odile Jacob出版社。

② 是指一个国家因为发现了自然资源或者因为外资的大量涌入之后，其外汇突然被高估的一种经济机制。

③ 有关这一问题，请参阅 L'Afrique branchée：les ports maritimes，les télécommunications），原载 *Afrique contemporaine*，n° 234，2010。

④ 由马斯格雷夫·R（Musgrave R.）和马斯格雷夫·P.（Musgrave P.）提出。1989年，《公共财政的理论与实践》（*Public Finance in Theory and Practice*），纽约，麦格劳希尔出版社。

保留了这种援助的重要性；作为资金拨付的一个组成部分——这种方式符合了上述的变化趋势；作为一个稳定的因素——这方面需要进一步的构想，但最近的危机已经提供了一个例证，因为捐助者所提供的部分“援助”——包括多边援助和双边援助——已经参与到了一些反经济周期的活动当中。

阴霾中的北方

然而，危机给工业化国家留下了一个需要解决的沉重的债务问题。为了扶持经济活动，那些在这场危机中暴露出来的十分沉重的私人债务负担逐步被公共债务所取代，从而使公共财政陷入了难以为继的境地。未来几年经济政策所面临的一个重大挑战与所要展开的调整的性质有着很大关系。虽然这个问题在所有工业化国家（包括美国、日本和英国）都实实在在地存在着，但人们谈论最多的仍然是欧元区的债务问题，而且它已经引起了那些最敏感的市场的反应。

欧洲债务危机与全球日常收支失衡一样，都使国际经济相互依存关系在治理方面一些固有的困难大白于天下。那些在收支方面有盈余的国家试图否认自己对这些问题的出现所应承担的责任，并想把调整的重担推给那些赤字累累的国家。也正因为如此，才出现了此前说过的相关责任之争。这有时看起来是合理的。例如，从国际层面看，日常收支的巨额赤字——这场危机使之略有下降——在很大程度上是由美国的过度消费造成的：自20世纪80年代以来，美国的家庭储蓄乃至国家储蓄急剧减少，从而使得日本以及其他新兴国家的盈余资金从80年代相继以投资的形式涌入美国。那种认为新兴市场国家储蓄过多的说法在政治上是站不住脚的。而在欧洲，站着说话不腰疼的德国指责其他许多欧洲国家在公共财政管理方面不负责任。

但这些指控至少有两方面是站不住脚的。首先，它们错误地理解了经济相互依赖的范围：不管其中的责任在谁，所有国家都已受到了当前危机的影响，而且各国只有携手合作才能共同应对，才能更好地维护自身的利益。从这个角度看，那些负债沉重的国家（不管它们是公共债务还是私人债务）必须尽快削减过多的债务，而那些财政状况良好的国家更应积极支持经济增长。在欧洲范围内所展开的讨论（关于德国的作用）以及在国际范围内所展开的讨论（关于中国的作用）表明，要想未来的调整顺利进行，还有很长的路要走。其次，这些指控忽视了此类问题一定存在着对称性。只要有过度负债的国家，就必然有过度放贷和过度投资的债权人。这些过度沉重的债务肯定不会只有一个债权人。在为第二次世界大战结束后的重建而提出的建议中，约翰·梅纳德·凯恩斯曾经对责任和义务的不对称性问题进行过精辟的分析。在当今各大国都在努力寻求危机的有效应对之策的时候，法国担任轮值主席的二十国集团希望解决国际货币体系所存在问题的时候，这个问题仍具有现实意义。

工业化国家所面临的经济困难反过来为国际相互依赖关系的管理以及建立适宜的全球治理模式提出了新挑战。事实上，这些困难会使各国产生只顾保全本国利益的退缩心态：在困难的情况下，人们所顾及的只有那些眼前的、短期的东西，国家利益自然会受重视。其中所蕴藏的危险是：原本想对国际贸易和金融交易进行规范的合理想法最终会演变成狭隘的保护主义思维，而这无论在经济层面还是在政治层面都是十分有害的。在这种背景下，巩固多边框架显得更为迫切。在贸易领域，2010年最令人担忧的一个问题是多哈回合谈判陷入了僵局——各方似乎都认为达成协议并不能给自己带来足够的好处。除了贸易领域外，当前国际背景下还存在着另一个特别危险的现象：人们未对多边体制投入足够的精力，而是听任各国向后退缩的警笛长鸣。

绿色增长现状如何？

2010年是有关环境问题的谈判最为紧张的一年，包括9月召开的联合国大会、在名古屋召开的生物多样性问题首脑会议以及在坎昆召开的世界气候大会。

一个有关生物多样性的协议

2010年10月在名古屋召开的《生物多样性公约》缔约方大会达成了一项议定书，它以一种意外的方式发出了本年度在全球环境治理方面的第一个积极信号。防范生物多样性受损害的目标以一种务实的方式被重新修订：各国今后将不再制定那些没有实际意义的全球性目标，而是按照不同的经济领域制定行业性目标（农业、渔业、工业）——这些经济活动对生物多样性的影响是众所周知的。在生物多样性领域建立一个与"政府间气候变化小组"（GIEC）相类似的机构——"联合国生物多样性与生态系统服务政府间科学—政策平台"（IPBES）的原则在没有任何反对意见的情况下获得通过，而在三年前这个想法曾受到发展中国家的广泛质疑。

在日本召开的《生物多样性公约》缔约方大会还通过一项关于遗传资源的使用和惠益分享的国际协议，并决定要进一步推进《生物多样性公约》。这项于2002年开始启动的谈判最终达成协议是对多边体制发出的一个强烈信号。事实上，这里所涉及的是一个知识产权的问题，而知识产权正是国际谈判中冲突最多的领域。协议的达成改变了发达国家与发展中国家的平衡，而拥有巨大资源的发展中国家无疑将是其中的受益方。

名古屋协议还表明，联合国进程虽然饱受批评，但它依然是有效的，也能最终达成共识。这一协议获得了193个成员国的通过，只有美国除外，因为美国并不是《生物多样性公约》的缔约国。最后，此次谈判还释放了另一个重要的信号，即新兴国家在谈判过程中所表现出来的参与性和主动性：正是它们自2002年以来与欧洲的一起努力才使名古屋会议修成正果。如今，它们已经可被视为国际体系的贡献者，而不能再被视为被动参与者（*norm takers*）或搭便车者。这些积极的信号无意中也转达到了在坎昆召开的《联合国气候变化框架公约》缔约方会议。

气候问题上的进展

自哥本哈根会议以来，在温室气体排放问题上尽快达成有约束力协议的目标虽然未被完全放弃，但至少已被推迟。然而，在墨西哥坎昆召开的《联合国气候变化框架公约》缔约方会议在一些问题上取得了进展。首先，在丹麦未能正式通过的《哥本哈根政治协定》中的一些要素被融入了缔约方大会的一个全面决议当中。其次，在森林议题上取得了一些进展，旨在减少发展中国家森林砍伐及森林退化造成的温室气体排放的"REDD新机制"已正式启动。相关监督和监测机制的大政方针已经确定。最后，在金融架构方面也取得了一定的进展。

其次，坎昆协定重拾了人们对多边进程的信心。它建立起了一套对各国的行动进行检测和核查的新机制，其约束力的大小将视各国的发展状况而定。当然，目前的透明度还不能保证每个国家都能履行自己的承诺。但是这些设计中的机构——尤其是对各国所提交的资料和结果进行国际核查的做法——将建立起一套各国比拼声誉的比对框架。这种互相监督的机制十分重要，因为它回应了两大类困扰当前行动的疑虑与担忧。其一是采取单边行动的风险。事实上，当各国政府和经济行为体意识到自己将独自承担风险时，它们都不愿采取行动，因此，它能降低其他与自己存在竞争或敌对关系的国家或行为体是否采取行动的不确定性。其二则与各方履行承诺的能力（各国政府都会低估自己的能力）以及气候政策的可行性有关。实现“无碳”经济这样的前景是现实的吗？其三，从监测中所获得的信息还能发挥出引人模仿或鼓励他人加入的作用——这一切对国际协调来说是必不可少的。

另一个积极的信号是，在哥本哈根会议上宣布的“绿色气候基金”得以建立。它的建立是为了对发展中国家所展开的气候变化适应和气候变化减缓行动提供帮助。该基金将由发展中国家和发达国家的代表所组成的一个委员会来共同管理。按照《坎昆协议》的要求，发达国家在2010~2012年要为该基金出资300亿美元作为快速启动资金，在2013~2020年每年提供1000亿美元的长期资金，用于帮助发展中国家应对气候变化。所缺资金的筹措以及基金的运行模式仍有待进一步的明确。重要的是，这一基金不应当被设计成一个不同于现存国际机构的新机构，而应当能更好地调动参与者的积极性，并通过提供额外资金的方式更好地调动原有的公共及私人资金，以达到促进行动的目的。如今，双边资助者所提供的资金已经占到了发展中国家在气候变化适应和气候变化减缓行动方面开支总额的近50%（2008年和2009年）。

最后，坎昆会议还具有政治和象征意义。多边进程在哥本哈根会议期间被大大削弱。许多分析家和政治家甚至由此得出结论：今后必须寻找其他的方式和论坛来推进气候问题的谈判，以便能增进效率。坎昆会议使联合国进程的合法性得到了确认：协议是在最后一个晚上以所有成员国（只有玻利维亚除外）长时间鼓掌的方式获得通过的。坎昆会议还赋予了发展中国家在国际气候谈判中的新角色。会议的东道国墨西哥、新兴国家以及其他发展中国家集团在协议的诞生过程中发挥了决定性的作用。印度——这可能是这个国家在多边谈判领域的第一次——和墨西哥都是其中重要的缔造者。印度与中国展开了长时间的双边讨论。

气候领域集体行动的局限

然而，坎昆协定在《京都议定书》的后续行动方面并没有任何表述，也没有强调要用一个类似的协定将其取而代之。此外——而且这一点是最令人担忧的：坎昆协定在减少温室气体排放方面所确认的行动承诺——这些减排承诺都是在2010年哥本哈根会议之后做出的——即使在落实得最好的情况下也不足以实现将全球变暖的幅度控制在2℃以内这一公开宣称的目标。今天唯一可能达成的协议是通过一些单方面的、不具约束力的行动承诺。然而，当人们进行了累计分析后便发现了这些单边行动（即便把地方政策的行动和国家层面的行动都计算在内）的缺陷所在。各国自发开展的行动并不能保证气候变化不会滑向最糟糕的状况。从这个角度看，真正的重大突破应当是在2013年通过一个修正条款，用新的科学评价方式对各方所展开的行动及其影响进行全面评估。这一重新评估可以明确已取得的进步，从而达到推进这项运动的目的。

另一个问题与气候融资有关：联合国秘书长气候变化融资高级别咨询小组（埃塞俄比亚总理梅莱斯·泽纳维和挪威首相延斯·斯托尔滕贝格是该小组的联合主席）所提交的报告在坎昆会议上获得批准。这一小组在哥本哈根正式成立，主要负责确定新的融资来源并就筹措资金提出建议。最终，这一小组给出了一系列潜在资金来源的列表，但既没有明确具体的优先事项，也没有做出明确的选择。就资金来源做决定的最佳场合仍在探寻之中：《联合国气候变化框架公约》缔约方会议负责这一问题似乎缺少一定的合法性（负责这方面事务的是环境部长，而不是财务部长）。而短期来看，只少数几个国家能接受让二十国集团来牵头处理气候融资的问题。因此，拟议中的金融交易税或国际运输税等计划在不久的将来能取得成功的可能性很小。

因此，当务之急是为气候绿色基金筹措到更多的资金。从更广的意义上来说，应当筹措到更多的资金用于低碳经济转型所需的投入。这是一个事关经济增长还是发展绿色经济的问题：这些国家真的会全身心投入到发展轨迹转型这场运动中来吗？

半杯空还是半杯满？

在有关衡量经济表现和社会进步的《斯蒂格利茨—森—菲图西报告》[译注：Stiglitz-Sen-Fitoussi report。2008 年 2 月，时任法国总统萨科齐请求曾荣获诺贝尔奖的经济学家斯蒂格利茨和阿马蒂亚·森与法国著名经济学家让·保罗·菲图西组建名为"经济表现与社会进步衡量委员会"的国际专家小组，研究全球最广泛采用的经济活动衡量标准国内生产总值（GDP）是否真是衡量经济和社会进步的可信指标。最终报告于 2009 年 9 月公布］公布一年多之后，"衡量"一词成了一个热门话题[①]。例如，联合国开发计划署利用人类发展指数推出 20 周年之际在《2010 年人类发展报告》中对这一指数进行了大幅度的更新，引进了一些更为贴切的新指标。本着《斯特恩报告》（译注：由经济学家尼古拉·斯斯特恩为英国政府撰写的有关气候变化在经济学上的影响的一个报告。该报告于 2006 年 10 月 30 日公布，它探讨了影响全球气候变暖对世界经济的影响）的精神，在帕万·苏克德夫领导下而撰写的《欧盟生态系统和生物多样性经济学研究计划（TEEB）报告》[②]旨在唤起人类对于生物多样性丧失这一问题的关注。

然而，要做的工作还有很多，对于"绿色增长"的衡量才刚刚起步。但是，与那些有关"半杯空"的批评不同，我们更愿意强调那些已取得的进步，包括在地方、国家和国际层面的谈判中所取得的进展。在国际社会的多方压力（科学家的警告、越来越多的舆论宣传动员、消费者行为的改变等）以及维护国家主权的意愿这两方面因素的共同作用下，每个国家在实施环保政策方面都已经有所行动。这些行动都已存在，而且不容小视。

最近十年来，中国政府把许多环保议题纳入了自己的政治议程当中。这是世界上一个独一无二的创举，《中华人民共和国循环经济促进法》（2008 年）和《中华人民共和国侵权责任法》（2010 年）使得污染者要承担起举证的责任。环保方面的一些量化目标被写进了五年规划："十一五"规划（2006 ～ 2010 年）规定了将二氧化硫排放量和化学需氧量排放量削减 10% 以及能源消耗强度比"十五"期末下降 20% 的目标。而"十二五"规划（2011 ～ 2016 年）则更具标志意义，它规定了要在 2020 年实现碳排放强度下降 40% ～ 45% 的目标，以及到 2020 年非化石能源占一次能源消费比重达到 15% 左右的目标。此外，中国政府还开始考虑降低经济增长速度的问题。但是，中国并不是唯一采取类似行动的国家。墨西哥、韩国、印度尼西亚、越南、毛里求斯和其他国家也采取了类似的重大行动。

---

① 例如，由法国开发署和欧洲发展网络（EUDN）共同组织的一个名为"衡量'衡量'：人们真的能对发展作出衡量吗？"会议 2010 年 12 月 1 日在巴黎召开，与会人数超过 1000 人。

② 欧盟生态系统和生物多样性经济学研究计划（TEEB），2010 年，《自然经济的整合：欧盟生态系统和生物多样性经济学研究计划的方法、结论与建议综述》，详见以下网址：www.teebweb.org。

然而，在欧洲，由于危机的影响，再加上人们对哥本哈根会议的失望，一些国家的政府和企业团体开始反对将温室气体排放量到2020年减少30%的目标，并欲将这些从长期来看必不可缺的改革尽可能推迟。将经济增长与环境保护对立起来的说法也有了一些拥护者：他们主张"暂停"做出进一步的努力，希望将这一切推迟到好日子来临再说。在中国，总额达4000亿欧元的经济刺激计划中也包含着一些高能源消耗的项目（住宅和基础设施建设都需要消耗大量的钢铁、金属和水泥……），这使得中国的碳排放量在一段时间维持平稳之后再度上扬。而在美国，尽管奥巴马总统一再表态，联邦政府始终难以出台一条明晰的政策。这其中的一个重要原因是遭到了被共和党所把控的国会强烈反对：共和党把环保政策方面的态度当成自己区别于民主党的一个标准。

总体来看，用创新带动增长、为可持续发展奠定基础的想法并没有得到广泛的、真正的认同：这一构想仍有待补充完善，使其变得更切实可信。毫无疑问，这将是未来几年的一个重要理论和实践挑战。

海洋：新边界

拉斐尔·若藏（Raphaël JOZAN）
法国开发署（AFD）

桑吉维·孙达尔（Sanviji SUNDAR）
印度能源和资源研究所（TERI）

朱利安·罗谢特（Julien ROCHETTE）
法国可持续发展与国际关系研究所（Iddri）

在过去的20世纪，海洋的边界不断遭到挤压。自沿海民众逐步开始征服海洋这一恶劣环境的那个时代起，这个决定性因素彻底改变了人类与海洋的关系：人类的足迹如今已经能抵达所有的海域。离海岸的距离以及海水的深度已不再是不可逾越的障碍。人类一再突破海洋的界限，不断从海洋获取各类资源，包括渔业资源、矿产以及遗传资源等。随着技术的进步、科学发明创造的涌现、工业需求、国家的战略需求以及近年所出现的生态保护等方面的要求，海洋的边界线被不断地重新改写。对此，没有一片海域能够幸免。

北极的例子最有象征意义①。虽然在很多人的想象中，这里仍然是一个交通不便、未得到多少开发的冰雪世界，但实际上这里正在上演着激烈的能源争夺。对此，人们印象最深刻的当属俄罗斯的科学家在这里的海底插上了他们国家的国旗。这种争夺与20世纪以来能源行业的发展是一脉相承的。蕴藏在海底的化石燃料变得越来越重要：目前，全球化石燃料的供应30%来自海洋，而这种燃料在第二次世界大战之前在市场上几乎见不到踪影。人口数量的不断增长使得人类对能源的胃口越来越大，海洋在一定程度上满足了这一需求：更多“深海”的石油被开采出来，而沿海海域到处安装了海上风力发电机组②。

新的发现使得人类每一天都在推进海洋的界限。“国际海洋生物普查计划”项目估计，过去10年间人们共发现了近6000多个新物种。近年来航海和捕捞等领域所取得的技术进步使得一些海洋生态系统被人们开发利用，如一些位于公海深处的海底山：这些地区过去一直不为人所知，从20世纪50年代开始这里才出现大规模的渔业捕捞③。与此同时，沿海地区的各种养鱼场和贝类养殖场大量出现，所采用的正是过去人们饲养家禽家畜的方式。2008年，水产养殖业提供的产品占了全球水产品总量的37%，海洋成了全球蛋白供应的一个重要来源。

---

① Hamilton N . T. M.,《Les défis de la gouvernance de l’Arctique》, p. 319-327 dans cet ouvrage.

② Appiot J.,《Les océans : une source d’énergie inépuisable ?》, p. 185-194 ; Chabason L.,《Vers une régulation internationale de l’exploitation pétrolière off shore ?》, p. 328-332.

③ Wür tz M.,《Les monts sous-mar ins : des oasis de biodiversité》, p. 176-179.

航运业的巨大发展则使海洋成了全球化经济的一个重要联系纽带[①]。海上航线成了价值链上的一个重要载体。作为名副其实的“海上高速公路”，这些海上运输通道承载着80%～90%的货物运量，成了21世纪经济的一个重要特征。

就像在陆地上所发生的那样，现代化和大量技术的应用使得海洋经济发生了深刻变化。过去只能在近海地区作业的小马力渔船如今早已被大型拖网渔船所取代：这些装配了先进技术设备的渔船是真正的“海上推土机”：它们能够在任何天气状况下工作，作业深度可达2000米[②]。这一高产的捕捞方式必须以相关的研究成果为支撑：它们能够以历史的经验数据为基础，建立起能推算某一海域鱼群数量的动态模型。

海洋活动不仅自身发生了改变，而且它们还改变了大陆与海洋的边界线，使其变得越来越模糊。人们通常所说的20尺或40尺标准货柜，就是指那些被喷上各大船运公司自己特定颜色的集装箱。这一技术发明使得各类琳琅满目的货物能被装上各种超大型船只，在短短20天的时间内就可以从新加坡运抵荷兰的鹿特丹港[③]。港口的基础设施和陆路上的运输卡车也都有着相同的技术规范标准。此外，集装箱也有利于展开多种形式的联运。集装箱在进入物流领域后大大提升了流通的速度。它已不仅仅是海上运输的象征，而且也成了全球化的象征。即使在类似中亚的塔什干这样距海港数千公里、堪称地球上最为偏远的内陆地区，人们也照样能见到集装箱的踪迹。海洋运输对于陆地经济的影响是如此之深刻，以至于内陆国家的经济发展水平往往要低于沿海国家——经济增长率平均相差1.5个百分点，而且陆地经济的地理布局也会按照大型海上航线的分布而做出调整。

事实上，陆地与海洋之间的边界正变得模糊。长期以来，海洋经济一直局限于沿海地区的某些点上，而且参与方往往只有生活在当地的居民。而如今的情况则完全不同，在挪威[④]、塞内加尔[⑤]、毛里塔尼亚[⑥]和纳米比亚[⑦]这样一些完全不同的地区，海洋经济同样都存在着。事实上，渔业捕捞已经成了一个十分复杂的行业，它的一些专业网络甚至将触角伸向了偏远的内陆深处。海洋资源不再为生活在沿海的一小部分民众所独享，它们成了一种“国家资源”，而且从事这些公共资源开发利用的往往是一些国际大公司。与能源一样，渔业收入超越了沿海的范围，成了“国家政策”所管辖的对象。例如，纳米比亚在1990年获得独立以后之所以能够保持稳定，与国家的渔业收入有着很大的关系[⑧]。同样，鱼类产品的价

---

① Frémont A .,《Le transport maritime à la croisée des enjeux économiques et environnementaux》, p. 253-254.

② Johnsen J. P., Holm P., Sinclair P ., Bavington D.,《Le poisson-cyborg, ou comment gérer l'ingérable ?》, p. 209-218 ; Munr o G. R., Sumaila U . R.,《Lutter contre la pêche illégale》, p. 265-273 ; Mor ishit a J., Par mentier R.,《Points de vue sur la controverse à propos de la chasse à la baleine》, p. 283-293 ; Henr y F., Simon D.,《Les quais de pêche, traits d'union entre terre et mer》, p. 274-276 ; Binet T ., Failler P .,《Regard critique sur les accords de pêche Union européenne-Afrique de l'Ouest》, p. 277-281.

③ Frémont A .,《Le transport maritime à la croisée des enjeux économiques et environnementaux》, p. 253-264.

④ Johnsen J. P ., Holm P., Sinclair P . R., Bavington D.,《Le poisson-cyborg, ou comment g érer l'ingérable ?》, p. 209-218.

⑤ Munr o G. R., Sumaila U . R.,《Lutter contre la pêche illégale》, p. 265-273.

⑥ Binet T ., Failler P .,《Regard critique sur les accords de pêche Union européenne-Afrique de l'Ouest》, p. 277-281.

⑦ Munr o G., R., Sumaila U . R.,《Lutter contre la pêche illégale》, p. 265-273.

⑧ Munr o G., R., Sumaila U . R.,《Lutter contre la pêche illégale》, p. 265-273.

格也不仅仅取决于那些小的渔业码头，而是取决于一些远离海岸的权力机构——如布鲁塞尔[①]——所提供的财政补贴。而渔业捕捞这个行业则越来越受控于那些国际金融中心[②]。

然而，海洋仍然有着很多秘密。这些秘密依然鲜为人知，正等待人们进一步探索[③]。这些资源正在激发起新的欲望，并展示出一些良好的前景，如制药[④]、海水淡化处理以及潮汐和海浪发电等。然而，由于全球的人口及其活动越来越多地集中在沿海地区，因此这更容易受到海啸或气候变化所引起的危害，如水位上涨等因素的影响[⑤]。本书各章节所要描述的正是人类社会与海洋之间的关系在性质上所发生的变化：人类对海洋的了解越多、对其开发利用的程度越高，知识的局限以及开发这些资源所遇到的挑战就会越多。

一个受威胁的共享环境

几十年前，人们还认为海洋是一个资源取之不尽、用之不竭的地方，而如今海洋的环境已十分脆弱，而且海洋环境这种脆弱的平衡正受到人类各式各样、高强度的活动的威胁。过去几十年来，国际航运业持续快速的增长加剧了海洋生态系统退化的风险，海洋物种也受到了干扰。除了引起沿海居民不满和愤怒的原油泄漏之外，非正规的油舱清洗所造成的原油污染以及船只在排放压载物过程中所带来的一些外来物种，这一切每天都在破坏着海洋的生物多样性。雅克·库斯托船长曾经巧妙地展现给我们的那个无声的世界早已成了一个遥远的记忆，各类船舶给海洋带来了严重的噪声污染，其对海洋鱼类、海洋哺乳动物和无脊椎动物的影响如今越来越多受到关注。

鱼类资源枯竭从未达到过今天这样一种令人不安的程度。据联合国粮农组织（FAO）估算，75%的鱼类资源正处于充分捕捞或过度捕捞的状态。工业捕捞技术的大规模运用——为了维持该行业的效率，有时这些捕捞技术的运用甚至可以得到补助——使得一些物种面临生存威胁，导致一些深海栖息地被破坏。数以百万计渔业行业的从业人员，他们未来的命运被蒙上了一层阴影[⑥]。那些传统的海上经营活动的持续高速发展本身就已构成了威胁，而一些新的经营活动对海洋环境来说同样十分危险。人们对于深海栖息地在物理和生物机制方面了解的加深，为制药行业开辟了许多良好的前景。然而，相关的生物勘探活动虽然一直在定期举行，但从未考虑对生态系统的尊重[⑦]。

人类的足迹也延伸到了一些迄今得到完好保存的地区——其中最突出的例子便是北极地区[⑧]，而且开发利用海洋资源所可能带来的风险是难以想象的。

---

① Binet T ., Failler P .,《Regard critique sur les accords de pêche Union européenne-Afrique de l'Ouest》, p. 277-281.

② Johnsen J. P ., Holm P., Sinclair P . R., Bavington D.,《Le poisson-cyborg, ou comment g érer l'ingérable ?》, p. 209-218.

③ Car on D. D.,《Négocier notre avenir avec les océans》, p. 161-168.

④ Lear y D.,《Ressources génétiques marines, brevetabilité du vivant et préservation de la biodiversité》, p. 295-305.

⑤ Aver y S., Magnan A ., Gar naud B., Doney S. C.,《Climat : l'enjeu pour les océans》, p. 337-349.

⑥ Fr émont A.,《Le transport maritime à la croisée des enjeux économiques et environnementaux》, p. 253-264 ; Gir ar d S., Gr os P.,《Raréfaction des ressources halieutiques : l'alternative aquacole ?》, p. 219-221 ; Binet T ., Failler P.,《Regard critique sur les accords de pêche Union européenne-Afrique de l'Ouest》, p. 277-281.

⑦ Lear y D.,《Ressources génétiques marines, brevetabilité du vivant et préservation de la biodiversité》, p. 295-305.

⑧ Hamilton N . T. M.,《Les défis de la gouvernance de l'Arctique》, p. 319-327.

如今的人类能够将捕捞鱼的拖网下潜到1500米的深海区域进行作业，能在水深达2000米的海底勘探钻井，也有能力提取深海物种的DNA，令人不可思议的是，人类却无法阻止类似2010年墨西哥湾的"深水地平线"钻井平台爆炸并发生漏油的灾难事件[①]。除了对石油泄漏束手无策之外，当人们面对诸如"太平洋垃圾漩涡"这样的"塑料海洋"时，同样也显得无能为力[②]。最后，在这份对海洋环境威胁的清单中，别忘了一个很容易被人忽视的重要因素：超过80%的海洋污染来自陆地的活动。工业、农业、旅游以及城市化等，这些无声污染源所造成的危害却是持久的。仅仅在地中海，超过50%的城市污水在未经任何处理的情况下便被排入了大海。一些环卫设施不完备的城市将垃圾直接倒入大海，而农业污染最终也会通过河流进入大海[③]。总之，大海之病症主要来自陆地，大海成了地球的一个垃圾场[④]。

海洋污染也使得人类与海洋之间的关系出现了逆转。即使是那些利益不同、价值观各异的人们也必须学会分享、共同开发利用海洋。例如，"深水地平线"钻井平台漏油事故除了对佛罗里达沼泽地脆弱的生态系统造成破坏之外，它还严重影响了美国海岸的地方经济，包括旅游业以及渔业等。在因为分享环境资源而引发冲突方面，港口似乎最具代表性。集中了大量石化设施的港口本身就是污染和危险的象征。无论在北美、欧洲还是在中国，甚至是韩国的釜山，港口所面临的环境压力都在增大[⑤]。港口对于整个国家而言是一个战略要地，但它们越来越多地引起当地民众的争议。

争论所涉及的不仅仅是环境质量的问题，而且也会涉及对当地经济的贡献等问题。就港口而言，目前它们脱离所在地政府的倾向越来越明显，对于当地经济发展的贡献度十分有限。港口与港口之间或者港口与内地大城市之间的联系，往往比港口与当地政府之间的联系更加密切，而受港口负面因素所影响的则局限在与其邻近的地区。随着"地主港"（landlord port）模式——港口的经营权交给某个私营业主——的盛行，港口所要满足的首先是经营业者的需求，而这些需求与港口所在地的地方利益通常并不一致。其中最突出的例子是那些只承担转运业务的枢纽港口，它们与沿海地区的地方经济没有丝毫关系。

一个反常现象是：在人类社会与海洋的关系日益多元化的同时，这种关系也出现了一种自我封闭的势头。在20世纪获得大发展之前，海洋曾是一个开放的空间，而如今它正变得相对封闭起来。在这方面，渔业资源分配的例子最为明显。无论是在西非沿海还是在挪威的海域，工业捕捞的许可证都很难获得，而且捕捞量在相关渔业管理规程中有着明确的限定。这种许可证管理制常常会引发与手工捕捞业界的矛盾，这种情况在发展中国家尤为明显，因为手工捕捞者往往会被国家政策所忽视。于是，地方经济体只能在那些鱼类种群数量较少的地方从事捕捞，因为鱼群丰富的水域已经被他人所把持，这种情况在塞内加

① Chabason L.,《Vers une régulation internationale de l'exploitation pétrolière *off shore* ?》, p. 328-332.

② Johnston P ., Santillo D., Allsopp M., Page R.,《Une mer de plastique, le *Pacific Trash Vortex*》, p. 333-335.

③ Attwood C.,《Afr ique de l'Est : l'apport de l'approche écosystémique》, p. 242-244.

④ Momanyi A.,《Afrique de l'Est : lutter contre la pollution tellurique》, p. 249-252 ; Johnston P ., Santillo D., Allsopp M., Page R.,《Une mer de plastique, le *Pacific Trash Vortex*》, p. 333-335.

⑤ Frémont A .,《Le transport maritime à la croisée des enjeux économiques et environnementaux》, p. 253-264.

尔就可以看到[①]。

长期以来，人们把对海洋的科学研究重点放在了对鱼类种群数量和石油资源的分析上，并据此制定出一些管理计划。这一现状在很大程度上导致了这种自我封闭的势头。然而，海洋勘探的历史[②]表明，相关的研究渐渐形成了另一门分支学问——在海洋生态系统保护这些原则的基础上，对海洋活动的社会影响进行研究的学问。这项研究注意到了一些先前被人所忽视的现象，如船舶的噪音污染、陆地污染对环境的影响以及船舶拆解对亚洲工人的健康影响等[③]。

什么样的海洋治理?

国际社会已经充分认识到海洋环境所面临的威胁。过去几十年来，国际社会对此十分关注，《国际环境法》就是在充分考虑到海洋所面临问题的基础上形成的[④]。自格劳秀斯以及海洋自由的原则在17世纪形成理论以来［1604年的《海洋自由论》(*Mare Liberum*)］，各方面取得了巨大的进展。1982年，国际社会终于拥有了一部“有关海洋的宪法”——《联合国海洋法公约》(CNUDM)。这是第二次世界大战结束以来多方谈判的结果，它为和平和持久利用海洋空间和海洋资源制定了规则，同时又把很大一部分海洋资源的管辖权划归给了各个国家。

然而，海洋领域里一切发生得都非常快，《联合国海洋法公约》在许多方面已经过时。首先，除了保护海洋环境这一总体原则勉强得到了国际社会的执行之外，《公约》的监管范围只涉及一小部分公海海域，70%的海域依然保留了自由航行的原则——这种自由是相对的，而且这一原则已基本过时[⑤]。其次，海洋的一些物理和生物动态变化也超出了这些法律框架的范畴。这些变化往往是跨界的：比如一些陆地上的污染物会跨越陆地和海洋之间的边界进入海洋，被大规模的洋流所席卷，之后又被分解成微小颗粒而进入海洋的各类生态系统或者在海洋中形成了一些规模巨大的“塑料场”。此外，对那些在生物学上被划定为“越区种群”或“跨界种群”的鱼群来说，它们也很容易超出《公约》的监管范畴：鱼群无须“签证”就可以从这个海域进入另一个海域，甚至进入公海，而公海至今仍实行着自由的原则[⑥]。

《公约》无法发挥作用的另外一个因素与海洋业相关经营业者所采取的战略有关：这些人会根据法律框架的变化及其所存在的漏洞而制定战略。海洋业之所以能够保持较高的经济效益，这在很大程度上要归因于迄今为止它在管理上所享有的自由[⑦]。商业竞争使得轮船的登记注册十分宽松——许多国家有意在该领域疏于监管[⑧]。同样，那些规避渔业监管的措施所带来经济效益是如此之巨大，以至于人们很难打击防范。总而言之，从整个行业看，公权机关把资源管理

---

① Henry F., Simon D.,《Les quais de pêche, traits d'union entre terre et mer》, p. 274-276.

② Escobar E., Barbièr e J.,《Un monde à découvrir : la biodiversité》, p. 169-175.

③ Bour r el M.,《Le démantèlement des na vires : une économie en quête de durabilité》, p. 204-207.

④ Caron D. D.,《Négocier notre avenir avec les océans》, p. 161-168.

⑤ Leary D.,《Ressources génétiques marines, brevetabilité du vivant et préservation de la biodiversité》, p. 295-305 ; Germani V., Salpin C.,《Le statut dela biodiv ersité en haute mer : état des lieux des discussions internationales》, p. 306-308.

⑥ Frémont A .,《Le transport maritime à la croisée des enjeux économiques et environnementaux》, p. 253-264.

⑦ Frémont A .,《Le transport maritime à la croisée des enjeux économiques et environnementaux》, p. 253-264.

⑧ Chaumette P .,《Une économie maritime mondialisée : à quel prix ?》, p. 195-203.

以及行业监管等任务都交给了私营机构，而这显然与《公约》的精神是相违背的——《公约》把主要权力都交给了国家。这种倾向在石油行业尤为明显：公权机关既没有充足的财力也不掌握足够先进的技术手段来对这一行业进行监管[①]。

公权机关自己也没有闲着，各国都在不停地推动自身的国家利益[②]，设法扩大本国的版图——北极地区的能源之争就是最好的证明[③]。同样，欧盟与非洲一些沿海国家签订的渔业协定表明，欧盟的捕捞范围远远超出了欧洲社区本身的海域。相关分析表明，这一做法一方面导致了鱼类种群数量的下降，另一方面也等于说欧洲的船只获得了变相的补贴[④]。一场真正的地缘政治较量正在海洋上展开，各个国家则是各类违规行为的直接参与方。更何况，包括美国在内的一些国家至今仍未批准《联合国海洋法公约》。

综上所述，在人类社会与海洋之间的新型关系中，相关海洋事务的参与方正呈现出日益多元化的趋势，这无疑会使局势更加复杂，那个旨在促进人类可持续发展的合作框架将更难出台。各国都认同海洋自由的古老原则，各国政府都希望海洋资源开发的收益能得到公平的分配，船东们希望船只能够航行得更加快捷，捕捞者希望通过提高捕捞强度和捕捞深度等方法来弥补鱼类种群数量的不足，科研人员希望对所有不为人所知的海域进行勘探，工业界希望有更多的新发现，非政府组织希望有更多的海域得到保护——这一切实际上代表着各种不同的利益在各类谈判场合的交锋，而这无疑会增加决策的难度[⑤]。

当然，一些行业内的协议[⑥]以及一些区域性的法规[⑦]可以对总体管理框架文件形成一定的补充，并可以为相关的评估[⑧]、保护[⑨]、控制和监管[⑩]提供更加精细的手段。然而，法律和制度框架的变化速度远远跟不上人类对海洋影响的速度：这些法律法规很难预见到人类的新活动及其带来的风险，如气候变化所带来的影响[⑪]。此外，对如此广阔的海洋进行监管，其难度可想而知，这些困难制约了人们在资源可持续利用方面的努力[⑫]。最后，海洋保护领域存在着多个国际机构多头管理的问题，科研界所提出的建议很难被决策者所采纳，一些有关海洋生物多样性的区

---

① Chabason L.,《Vers une régulation internationale de l'exploitation pétrolière *off shore* ?》, p. 328-332.

② Caron D. D.,《Négocier notre avenir avec les océans》, p. 161-168.

③ Hamilton N . T. M.,《Les défis de la gouvernance de l'Arctique》, p. 319-327.

④ Binet T ., Failler P .,《Regard critique sur les accords de pêche Union européenne-Afrique de l'Ouest》, p. 277-281.

⑤ Caron D. D.,《Négocier notre avenir avec les océans》, p. 161-168 ; Tladi D.,《Gouv ernance des océans : un cadre de réglementation fragmenté ?》, p. 223-230 ; Germani V., Salpin C.,《Le statut de la biodiversité en haute mer : état des lieux des discussions internationales》, p. 306-308.

⑥ Tladi D.,《Gouvernance des océans : un cadre de réglementation fragmenté ?》, p. 233-230.

⑦ Chabason L., Rochette J.,《L'approche régionale de préservation du milieu marin : l'expérience des "mers régionales"》, p. 231-241 ; Attwood C.,《Afrique de l'Est : l'apport de l'approche écosystémique》, p. 242-244 ; Momanyi A.,《Afrique de l'Est : lutter contre la pollution tellurique》, p. 249-251.

⑧ Binet T ., Bor ot de Ba ttisti A ., Failler P .,《Évaluation économique des écosystèmes marins et côtiers》, p. 180-183.

⑨ Ger main L.,《Le réseau européen Natura 2000 en quête d'une extension marine》, p. 245-248.

⑩ Munro G. R., Sumaila U . R.,《Lutter contre la pêche illégale》, p. 265-273.

⑪ Leary D.,《Ressources génétiques marines, brevetabilité du vivant et préservation de la biodiversité》, p. 295-305 ; Naqvi S. W.,Smetacek V.,《La fertilisation des océans : l'expédition germano-indienne de 2009》, p. 309-318 ; Hamilton N . T. M.,《Les défis de la gouvernance de l'Arctique》, p. 319-327 ; Aver y S., Magnan A ., Gar naud B., Doney S. C.,《Climat : l'enjeu pour les océan s》, p. 337-349.

⑫ Munro G. R., Sumaila U . R.,《Lutter contre la pêche illégale》, p. 265-273.

域性协议很难与一些渔业协定相协调等，这一切都影响了现有法律法规的效率。

这里所勾勒出的画面看起来似乎很灰暗。不过，它的目的正是站在一定的高度来审视当前的海洋世界：如今的海洋世界正在发展的要求和保护的目标之间苦苦地挣扎，而其背后所体现的正是国际社会的不同利益之争。当前所出现的一些变化给海洋世界造成了一定冲击，本书接下来的一些章节将对当前所出现的一些变化——这些变化对海洋世界造成了一定冲击——进行探讨、分析（第一至第五章）、对资源可持续利用方面所存在的复杂性做出分析（第六至第十章）并将探讨如何使未来的经济活动能与保护生态系统的目标相协调等问题（第十一至第十四章）。本书将采用一种全面的、跨学科的研究路径，用一种科学的、与政治决策相联系的方式来解析国际社会在海洋生态系统的综合开发利用、渔业资源的可持续管理、海洋遗传资源的开发以及海洋污染的防控等方面所面临的挑战。

第一章

戴维·卡隆（David CARON）
加利福尼亚大学伯克利分校，美国

与海洋共谋未来

几个世纪以来，各国通过谈判协商签订协定的方式来保护其海洋利益。1982年，围绕着《联合国海洋法公约》以及其他一些行业的条约和区域性的协议，一个全球性的框架正式问世。如今，这一新体制因为新挑战的出现而再度变得过时——这些挑战来自多个方面，包括现有规章制度的落实以及气候变化所造成的影响等。

海洋一直既是一个地面冲突的延伸战场，同时又因其蕴藏的资源成了觊觎和竞争的对象。海洋覆盖着约70%的地球表面，它们在国家事务中发挥着重要的作用。政治权力都分散在那些或多或少拥有主权的独立国家手里，因此过去的几个世纪里，海洋一直是激烈的国际谈判的焦点。人们曾经无数次试图制定一个法律框架，为这一宝贵的资源设置一些可行的规则，以期避免冲突，促进合作。如今，这样一个框架虽然已经问世，但它仍然面临着许多重大挑战。

海洋自由的基本选择

“现代海洋法”源于17世纪欧洲海上强国的崛起。这一崛起曾经在一些立场对立的国家之间引发过许多争论和冲突。一些国家希望对这些浩瀚的海洋拥有独家控制权，而另一些国家则主张海洋应当向所有的人自由开放。有两本巨著分别代表了以上两种立场完全不同的主张：一本是由法学家胡果·格劳秀斯（Hugo Grotius）于1604年写的《海洋自由论》（*Mare Liberum*）：他赞成第二种论点，认为浩瀚的海洋不可能被任何一方所单独控制，除非是各个主权国家所拥有的面积不大的专属海域（“领海”）。

相反，英国法学家约翰·塞尔登（John Selden）于1635年撰写的《海洋封闭论》一书则认同领土主权涵盖海洋及其资源这样一个广义的概念。在历史的长河中，海洋法最终倒向了赞成“自由”这一原则：按照这一基本原则，没有一个国家可以声称对海洋拥有独家使用权，也无权禁止他人的进入，此举避免了国与国之间的公开冲突。由于这一概念的确切内容一直十分模糊，因此几个世纪以来，各方都依照习惯法对此做出了各种不同的解读。

海洋法的标志是相邻的沿海国家日益注重对海洋空间和资源的分配。

选择了海洋自由这一基本原则使得人们在共同治理方面没有了多少自由的空间，而由此产生的权力分散局面最终导致了海洋资源的滥用和过度开发。海洋法进入“现代期”的标志是它从基本上无管制的海洋自由逐步过渡到相邻的沿海国家日益注重对海洋空间和资源的分配。这一过程是海洋“封闭”的代名词。在这一过程中，人们开始围绕着一些旨在明确海洋治理法规的条约进行谈判。技术的进步使得更多的海洋生物和非生物资源得到开发和利用，这导致了两种趋势的出现：一是沿海国家专属海域的面积越来越大；二是有关公海的管理规章也越来越明晰。迄今为止，在如何利用海洋方面已签订了许多条约，其中首当其冲的是1982年签订的《联合国海洋法公约》，它对国家的基本权利和义务做出了明确的定义。

技术——谈判的催化剂

海洋自由这一基本原则以及由此发展出来的习惯法被人们广泛接受后，最终在19世纪初形成了一整套相对稳定的法律制度。然而，这一切并未能阻止海洋在19世纪和20世纪成为海盗出没、冲突不断的地方（海战、封锁、潜艇战和其他针对民用船只和中立船只的攻击战）。这些暴力行为所争夺的对象不是海洋本身，它们本身就是陆地冲突的延伸。从总体上看，海洋法仍是一些原则性的条款，其中的争议和不明确之处仍需要根据习惯法来解决。

19世纪初露锋芒、20世纪突飞猛进的技术进步削弱了海洋法的地位。20世纪初，蒸汽机和冷冻技术的发明导致渔业行业出现了巨变，其捕鱼能力猛增。规模庞大的捕鱼船队开始出现，它们常常到远离母港的地方去捕鱼，这一切改变了捕鱼的规模，也使得相关捕捞谈判变得更加复杂——这些谈判的目的之一是设法将一个沿海国家的专属区扩大到邻国的渔场。一些拥有远洋捕鱼船队的国家则设法要保留进入其领海以外海域捕鱼的权力。这些变化对海洋资源带来了很大的压力——长期以来，这些资源都被视为取之不尽、用之不竭的。

从两次世界大战之间那个时代开始，人们对于海上石油开采的兴趣日益增强，到第二次世界大战结束后，这种兴趣持续膨胀。第一批油井是在紧邻海岸的浅水处打出的。当时，大陆架结构的奥秘很快被揭开，而且人们纷纷开始放弃煤炭，用石油来满足对能源的新需求。这一变化趋势再次使那些沿海国家要求对海上石油资源拥有专属控制权。

渔业和石油部门所出现的同步变化使得相关国家重新开启了新的国际谈判。这些谈判涉及的一个基本问题是：一个沿海国家的专属控制权究竟在多大范围内是合适的。这是一个敏感的话题，因为它会影响到相关海域的自由航行权。

20世纪与全球框架谈判

1930年，国际联盟第一次举办了以编纂海洋习惯法为目的的国际会议。虽然本次会议未能在领海的广度上达成共识，但是在建立习惯法方面还是取得了一些进展。不久，第二次世界大战使得海洋法律和海洋的治理成了一个次要的问题。不过，一度有着灭绝迹象的某些鱼类和鲸鱼也因此而获得了一个短暂的休养生息机会。1945年，二战刚刚结束，美国总统哈里·杜鲁门（Harry S. Truman）发表的两份公告及其引起的一连串事件，打破了海洋法方面的脆弱平衡。第一份公告强调，一个国家有权管辖其大陆架及所属资源，但它没有对大陆架的外部界限做出精确定义。因此，该公告只涉及海底，而不涉及海床上覆水域，因此它毫不影响水面及水下的航行自由。随后，各国迅速开始实施这一主权权力，尽管有关大陆架外部界线的定义依然模糊不清。

第二份公告引发的问题更多：它赋予了美国在其大陆架上的水域建立渔业保护区的权利。接着，几个拉美国家，尤其是智利、秘鲁和厄瓜多尔，声称从其海岸延伸至200海里的海域为自己的渔业区，甚至把这部分海域当成了自己的领海。被某个国家专属控制的公海范围（至少是一部分）明显增加了。尽管此时的美国也曾试图后退一步，但是为时已晚。习惯上将窄带的领海与浩瀚的大海区分开来的那些脆弱的界线已被打破。找到一种协调的方式、从国际层面来解决各国对海洋控制权的要求成了一种当务之急。

第一次和第二次联合国海洋法会议

联合国国际法委员会于 1950 年对海洋法进行了研究，这促成了 1958 年在日内瓦举行的联合国第一次海洋法会议（CNUDM I）。最后诞生了四项公约，每个国家都可以按自己的意愿自由签署。但是会议未能找到一种统一的全球治理体系。其中只有一个《公约》提到了领海的定义，但会议未能就领海的宽度达成协议。更糟糕的是，《大陆架公约》反而增加了歧义。因此，大陆架的外部界线被定义为"海水深度不超过 200 米，或虽逾此限度而其上海水深度仍使该区域天然资源有开发之可能性者……"这种表述为沿海国家越走越远提供了可能：它们纷纷宣布自己与一些海底区域"相邻"，直到所有的海底被各国瓜分完毕。1960 年举办的第二次"联合国海洋法公约"会议（CNUDM II）未能在这个问题上获得多数通过。此次会议之后，世界进入了为其十多年的非殖民化运动期，期间诞生了一批从未参加过此前相关国际谈判，也从未签订过任何公约的沿海国家。海洋空间的治理问题由此变得更为复杂。

第三次联合国海洋法会议

1967 年 11 月 1 日，马耳他常驻联合国代表阿尔维德·帕尔多（Arvid Pardo）大使在联合国大会上发表了历史上著名的讲话，这也成了导致第三次联合国海洋法会议（CNUDM III）召开的标志性事件之一。他建议应当禁止各国在地质标准所说的大陆边缘以外的深海海底进行任何勘探和开采活动。帕尔多认为，那些各国管辖权范围以外的海底都应被认定为人类的"共同财产"。海底资源的争夺必须停止，取而代之的是创建一个能对这个空间进行管理的国际权威机构。这项建议最终使得海底委员会于 1968 年问世。该委员会用了两年的时间出台了用来对海底这一"共同财产"进行管理的相关原则，并同时呼吁举行第三次海洋法会议。第三次海洋法会议于 1973 年召开。它是于联合国在斯德哥尔摩举行的有关环境与发展主题的人类环境会议召开不到一年后举行的，也是在《防止倾倒废物及其他物质污染海洋的公约》（也称《伦敦公约》）通过不到一年的时间里举行的。

为适应各类争端和各类变化给海洋所带来压力，海洋法不得不处于不断更新变化之中。

在 1973 年召开之后，会议被分成了三个谈判小组：第一小组讨论的是深海底法律制度和采矿问题；第二小组是讨论管辖权问题，如领海的范围；第三小组是有关海洋环境的保护和科研等问题。这些谈判最终导致了《联合国海洋法公约》的问世，其最后的决议条文于 1982 年 12 月 10 日在牙买加签署通过。这份统一的文件取代了第一次会议所形成的零散的框架，并且在获得 60 份签署书后于 1994 年 11 月生效。到 2010 年，《联合国海洋法公约》已经拥有 160 个缔约国，成为全球获得批准范围最广的条约之一。该《公约》一方面非常清晰地定义了国家之间的权力和管辖边界；另一方面，也非常清晰地定义了国家和国际社会之间的权力和管辖边界。该公约确定了国际以及各国的管辖权限划分的一些明晰的基本原则，并建立了一个解决争端的强制性制度。

《联合国海洋法公约》和管辖权的分配

《公约》通过把整个海域划分成不同的区块来对海洋进行管理，见图 1。它根据一些明确的标准，把海洋划分成了四个区域。首先是"领海"，宽度应不超过 12 海里（第 2~3 条）。在距海岸 12~24 海里处（第 33 条）则分别是"毗连区"以及"专属经济区"。"专属经济区"可以对 200 海里范围内的海床上覆水域和海床及其底土实施主权控制（第55~59条）。"公海"是200海里以外的第四区块（第86条）。此外，海底的管辖权也可以扩展到大陆边外缘或大陆架边缘，具体的操作方法将由一个专门委员会来批准认可（第76~77条）。

《联合国海洋法公约》是一个重要的里程碑。这不仅是因为《公约》限制了国家的管辖权限，而且也使阿尔维德·帕尔多的"把深海海底矿产资源作为人类共同财产"的愿望得到了实现（第1条第1款和第136~137条）。《公约》通过创建一个专属区域——专属经济区的方式很巧妙地解决了沿海国家的主权向公海扩展的问题。管辖权在这里实现了分享：它一方面赋予沿海国家的经济权；另一方面又保留了在这些水域的传统公海自由（第56条和第58~59条）。

《公约》将单独治理大部分海洋空间的权力交给了各个国家，但这些国家同时必须承担某些重要的义务。例如，《公约》要求具有海洋管辖权的国家必须确保海洋环境的完整性。此外，它还要求沿海国家大力维护和充分利用那些生活在专属经济区（第61~62条）的生物资源。与此同时，各缔约方必须将所有的纷争提交给相关的争端解决机制。具体的解决机制在其签订《公约》时已经做出了选择：国际海洋法法庭、国际法院或其他仲裁机构。如果争端各方不接受解决争端的同一程序，那相关争端只能提交仲裁解决（第286~288条）。

此后的两个实施协定消除了《公约》两个可能引发担忧的地方。第一个是1994年通过的有关执行《联合国海洋法公约》第11部分的实施协定。为了

图1 《联合国海洋法公约》的海洋区域

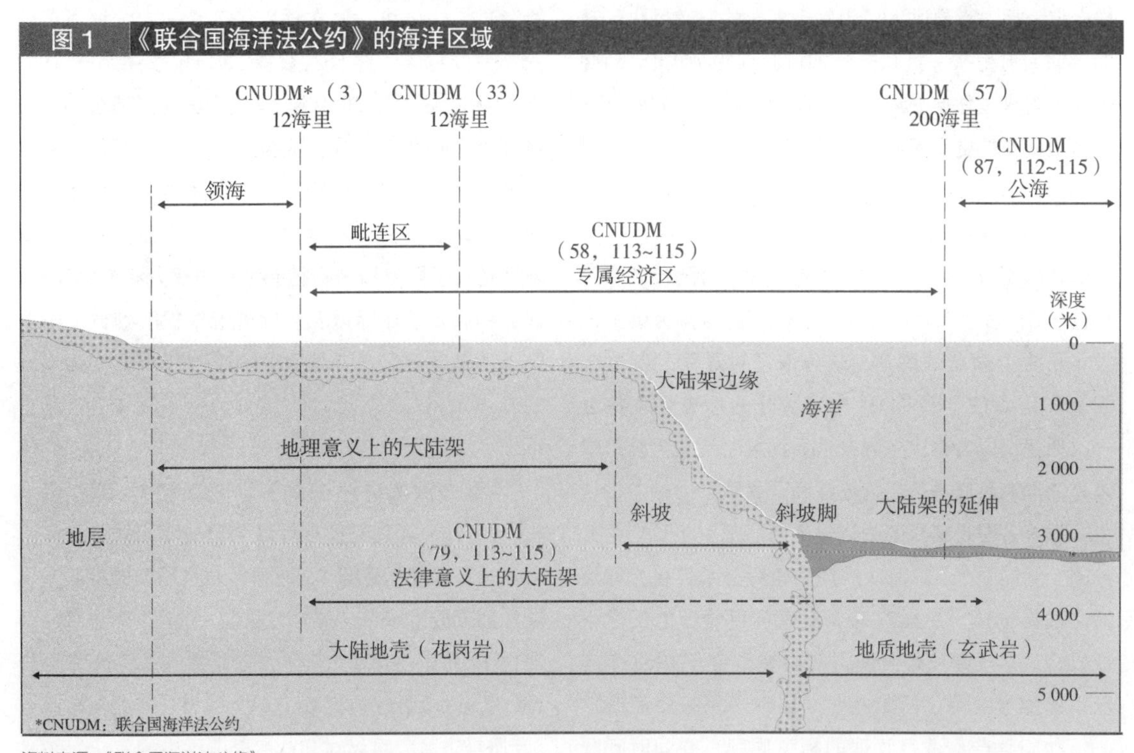

资料来源：《联合国海洋法公约》。

激起发达国家的签署意愿，协定降低了有关海底资源合作与分享管理的门槛——这是美国最主要的担心点。之后，包括德国和日本在内的许多发达国批准了《公约》。1995年12月，《联合国鱼类种群协定》获得通过。这是一个有关养护和管理在专属经济区内外跨界鱼类种群和高度洄游鱼类种群的规定的协定。该协定的目的与第一份协定有很大不同，因为它从鱼类种群——这些鱼类种群会在各国的专属经济区和公海这个开放的区域之间来回游走（跨界鱼类种群）——入手，对《公约》的保护功能进行了补充和拓展。

将一些行业和区域性的协定也纳入其中

1982年的《联合国海洋法公约》建立了一个框架。它规定，未来有许多具体的问题都可以纳入这一框架中来。具体的容纳方式既可以通过签订一些与海洋活动有关的特定条约（如海运条约），也可以通过签订一些区域性的海洋协定（如南太平洋协定等）。

20世纪初，相关的谈判会议通常由一个东道国来主办。这些谈判通常是双边的，其目的是解决当下某个特定的争端。而今天这些会议大多是由相关领域的常任专家所组成的多边机构来举办，这就大大增加了达成协议的概率。在海洋领域，目前主要有以下几个主要的国际组织。第一个是总部设在伦敦的国际海事组织：该组织主要负责与船舶和海上石油平台相关的事务，尤其是促进海上安全和防止海上污染，如倾倒废物。第二个组织是总部设在罗马的联合国粮食和农业组织：它所关注的是海洋捕捞业，并越来越着力于渔场的养护。第三个组织是总部设在内罗毕的联合国环境规划署，其使命是关注与海洋环境有关的问题。

与海洋治理有关的法律文件是各种不同的组织制定的，其目的往往是平息因为某些活动而引起的担忧。国际海事组织一些旨在加强船舶、航运、船上人员以及海洋环境安全的措施协定就是这样通过谈判达成的。在这些协定中，航运的管理责任通常交给每艘船的所属国，也说是每艘船舶都拥有一个国籍。但这种方法总有一个缺点：船只可以随意更改自己的国籍，而且它们往往会选择那些管理规章不太严格的国家来悬挂自己的国籍旗（这便是所谓的“方便旗”）。正因为如此，此类船只受到了人们的特别关注，并且出现了一种对船只并行管辖的现象：船舶航行所经过的国家的管辖权（“沿海国管辖

表1　海洋空间的保护法律

全球框	航海，安全	环境
1958年，《公海公约》 1958年，《领海和毗连区公约》 1982年，《联合国海洋法公约》	1966年，《国际船舶载重线公约》 1969年，《国际船舶吨位丈量公约》 1972年，《海上避碰国际规则的公约》	1954年，《国际防止海洋油污染公约》 1971年，《国际重要湿地公约》 1973年，《国际防止船舶造成污染公约》以及1978年修订的议定书 1974年，《防止陆地源污染公约》
倾倒废物	**捕鱼**	
1972年，《防止倾倒废物及其他物质污染海洋的公约》	1958年，《公海渔业和生物资源养护公约》 1980年，《南极海洋生物资源养护公约》 1993年，联合国粮农组织，《促进公海渔船遵守国际养护与管理措施的协定》	

权”）和船舶航行中目的国的管辖权（“港口国管辖权”）。

在地区层面，同样进行着一些致力海洋管理的工作。联合国环境署所开展“区域海洋计划”就是其中之一。这一计划的目标是通过创建一些小型区域组织，来增强每个人对于本区域长期保持良好状态的责任意识。目前总共有 14 个不同的“区域海洋计划”，参与的国家有 140 多个。例如，根据 1985 年签订的《关于保护、管理和开发非洲东部区域海洋和沿海环境的公约（内罗毕公约）》框架创建的、总部设在塞舌尔的“东非区域海洋计划”目前拥有 10 个成员国：南非、科摩罗、法国（留尼旺）、肯尼亚、马达加斯加、毛里求斯、莫桑比克、塞舌尔、索马里和坦桑尼亚。这些国家携手合作，共同致力于治理珊瑚白化的问题。区域化管理的方式在渔业领域也同样存在。由于一些区域渔业管理组织的存在，一些地方能够按照不同区域，甚至以不同的鱼类种群为单位，通过协商的方式对渔业进行管理。

海洋治理谈判的新挑战

尽管海洋法应用的范围日益扩大，但是现行的管理架构很少或者很难处理一些非常严重的问题。例如，渔场的崩溃、因陆源污染而使沿海地区成为“死亡地带”或气候变化的影响（如海洋酸化）等。为适应各类争端和各类变化给海洋带来的压力，一向难以创建的海洋法不得不处于不断更新变化之中。在与海洋共谋我们未来的过程中，其结果将取决于我们对以下三个挑战所做出的回应。

第一个挑战与法律工具的执行有关。世界人口的增长以及技术水平的提高使得人们对海洋的需求越来越高，海洋渔业资源和海洋环境所面临的压力也越来越大。现在的问题是：《联合国海洋法公约》和其他复杂的监管体制是否能够解决这些难题，或者说这些问题是否会因为现有法律工具执行不力而继续存在。应当承认的是，在督促这些法律工具的实施方面，人们已经尽了最大的努力。例如，人们想尽办法来识别那些“方便旗”并加大对海洋的监测，以防止非法行为的出现。执法能力不足虽然在渔业领域表现得最为明显，但总体上看，它已经成了整个海洋管理的一个主要障碍。

第二个挑战是在污染问题上，如何协调好海洋治理与陆地治理之间的关系。正如我们已经指出的，人类在公海的活动很难规范，但其所产生的污染是有界限的。越靠近海岸，污染问题越严重。这种现象不应归咎于那些治理不善的国家——有的时候，有的国家真的没有能力对如此广阔的区域进行监控。事实证明，越是接近人群、人类活动越密集，海洋治理就会变得越复杂，而当今世界越来越多的人正在向沿海地区迁移。沿海地带的海区所受到的最大威胁是“地源”污染，也就是说大部分的污染物通过河流排放进了海洋。这些污染物来自遥远的内陆腹地，而且主要是农业污染。在污染方面，海洋治理和陆地治理是密不可分的。

第三个挑战是如何将环境问题纳入相关谈判之中。此前不久，相关的渔业谈判所涉及的还主要是各国的国家利益问题。如今，谈判者在谈判桌上迎来了一个新主体：环境。这个谈判的对手很不简单。它从不妥协，只有到了一切为时已晚的时候，它才会提出自己的要求。气候变化问题就已经清楚地显示了这一点。因此，未来的谈判以及由此而出现的治理机制必须形成一个制度化的持续学习进程，以便使那些研究海洋环境的科学家们能够向环境“询问”其“立场”。对于这些通过制度化学习进程而得出的结论，相关国家更容易赋予其合法地位，并用它们来推动新法律的通过或对治理的优先目标进行修订。

目前，在海洋治理方面存在着一个强大并被广泛接受的框架。它还得到了许多行业协定和区域协议的补充。然而，这一框架在实施过程中遇到的困难给治理带来了负面影响。而且，随着海洋资源所受到的压力越来越大以及气候变化所带来的影响，隐含在全球框架中的利益平衡将面临挑战。海洋治理的未来，与其过去一样，需要有奉献精神和有想象力的领导人。

参考文献

CARON D. D. et SCHEIBER H. N. (éd.), 2004, *Bringing New Law to Ocean Waters*, Leiden, Martinus Nijhoff.

CHURCHILL R. R. et LOWE A. V., 1988, *The Law of the Sea*, 2e édition, Yonkers, New York, Juris Publishing Inc.

DIVISION DES AFFAIRES MARITIMES ET DU DROIT DE LA MER DES NATIONS UNIES, 1997, *Le Droit de la mer : Textes officiels de la Convention des Nations unies sur le droit de la mer du 10 décembre 1982 et de l'Accord concernant l'application de la partie XI de la Convention des Nations unies sur le droit de la mer du 10 décembre 1982*, Publication des Nations unies, numéro de vente : E.97.V.10.

GROTIUS H., 1604, *Mare liberum*.

O'CONNELL D. P. et SHEARER I. A. (éd.), 1982, *The International Law of the Sea*, Oxford, Oxford University Press.

POTTER P. B., 1924, *The Freedom of the Seas in History, Law and Politics*, New York, Longman, Green and Co.

SANGER C., 1986, *Ordering the Oceans: The Making of the Law of the Sea*, Toronto, University of Toronto Press.

SELDEN J., 1635, *Mare clausum*.

VIDAS D. et ØSTRENG W. (éd.), 1999, *Order for the Oceans at the Turn of the Century*, La Haye, Kluwer Law International.

Les traités et les accords auxquels se réfère le texte se trouvent dans LOWE A. V. et TOLMAN S. A. G. (éd.), 2009, *The Legal Order of the Oceans: Basic Documents on the Law of the Sea*, Oxford, Hart Publishing.

第二章

埃尔娃·埃斯科巴尔（Elva ESCOBAR）
墨西哥国立自治大学，墨西哥

朱利安·巴尔比埃（Julian BARBIÈRE）
联合国教科文组织，法国

一个待发现的世界：生物多样性评估

海洋仍是一个人类知之甚少的未开发世界。长期以来，人们对于海洋的认识主要集中在渔业资源和能源的开发上，不过自20世纪末以来，一些对海洋生态系统进行评估的计划已相继展开。如今人们面临的一个挑战是如何将这些知识用于保护海洋。

生物圈①中95%的生物以及地球上大部分生物多样性都集中在海洋环境中。然而，我们对于海洋生物多样性的认识仍然十分有限。尽管过去50多年的跨国合作给相关科学研究提供了大量支持，但海洋的大部分地区仍未经勘察。迄今为止，虽然有超过1500人登上了珠穆朗玛峰，已有300多人进入了太空，还有12人登上了月球，但是只有差不多5%的海底经过了人们的勘探，而到达海底最深处而且成功返回的潜水员只有两名。我们希望弄清楚目前人们对海洋的认知上所存在的空白，并设法将其弥补，尤其是要充分发挥“生物多样性和生态系统服务政府间科学—政策平台（IPBES）”的作用。对海洋的科学研究必须成为国际社会的一项优先任务，因为海洋生态系统能够派生出许多重要的“生态系统服务产业”——如粮食、抗癌分子或调节气候②等，而且如今世界上没有任何一片海域能够成为不受人类活动影响的“净土”：这是由于气候变化、水体富营养化、捕捞、栖息地被破坏、缺氧、污染以及外来物种的引入等。

过去十年的海洋生物普查总共发现6000多个新物种，相当于每天能发现差不多两个新物种。

新发现未知的世界

首先是科斯特洛［科斯特洛（Costello）等，2010年］对于海洋生物多样性的发现史有着十分详细的描述。不同海域、不同国家就生物多样性展开调查的日期并不相同，人们可以大致划分出三个不同的重大发现期。从18世纪中叶到19世纪末为勘探阶段，这一时期人们进行了多次重大的勘探远航。其次是20世纪中叶展开的对沿海地区进行的“描述式”研究。一些大型科研院所和海洋站在这一阶段相继创建。最后是自20世纪90年代以来出现大规模的跨学科研究。这些研究主要得益于现代技术的进步以及一些重大的跨国合作计划。这种多方合作、形成合力的做法至今仍在继续：“国际海洋生物普查计划”（Census of Marine Life）项目被认为是21世纪在该领域最重要的合作计划。

---

① 沿海和海洋的栖息地包括珊瑚礁、红树林、海草床、河口湾、海底热液喷口以及远低于海平面的海底山和海底沉积物。

② 令人侧目的是，地球上93%的二氧化碳是靠海洋来回收和存储的。海洋中大约“封存”着大气中50%的碳。

在第二次世界大战前，生物海洋学所研究的主要是两大课题。第一（这也是最重要的），是与捕捞业有关的渔业资源研究。当时人们所关注的是可捕捞鱼类资源的分布图、鱼类资源的变化情况以及丰富程度。第二个课题的研究方向是严格意义上的勘探。对外来的奇异动物进行观察引起了科学家和公众的广泛兴趣。战争结束后，生物海洋学逐步将关注的重点放在了海洋生态系统的运行方式上，目的是对其进行保护，防止其受到资源开发或污染的负面影响。

在不同的历史时期，人们研究海洋生物多样性的方法也有所不同。最早的时候，它是运用比较解剖学、形态学、胚胎学、生理学和行为分析的方法，为各类资源建立分类名录。在 19 世纪中叶，恩斯特·海克尔（Ernst Haeckel）对进化树上的各类分支进行了命名，这便是日后的科学分类法。与此同时，一些新技术的问世使得人们得以亲自进入海底，海洋生物学的调查研究在 20 世纪上半叶也因此获得了长足的发展。如今，新的软件以及超级计算机的出现大大提升了计算速度，使得科学家们得以对历史上在各个不同海域所获取的资料进行分析研究［许特曼和库什曼（Huettmann et Cushman），2009 年）］。一些有关海洋种群数量变化的动态模型也因此得以建立。

如今，人们可以借助这些动态模型来测算海洋的生物多样性。据海洋生物地理信息系统（OBIS）预测，海洋中共生活着 2200 万个物种，而新的方法还可能发现更多[①]，尤其是因为人们的研究范围正在向更深远的海域延伸：有人认为，深海的生物多样性是地球上最宝贵的财富之一［拉米雷斯－劳德拉（Ramirez-Llodra）等，2010 年］。事实上，公海是地球上面积最大的区域，水下存在着许多栖息地，其非生物和生物特性都是独一无二的，而且这些生物的多样性特别丰富。

人类对海洋的认知每一天都在增加，但谁也不知道每天究竟会有多少海洋新物种被发现。目前并不存在一个海洋生物多样性的全球预估数量，这既可能是因为这方面的工作根本没有被做过，也可能是因为相关的数字目前尚未公布。通过对海洋生物普查项目所获得数据的推算，过去十年间共有 6000 多个海洋新物种被发现。这大约相当于每天能发现差不多两个新物种。仅在 2000 年至 2010 年这十年间，至少有 1200 个新物种被发现。一些新采集来的标本目前仍在分析与研究之中，其中必定会出现一些新的物种［科斯特洛（Costello）等，2010 年］。渐渐地，一些有关海洋的数据库在世界各地相继问世。如今，人们拥有数据库的领域包括：海洋物种、重要的栖息地以及关键区域、公海等大型生态系统以及海洋的遗传资源（联合国环境规划署、政府间海洋学委员会以及联合国教科文组织，2009 年）。

与海洋物理学或海洋化学等学科不同，海洋生物学在评估深海浮游生态系统时面临着一些最基本的问题：目前已被人类勘探的深海海底面积仅占总面积的不到 0.001%［斯图尔特（Stuart）等，2008 年］。此外，人们还注意到，现有资料所记录的主要是一些特殊的群体，如人们所捕捞的主要鱼类、海鸟、海洋哺乳动物以及沿海的大型植物区系。这些数据在误捕方面可以说是一个空白，也就是说人们根本无法弄清诸如海龟、鲨鱼和小型鲸类等一些海洋动物到底有多

① 对水样本中的微生物采取的焦磷酸测序法有望在未来的几年内确定 1 万种不同的浮游生物［欧多尔（O'Dor）等，2010 年］借助平行标记测序法，索金（Sogin）等人在 2006 年发现深海区的细菌群落总数将超过 100 万。

少被误捕。今后，有关海洋无脊椎动物、藻类和浮游生物等重要资料数据的收集工作仍应继续。

不同的资料数据收集计划最终导致了相关知识的支离破碎。例如，大部分对于全球海洋生物多样性的评估（渔业捕捞的评估除外）仅仅局限于近海的一些敏感地带的栖息地，局限于那些生存受威胁或濒临灭绝的海洋物种。此外，这些评估通常只关注其中的某一个问题，如珊瑚礁的酸化［特利（Turley）等，2007 年］。当然，某些国家通过一些非政府组织和政府间组织之间的合作大大提高了相关评估的能力与水平，并由此得以确定那些需要保护区域的优先次序。然而，从全球的范围看，并没有一种合力能够将一些小范围的敏感栖息地或一些小规模的受威胁及濒危物种与那些大范围的区域性生态系统整合到一起。这一局面使得目前一些跨领域影响评估[①]只能在那些受保护海域展开，而忽视了大部分广阔的海域。

对海洋环境进行系统评估

过去十年间，国际上曾启动了多个对海洋生物多样性展开评估的计划，从而使决策者对于当前海洋环境的现状有了全面、共同的认识。

第一个计划的名称为"评估各项评估"（l'Évaluation des évaluations），它是对国际海洋环境状况进行定期评估项目的一部分。其所涉及的内容包括经济和社会各方面，远远超出了渔业和海洋运输等范畴。它还试图将各地独立展开的一些项目所取得的成果整合在一起。"评估各项评估"对 2000 年启动的"国际海洋生物普查计划"（Census of Marine Life）项目予以特别关注。这是一个为期十年的项目，旨在对过去、现在和将来的海洋生物多样性、分布和丰富程度做出评估和解释［范登·贝格（Vanden Berghe）等，2007 年][②]。"评估各项评估"是长期谈判的结果，这方面的谈判最早可以追溯到 1992 年在里约召开的联合国环境与发展会议。在那次会议上，各国均承诺要加强对海洋环境的了解，以便能够更好地评估当前所出现的变化趋势（联合国，1993 年）。1999 年，各国当局在联合国可持续发展委员会通过了对海洋环境进行系统评估的原则协议，以便能够向决策者提供这方面更加精确的信息（联合国可持续发展委员会，1999 年）。这一构想在 2002 年的可持续发展世界首脑会议上变成了一项政治决定。此次会议决定从 2004 年起建立对全球海洋环境状况定期评估的机制。2002 年的联合国大会批准了这一决定，并在 2005 年要求联合国环境规划署、政府间海洋学委员会以及联合国教科文组织在该项目启动的头三年发挥主导[③]作用。

"评估各项评估"对区域和全球层面生物多样性所面临的最紧迫的威胁进行了综合评估，并对未来还需要从事评估事务的一些机构进行了资质评定。这一计划还确定了几个与数据收集相关的重大项目，并且建立起了一些区域和全球的数据库。与过去相比，这一进程是一个重大的创举，因为过去很少会为了评估某一海洋资源、某一特定海洋生态系统的特殊利用

---

① 萨拉和诺尔顿（Sala et Knowlton）在 2006 年发表了一篇有关全球对海洋生物多样性的了解发展趋势的论文。

② "国际海洋生物普查计划"项目艾尔弗雷德·斯隆基金会（Fondation Alfred P. Sloan）提供资金支持，目的是使那些没有能力履行《生物多样性公约》相关规定的国家能够完成为海洋物种建立目录这一任务（国家研究理事会，1995 年）。总共有来自 45 个国家的科学家参与了该项目计划。

③ 在这一计划上，这两个机构与多个联合国机构进行着密切的合作：联合国粮农组织、国际海事组织、国际海底管理局、联合国海洋事务和海洋法司（DOALS）和世界气象组织（OMM）等。

或其可能受到的影响而进行资料收集，而这在一定程度上限制了对各类海洋评估的整合[①]。此外，对海洋和沿海地区生物多样性的经济价值评估也是一个全新的课题，因为这方面至今不存在任何全球性的评估——虽然世界资源研究所最近出版了一份有关加勒比海域珊瑚礁情况的评估报告［伯克（Burke）等，2008 年］。

按照“评估各项评估”报告所提出的建议，第一阶段（2011~2015 年）的定期交流机制建设将主要围绕以下几个方面的内容展开。首先是进行能力建设、扩大知识面、强化共同的分析手段等。其次是强化评估参与者、各国的监督和科研计划的网络化建设。最后是针对不同的受众，建立有针对性的沟通战略并提供相关手段，每一片海区的相关资料都应当定期进行更新，以供公共决策参考。

联合国生物多样性与生态系统服务政府间科学—政策平台——生物多样性的科学政策平台

光靠相关资料的积累是不够的。生物多样性的保护需要一个科学和政策平台，一个与政府间气候变化小组相类似的机构。科学与政治之间的互动将牵涉到很多国家以及国际机制。这种情况在海洋环境领域尤为明显，因为目前有许多不同的机构——有的是联合国下设机构，有的则不是——都掌握着一些有关海洋生物多样性的资料[②]。目前，各类不同的机构承担着各自不同的任务，而且一些在科学流程上所存在的缺陷通常使人们很难对于一个地区乃至全球的生物多样性现状形成一种全面的认识。换言之，在海洋生物多样性方面现有的资料并不足以支撑一种全球性的治理。

全面的认识必须考虑到这种差异：那些全球性的计划必须对一些地方性或区域性的“大型计划”进行整合，以便了解更广泛范围的生态进程及所受到的累积影响，并分析这些后果与影响可能带来的治理问题。如果相关决定是地方部门做出的，那么收集到的资料和知识通常就很容易变成人们的决策参考。当然，这一过程不是对相关知识的“机械翻译”，而是会经过相关利益方的分析和解读。这种参与式的进程通常会赋予这些知识以合法性以及真正的针对性。［卡什（cash），2003 年］。

在这方面，一个跨政府的科学与政策专业平台将大大提高这些知识对决策参考的贡献：它可以确保决策的可靠性与合法性，并提高相关科学结论与建议的针对性。随着时间的推移，相关评估工作正在改变着人们对某些问题的看法，这一点从政府间气候变化小组（GIEC）所发表的一系列评估报告（政府间气候变化小组，2002 年）所起的作用就可以得到佐证。有“生物多样性领域的政府间气候变化小组”之称的“联合国生物多样性与生态系统服务政府间科学—政策平台”是在联合国环境规划署的倡导下于 2008 年成立的。其关注的重点是生物多样性科学领域相关资料数据和信息的统一标准和基础设施。所收集到的信息将有助于加强和协调有关全球变化的预测模型，并确定哪些领域需要掌握更具针对性的信息，需要加强科研的力度。“联合国生物多样性与生态系统服务政府间科学—政策平台”将与“地球观测小组生物多样

---

① 例如，2000 年出版的一本有关从社会和经济角度对珊瑚礁进行管理的手册［邦斯（Bunce）等，2000 年］提出，在对珊瑚礁进行评估时应当对生物物理和社会经济等各种方面因素进行综合考量。

② 例如，《生物多样性公约》、联合国粮农组织、联合国海洋污染科学问题专家组（GESAMP）、国际珊瑚礁倡议（IIRC）、国际捕鲸委员会、联合国海洋事务和海洋法司（UN/DOALS）以及千年生态系统评估（EEM）等。

表 1　对生物多样性的评价

对象及主题	机　　构	名称及评估类型
珊瑚礁	国际珊瑚礁倡议	珊瑚礁现状报告
	全球珊瑚礁监测网	珊瑚礁数据库
海洋和沿海生物多样性（海草、红树林、珊瑚礁和盐沼）	生物多样性公约	全球生物多样性前景报告
	联合国环境规划署—世界保护监测中心	报告—海草地图集
	国际海洋生物普查计划	资料
	海洋生物地理信息系统	资料库
渔业 / 水产养殖	联合国粮农组织	世界渔业和水产养殖状况 全球渔业信息系统
	世界渔业中心	世界鱼类数据库
	不列颠哥伦比亚大学	“我们周围的海洋”项目（图表与资料）
	联合国海洋污染科学问题专家组	水产养殖科学报告
红树林	联合国粮农组织	世界红树林报告（1980~2005 年）
	粮农组织 / 教科文组织 / 环境规划署 / 联合国大学 / 大自然保护协会	世界红树林地图集（2010 年）
鲸 / 鲸目	国际捕鲸委员会	现存数量评估
石斑鱼和隆头鱼	世界自然保护联盟	受威胁物种红色名录评估
深海生态系统	联合国环境规划署—世界保护监测中心	冷水珊瑚礁报告（2004 年）
	国际海洋生物普查计划	资料
	国际海底管理局	资料库
	联合国环境规划署	深海生物多样性和生态系统
	联合国教科文组织	全球开阔洋和深海海底生物地理学分类
鲨鱼和鳐鱼	世界自然保护联盟	保护状况报告（2007 年）
	迁徙物种公约	
海洋鸟类	国际鸟盟	资料库
海洋遗传资源	联合国大学高级研究所	新版海洋遗传资源：科学研究
	联合国教科文组织	海洋生物勘测的商业用途与数据库（2007 年）
海龟	保护国际基金会	世界海龟状况
海洋物种	国际海洋生物普查计划	资料
	世界自然保护联盟的全球海洋物种评估	受威胁物种红色名录评估
海洋哺乳动物	长寿物种被误捕全面评估	误捕物评估（哺乳动物、海龟、鸟类等）

性观测网络”（GEOBON）相互携手。共有100多个机构——其中主要是政府机构——参与了“地球观测小组生物多样性观测网络”这一合作计划，它们已经实现了生物多样性的资料和分析的共享［拉里高德利（arigauderie）穆尼（ooney）2010年］。

这种参与式进程需要高昂的成本，但从长远来看，与因为缺乏针对性、合法性和可信性而导致的失败相比，这些成本就显得微不足道了［索布仑（Soberon）和萨鲁坎（Sarukhan），2010年］。“联合国生物多样性与生态系统服务政府间科学—政策平台”这一框架能从全球的角度对一些区域性资料数据进行整合，并确保能将这些信息进行有效的传播。与政府间气候变化小组一样，这一计划的成功也将取决于参与者的科学素质及其工作的独立性。人们希望凭借这个计划的国际色彩、其统一的科学认知方式以及公开透明的同行评审程序等，使各国的决策者能够相信这些报告是合法的、有用的。“联合国生物多样性与生态系统服务政府间科学—政策平台”具有的周期性，是为了随着时间的推移，能够围绕着一些共同的目标来动员公众舆论和组织科学家，从而推动科学领域及相关公共政策领域取得更大的进步。

2010年6月在韩国釜山举行的“联合国生物多样性与生态系统服务政府间科学—政策平台”最后筹备协商达成了一份将要提交给联合国大会的建议案：“联合国生物多样性与生态系统服务政府间科学—政策平台”应当具有独立政府间机构的地位，由一个或多个联合国现有的下属机构来管理。能够向其提出需求的“利益相关方”可以是公共机构、6个生物多样性多边协定（包括《世界遗产公约》）的签约方、联合国下属机构、非政府组织以及私营部门。

2010年12月，联合国大会决定，联合国环境规划署将为这个新国际机构的创建展开先期行动，而这一新机构的第一次会议于2011年夏季召开。在2011年开始建立定期交流机制和“联合国生物多样性与生态系统服务政府间科学—政策平台”后，有关海洋生物多样性的问题将在这两个论坛予以解决。因此，与定期交流机制一样，“联合国生物多样性与生态系统服务政府间科学—政策平台”的主要功能也将是对现有以及未来的相关评估进行协调，而不是搞重复劳动。联合国的成员国们将就定期交流机制和“联合国生物多样性与生态系统服务政府间科学—政策平台”之间如何衔接提出具体意见，并就如何防止重复劳动、避免资源浪费展开思考。这将是一个意义深远而且前所未有的挑战。如果试图让其中一方取代另一方，或让其中一方对另一方进行整合，那都将是一个错误。定期交流机制和“联合国生物多样性与生态系统服务政府间科学—政策平台”有着各自不同的目标和出发点，它们所能满足的需求也不尽相同，它们的对话方和运行方式也各自不同。

结论

今后，我们仍需要在更大的地理范围内展开更多的科学研究，这将不仅有助于加深我们对于生物多样性和生态系统的了解，还将使我们更好地评估海洋环境所能带给我们的重要资源。过去50年来，虽然人们的科学知识获得了巨大增长——这在很大程度上得益于技术的进步，但是人们仍然看不到各国当局或国际机构如何能把这些知识很好地运用到对海洋生物多样性的保护和可持续管理上。“联合国生物多样性与生态系统服务政府间科学—政策平台”和定期交流机制使人们看到了在某些方面取得进步的可能性，如地方行动与全球科学挑战之间的协调匹配。

参考文献

BUNCE L., TOWNSLEY P., POMEROY R. et POLLNAC R., 2000, *Socioeconomic Manual for Coral Reef Management*, Townsville (Australie), Global Coral Reef Monitoring Network, Australian Institute of Marine Science.

BURKE L., GREENHALGH S., PRAGER D. et COOPER E., 2008, *Coastal Capital: Economic Valuation of Coral Reefs in Tobago and St. Lucia*, Washington D. C., World Resource Institute. Disponible sur : pdf.wri.org/coastal_capital.pdf

CASH D. W., CLARK W. C., ALCOCK F., DICKSON N. M., ECKLEY N., GUSTON D. H., JAGER J. et MITCHELL R. B., 2003, "Science and technology for sustainable development special feature: knowledge systems for sustainable development", *Proceedings of the National Academy of Sciences*, 100(14), p. 8086-8091.

COMMISSION DES NATIONS UNIES SUR LE DÉVELOPPEMENT DURABLE (CNUDD), 1999, *Conseil économique et social, Rapport de la 7e Session*, Annexe 1 du document E/1999/29-E/CN.17/1999/20, New York, Publications des Nations unies.

CONFÉRENCE DES NATIONS UNIES SUR L'ENVIRONNEMENT ET LE DÉVELOPPEMENT (CNUED), 1993, *Action 21, un plan d'action mondial pour le développement durable ; Déclaration de Rio sur l'environnement et le développement, Principes de gestion des forêts*, New York, Département de l'information (DPI) des Nations unies.

COSTELLO M. J., COLL M., DANOVARO R., HALPIN P., OJAVEER H. et MILOSLAVIC P., 2010, *A Census of Marine Biodiversity Knowledge, Resources, and Future Challenges*, PLoS ONE, 5(8), e12110. DOI : 10.1371/journal.pone.0012110.

CUSHMAN S. A. et HUETTMANN F. (éd.), 2010, *Spatial Complexity, Informatics and Wildlife Conservation*, Tokyo, Springer. DOI : 10.1007/978-4-431-87771-4_16.

GROUPE D'EXPERTS INTERGOUVERNEMENTAL SUR L'ÉVOLUTION DU CLIMAT (GIEC), 2002, *Climate Change and Biodiversity, IPCC Technical Paper v*, Genève, Association météorologique mondiale.

LARIGAUDERIE A. et MOONEY H. A., 2010, "The Intergovernmental science-policy platform on biodiversity and ecosystem services: moving a step closer to an IPCC-like mechanism for biodiversity", *Current Opinion in Environmental Sustainability*, 2, p. 1-6.

NATIONAL RESEARCH COUNCIL (Committee on Biological Diversity in Marine Systems), 1995, *Understanding Marine Biodiversity*, Washington D. C., National Academy Press.

O'DOR R., MILOSLAVIC P. et YARINCIK K., 2010, *Marine biodiversity and biogeography – regional comparisons of global issues, an introduction*, PLoS ONE 5(8), e011871. DOI : 10.1371/journal.pone.0011871.

RAMIREZ-LLODRA E., BRANDT A., DANOVARO R., DE MOL B. et ESCOBAR E., 2010, "Deep, diverse and definitely different: unique attributes of the world's largest ecosystem", *Biogeosciences*. DOI : 10.5194/bgd-7-2361-2010.

ROBISON B. H., 2004, "Deep pelagic biology", *Journal of Experimental Marine Biology and Ecology*, 300, p. 253-272.

SALA E. et KNOWLTON N., 2006, "Global marine biodiversity trends", *Annual Review of Environment and Resources*, 31, p. 93-122.

SOBERON J. M. et SARUKHAN J., 2010, "A new mechanism for science-policy transfer and biodiversity governance?", *Environmental Conservation*, 36(4), p. 265-267.

SOGIN M., SOGIN L., MORRISON H. G., HUBER J. A., WELCH D. M., HUSE S. M., NEAL P. R., ARRIETA J. M. et HERNDL G. J., 2006, "Microbial diversity in the deep sea and the underexplored 'rare biosphere'", *Proceedings from the National Academy of Sciences*, 103(32), p. 12115-12120.

STUART C. T., MARTINEZ ARBIZU P., SMITH C. R., MOLODTSOVA T., BRANDT A., ETTER R. J., ESCOBAR-BRIONES E., FABRI M. C. et REX M. A., 2008, "CeDAMar global database of abyssal biological sampling", *Aquatic Biology*, 4, p. 143-145.

TURLEY C. M., ROBERTS J. M. et GUINOTTE J. M., 2007, "Corals in deep-water: will the unseen hand of ocean acidification destroy cold-water ecosystems?", *Coral Reefs*, 26, p. 445-448.

PROGRAMME DES NATIONS UNIES POUR L'ENVIRONNEMENT ET COMMISSION OCÉANOGRAPHIQUE INTERGOUVERNEMENTALE DE L'UNESCO (PNUE et COI-Unesco), 2009, *An Assessment of Assessments, Findings of the Group of Experts. Start-up Phase of a Regular Process for Global Reporting and Assessment of the State of the Marine Environment including Socio-economic Aspects*, Malte, Unesco.

VANDEN BERGHE E., APPELTANS W., COSTELLO M. J. et PISSIERSSENS P. (éd.), 2007, actes de *Ocean Biodiversity Informatics*, conférence internationale sur la gestion de données sur la biodiversité marine, Hambourg, Allemagne, 29 novembre-1er décembre 2004, Paris, COI/Unesco.

聚 焦

海底山：生物多样性的绿洲？

莫里吉奥·武尔茨（Maurizio WÜRTZ）
热那亚大学，意大利

水流的上升和下降、温度锋以及海水的环流与涡流等都可能形成一些生物多样性十分丰富但存在时间极为短暂的区域。相反，在像海底山这样一类的静态海底结构里，通常会发生一些稳定的、能大大提高海洋生产力的进程。海底山是从海底地面高耸但仍未突出海平面的山，通常呈锥形。这些结构高出海底的高度通常在1000米以下，其最高处与水平面的距离通常还有几十米甚至是几百米。海底山可能很高，也可能很宽。它们可以形成群山或群岛，而且通常与海底热区或板块运动有关。海底山通常也与过去或现在的一些火山运动有关（如太平洋中部的天皇海山链）。相反，那些与火山活动无关的孤立海底山则比较少见（如位于地中海东部的埃拉托色尼海底山）。

据估算，地球上共有至少10万座海底山［基钦曼（Kitchingman）等，2007年］，这也使其成为最具代表性的海洋栖息地之一。尽管人们已经对某些海底山进行了一定数量的研究，但对它们的摸底调查远未结束，而且对它们作为“深海生物多样性绿洲”的作用仍有待进一步的研究。

海底山的生物多样性为何会如此丰富？

不同地理区域的海底山［以及大陆（斜）坡］，生活着一些完全不同的底栖无脊椎动物群落，而且这些群落存在着不同程度的遗传隔离现象。据观察，海底山的群落特有率（某个栖息地所特有物种的比例）在10%~50%。未来，随着更多的样本被采集，而且人们把遗传学和形态学等一些技术手段融入到对动物区系隔离的分析之后，这些数字仍可能发生变化［斯托克斯（Stocks）和哈特（Hart），2007年］。

海底山的影响会在海床上的覆水域表现出来：海底山一带所出现的上面所提到过的水流运动能导致养分富集并提高了海洋的初级生产力。然而，这种生产力的提高会随着时间的变化而变化，其影响很可能仅仅局限于海底山所在的区域或者会随着洋流的作用而影响到10~40海里的地方。对海底山区域深海群落进行的研究表明，在海底山邻近的不同水域，深海的动植物区系无论在数量还是在质量上都有所不同。海底山一带的浮游生物总量通常要多于邻近的水域：这一切很可能与海底山附近的水流运动有关。这些海底区域（尤其是海底山一带）地貌形态静止不变的特性使得大量深海捕食性动物在这里聚集、捕食。捕食性动物的出现使食草性浮游生物也纳入其中，从而使海洋初级生产力提高所产

> 海底山的群落特有率在10%~50%。

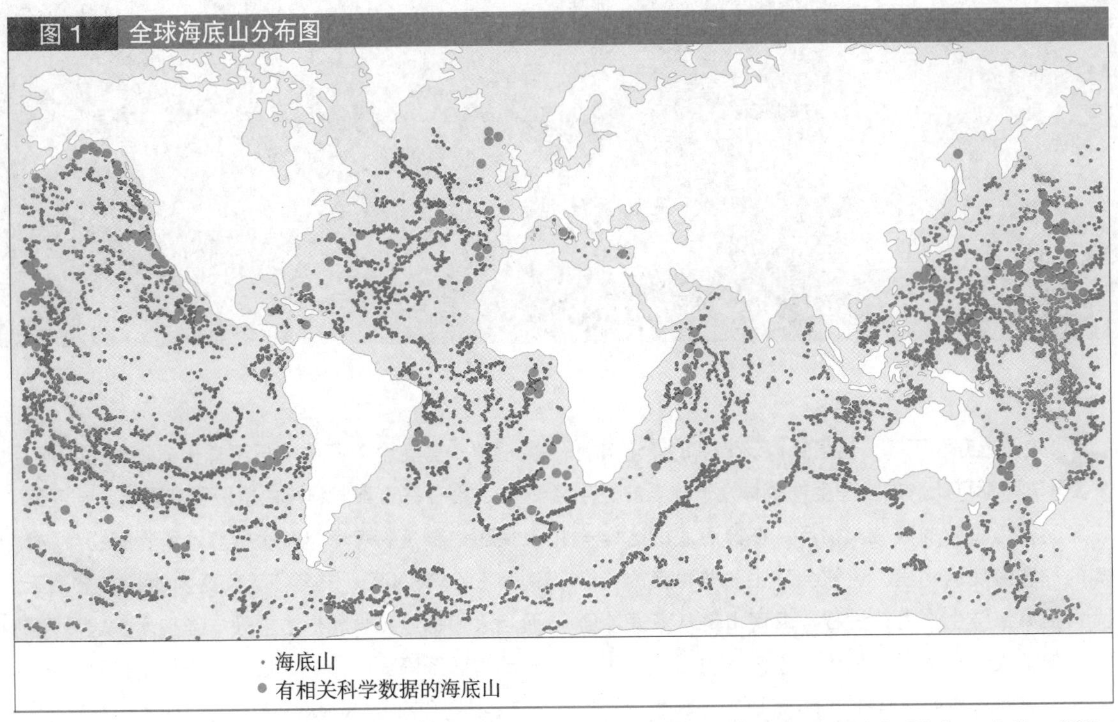

图 1 全球海底山分布图

资料来源：Kitchingman, A., Lai, S., Morato, T. et Pauly, D., 2007, “Seamount Abundances and Numbers”, in Morato T., Pitcher T.J., Santos R., Hart P.J.B et Clark M. (dir.), *Seamounts: Ecology, Fisheries and Conservation*, Oxford, Blackwell Publishing, Fish and Aquatic Resources Series (FAR)。

生的影响进一步扩大。此外，海底的不规则地形通常会改变覆盖其上的水流方向，这有利于水体的混合并容易使那些富含的营养物质浮到水面。这一现象则会大大增加浮游植物群落的初级生产力，从而为食草性浮游生物提供了丰富的食源。最后，人们还发现海底山还会困住那些垂直迁徙的浮游动物，使它们很容易被那些有潜水能力或在浅水层活动的捕食性动物所捕获（见图 2）。

那些能够自由游走的小物种——它们经常是白天待在深水区（如灯笼鱼通常在水下 500~600 米处活动），而到了晚上回游至水下约 80~150 米的海底山处。灯笼鱼是生活在中水位的小型鱼，通常以昼夜迁移的浮游生物为食。它们是大型鱼类以及海豚等物种的重要食物来源。海底山相对封闭的环流能够留住本地所产生的一些能量——其中很大一部分进入了最初级的深海浮游食物链，这些深海浮游生物反过来又导致那些四处游走的顶级捕食性动物大量聚集。海鸟、箭鱼、金枪鱼、鲨鱼、海龟、海豚和鲸鱼等许多深海浮游脊椎动物都靠生活在中层水位和深水的鱼类和鱿鱼为食。它们都聚集在此，以这里丰富的海洋初级产品和那些在浅水区活动的浮游动物和微形自泳生物群落为食。

鉴于其所供养的特定群落，海底山实际上已经成为一种与众不同的栖息地，而不仅仅是一个普通的生物地理区域。此外，海底山也是许多种深海物种的交配和产卵场。

捕捞技术，对海底山的威胁

来此繁殖或觅食的深海物种一定会在海底山附近聚集，这使得这些地区很容易成为捕捞的受害者，尤其是那些破坏力巨大的“电脉冲捕捞”，通常会对那些生长缓慢的本地鱼类和无脊椎动物群落造成伤害[许勒巴赫（Hyrenbach）等，2000年]。“电脉冲捕捞”通常只用于捕捞那些迁徙类物种，如偶尔经过这一海域就会引来大量捕捞作业的金枪鱼。总体上看，渔业捕捞已经成了海底山生态系统的一个巨大威胁。事实上，随着大陆架地区渔业资源的日益匮乏，寻找新渔场的压力越来越大。然而，随着航海与捕捞技术的进步，即使是那些身处偏远海域的海底山，自20世纪下半叶以来也成了捕捞作业密集的渔场。由于海底山的大部分物种在大陆（斜）坡一带都有分布，因此全世界所捕捞的鱼类到底哪些来自海底山、所捕捞的总量究竟有多少，这一切都很难界定。50多年来，在全世界被捕捞上岸的底栖海洋鱼类中，深海鱼类的数量越来越多。由此人们可以得出这样的间接推断，即无论对于延绳钓捕捞、底拖网捕捞还是对拖网捕捞作业来说，海底山的地位都越来越重要了。

海底山的鱼类中已有150多种正遭受人类的商业捕捞。

大西洋胸棘鲷（Hoplostethus atlanticus）的例子表明，海底山一带的渔场极容易出现崩溃，而且这些群落的恢复要比其他地区困难得多。人们发现，所捕获的大西洋胸棘鲷大部分来自海底山一带的海域。而在原先的渔场崩溃后，要想继续捕捞到大西洋

图2 海底山是如何困住浮游生物的

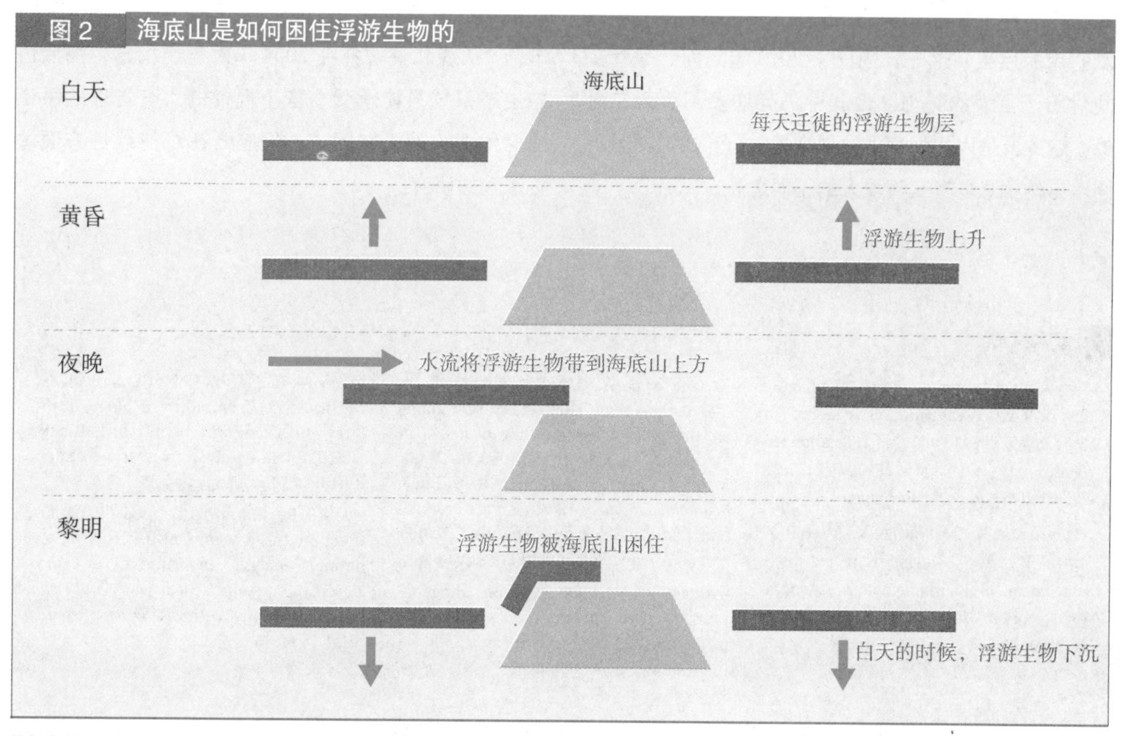

资料来源：据作者。

胸棘鲷，唯一的办法就是寻找新的海底山渔场［沃森（Watson）和莫拉托（Morato），2004 年］。此外，海底山还是用围网、深海延绳钓和流网等方法来捕捞金枪鱼、箭鱼、旗鱼和鲨鱼的理想场所。目前，海底山的鱼类中已有 150 多种正遭受人类的商业捕捞。而且人们已经知道，在这些鱼类中，大部分鱼的繁殖速度都很缓慢，因而在被大量捕捞之后，群落的自身恢复能力很弱。2009 年世界自然保护联盟（UICN）发布的世界濒危物种红色名录只有很少的篇幅提到了海底山一带的鱼群。其中，稀棘平鲉（Sebastes paucispinis）被列为“极危”类，而圆鲀（Sphoeroides pachygaster，四齿鲀科）和灰六鳃鲨（Hexanchus griseus）被列为“易危”类。此外，“国际海洋生物普查计划”项目 2005 年曾启动了一个名为“全球海底山生物普查”（CenSeam）的项目，旨在确定其对于全球海洋生物多样性的影响以及人类开发利用的后果。这一计划已于 2010 年到期，尽管其间付出了巨大的努力，但其中仍有许多不为人知之处，这主要是因为海底山数量众多、分布广泛而且不同地方的栖息地存在着很大的不同之处。

海底山栖息地保护

大量证据表明，海底山以及与之相关的资源都处于一种极其脆弱的状态，对其加强保护显得尤为必要。根据其所处的不同地理位置，有一些海底山位于某些国家的法律管辖范围之内，而有一些则不在各国的管辖范围之内。那些处于某个国家主权或法律管辖权之内的海底山都可以得到相应法律机制的保护，如将其纳入“保护区”或对相关渔业作业进行限制等。然而，有关公海尤其是那些规模巨大的海底山地区的生物多样性保护，目前正面临着一些重大的法律和地缘政治方面的问题。例如，由于目前世界上还没有一个对海底山实行统一管理的机构，许多国家如今都在争着对这些区域进行盲目开发利用。这其中所涉及的不仅仅是海底山渔场的问题，而是说深海区域的拖网作业总体上来看都是不可持续的［阿尔德（Alder）和伍德（Wood），2004 年］。沃森和莫拉托在 2004 年时曾经指出，海底山的生态系统只能承受一些小规模的、有管理的手工捕捞作业。毫无疑问，人们应当在可持续性方面做更深入的研究。

参考文献

ALDER J. et WOOD L., 2004, “Managing and protecting seamounts ecosystems”, *in* MORATO T. et PAULY D. (éd.), *Seamounts: Biodiversity and Fisheries. Fisheries Centre Research Report*, 12(5), p. 67-73.

HYRENBACH K. D., FORNEY K. A. et DAYTON P. K., 2000, “Marine protected areas and ocean basin management”, *Aquatic Conservation: Marine and Freshwater Ecosystems*, 10, p. 437-458.

KITCHINGMAN A., LAI S., MORATO T. et PAULY D., 2007, “How many seamounts are there and where are they located?”, *in* PITCHER T., MORATO T., HART P. J. B., CLARK M. R., HAGGAN N. et SANTOS R. S. (éd.), *Seamounts: Ecology, Fisheries and Conservation*, Oxford, Blackwell publishing, Fisheries and Aquatic Resources Series, p. 26-40.

STOCKS K. I. et HART P. J. B., “Biogeography and biodiversity of seamounts”, in PITCHER T., MORATO T., HART P. J. B., CLARK M. R., HAGGAN N. et SANTOS R. S. (éd.), 2007, *Seamounts: Ecology, Fisheries and Conservation*, Oxford, Blackwell Publishing, Fisheries and Aquatic Resources Series, p. 255-281.

WATSON R. et MORATO T., 2004, “Exploitation patterns in seamount fisheries: a preliminary analysis”, *in* MORATO T. et PAULY D. (éd.), *Seamounts: Biodiversity and Fisheries. Fisheries Centre Research Report*, 12(5), p. 61-66.

聚 焦

海洋和沿海生态系统的经济价值评估

托马斯·比内（Thomas BINET）
朴次茅斯大学，英国

皮埃尔·法耶（Pierre FAILLER）
朴次茅斯大学，英国

艾德琳·博罗·德巴蒂斯蒂（Adeline-BOROT DE BATTISTI）
经合组织，巴黎

长期以来，公共政策和经济部门一直把大自然视为“无主财产”。对生态系统进行评估正是为了从以下两个角度入手扭转这一现状：一方面，大自然所“自然”产生的价值并未得到人们正确的认知；另一方面，人们对大自然所造成的损害这笔账并没有算清。对大自然所提供的服务以及人类对大自然的损害进行货币量化，就是为了能通过一定市场机制为这些服务付费，或者对所造成的损害进行某种形式的经济补偿。在经济学家们看来，这是当前阻止生物多样性持续受到破坏的唯一可行方式。由此，生物多样性将得以进入公共经济（经济行为体的选择将得到优化）和政治经济（提高财政拨款的效率）的领域。

对海洋和沿海生态系统的经济价值评估最早始于1926年。当时，一位专门从事水产资源研究的生物学家珀西·维奥斯卡（Percy Viosca）对美国路易斯安那州湿地保护区的价值进行了评估。近年来，海上所发生的一些重大事故也都会被十分仔细地得到经济评估：1989年，埃克森公司因为“埃克森·瓦尔迪兹”号油轮（Exxon Valdez）在阿拉斯加州触礁漏油事故造成的生态损失而被课以10亿美元的罚款[①]。今天，在墨西哥湾漏油事件之后，人们又重新开始对沿岸环境恶化的经济影响进行评估。

在20世纪90年代，人们开始从一个更大的范围对生态系统进行经济评估：科斯坦萨（Costanza）率领的一个科研小组开始对全球生态系统所提供服务的经济价值进行评估。据估计，海洋和沿海生态系统每年为人类提供的生态服务价值高达210000亿美元，其中大部分（60%）的服务集中在沿海地区，而这一区域仅占地表总面积的9%（科斯坦萨，1999年）。如果把沿海湿地和红树林沼泽地也计算在内，那么这些生态服务的价值将占全球生态服务总价值的77%［马丁内斯（Martinez）等，2007年］。

对海洋生态系统进行评估的项目越来越多。

目前，对海洋生态系统进行评估的国际性项目越来越多。所有这些评估项目都在强调海洋和沿海生态系统在提供产品和服务方面的突出作用。在地

① 这些损失是用经济的尺度来评估的，因而会大大超过所造成的直接经济损失。另一个不太为人所知的例子是1978年的美国石油公司的“加的斯”（Cadiz）号超级油轮号在法国海域的石油泄漏事件。这一事件使人们再度关注生态损害赔偿的问题，但在经济评估的基础上做出的相关赔偿要求在案件诉讼过程中被主动放弃了。

中海，海洋生态系统所提供的价值每年大约为 260 亿欧元，其中 2/3 来自文化服务和娱乐［曼戈斯（Mangos）等，2010 年］。在英国，海洋生态系统的供应服务价值大约在 7.13 亿欧元，文化服务价值 150 亿欧元、调节功能价值在 8.4 亿 ~100 亿欧元，而相关配套服务的总价值达到了 10000 亿欧元［博蒙特（Beaumont）等，2008 年］。一个令人瞩目的现象是：在这些评估过程中，这些“商业”服务的经济价值通常要低于其文化价值、配套服务价值以及调节功能价值。

在法国，对生态系统进行经济评估的情况本身就不多，而对海洋生态系统的评估则更加少见。不过，巴黎高等法院 2008 年判定在法国海域沉没并造成泄漏的“埃里卡”（Erika）号油轮提供生态损害赔偿。这一赔偿款不仅包含了有形的价值损失（商业服务），也包括无形的价值损失（一些与美学、灵感有关的价值，或者简单地说还能肯定现有的生态系统状态依然良好）。这些价值总共被估算为 3.7 亿欧元。这种评估方式未来必将得以进一步推广。2009 年，法国战略分析委员会在一份报告中对生物多样性以及生态系统服务的经济价值评估进行了总结，着重分析了此类评估的方法论、潜在的应用以及所存在的局限性［拉舍瓦斯 – 奥路易（Chevassus-au-Louis）等，2009 年］。而对于海洋生态系统的评估，相关资料更是少之又少，除了在“法国珊瑚礁保护计划”（Ifrecor）（见表 1，有关马提尼克岛的相关研究）下，对法国海外领地珊瑚礁的经济价值也进行过评估。此外，法属南半球和南极领地管理当局曾

图 1　海洋和沿海生态系统服务的价值

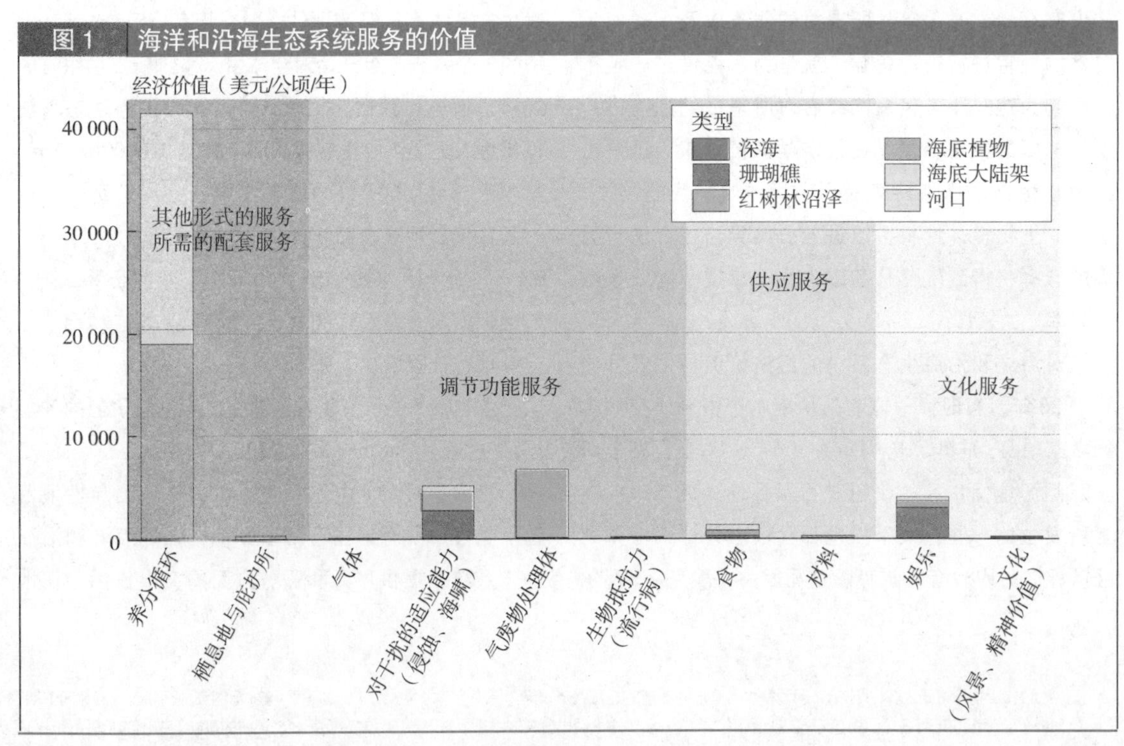

资料来源：据科斯坦萨，1999 年。

经在"生物多样性行动计划"的框架下，于2010年对其所辖区域的陆地和海洋生物多样性的价值进行了研究。在"蓝色计划"的框架下，法国目前正在对地中海一些被其列为保护区的海域进行经济价值评估。最后是在英吉利海峡和大西洋，人们正在对圣布里厄湾所提供的服务价值进行评估，但有关该海湾沿岸地带的研究资料很少。

毫无疑问，给海洋生物多样性的确定价值将为人们更好地保护和可持续利用海洋生物资源提供一个论据。经济价值评估还将为人们提供一个将各种不同学科（生态学、生物学、经济学和社会科学等）的知识连接在一起的工具，并以一种货币化的形式表达出

表1 马提尼克岛珊瑚礁、海草和红树林的价值比较

马提尼克岛的珊瑚礁及相关生态系统（RCEA）总面积超过55平方公里，海草的面积为50平方公里，红树林为20平方公里。上述三个生态系统每年所提供的产品与服务的总价值预计为2.5亿欧元。其中的一半来自直接利用：旅游部门开发的一些与休闲相关的文化服务项目（潜水、水上游览、海边休闲度假等）以及与渔业（商业捕捞以及休闲垂钓等）有关的供应服务。生态系统服务的间接利用（配套服务和调节功能）——如海岸保护、二氧化碳的吸收和截存、为鱼类提供的生物质源和水处理等——所产生的价值同样不可低估：间接利用所产生的价值每年达1.07亿欧元，占总额的46%。最后，珊瑚礁、海草和红树林的非使用价值（将生态财产基本完好地留给子孙后代的意愿或因为珊瑚礁处于良好状态而产生的满意感等）每年约1300万欧元。

在对马提尼克岛的珊瑚礁及相关生态系统每一部分所产生的服务价值过程中，大致使用了以下几种方法：

——商业活动的总增加值（各类渔业捕捞、潜水以及水上游览等）。相关资料数据（过去5年的平均值）是从一些专业机构和企业获取的。

——重置成本：它是根据珊瑚礁及相关生态系统的保护和调节功能（海岸保护、二氧化碳的吸收和截存、水处理和为鱼类提供的生物质源等）而预估的。所使用的数据通常来自各类文献资料，并且按照国内生产总值进行了加权处理。

——消费者剩余：它是根据一位普通人为参加某项与珊瑚礁及相关生态系统有关的活动（垂钓、潜水和其他休闲活动）而愿意支付的款项而预估的。相关数据是根据对1200人（包括游客和本地居民）进行的一项调查获取的。

——选择试验：它是根据人们为改善珊瑚礁及相关生态系统的状况（非使用价值的第一大组成部分）而愿意支付的款项而预估的。相关数据是根据上述的调查获取的。

——开支预算：与珊瑚礁及相关生态系统相关的教育与科研投入（非使用价值的第二大组成部分）预算。相关数据由一些研究机构、地方政府的相关部门以及安的列斯—圭亚那大学提供。

资料来源：法耶（Failler）等，2010年。

表2 马提尼克岛的海洋和沿海生态系统的总价值

用途类别	珊瑚、海草和红树林的经济价值（百万美元/年，在总价值中所占的%）	价值（百万美元/平方公里/年）		
		珊瑚礁	海草	红树林
直接利用	132(52%)	1.02	0.37	2.16
间接利用	107(42%)	0.08	1.91	0.46
非利用	13(%)	0.07	0.08	0.21
总　计	252(100%)	1.17	2.35	2.83

资料来源：法耶等，2010年。

来，也就是说这是一种人人都能理解并且可以加以对比的表达形式。因此，经济价值评估提供了一种功能强大的、能够对不同部门进行整合的管理工具。它是评估海洋生态系统受到破坏后所造成的损失，明确"2020年良好生态状态"——这是欧盟在2008年通过的《海洋战略指令》中提出的要求——的定义必不可缺的一个机制。

然而，生态系统的经济价值评估在可行性以及作用等方面仍有许多存疑之处。从更广的范围看，所推算出来的这些价值都是庞大的天文数字，因而很难与经济现实进行对比，从而也很难被纳入一个国家的会计体系当中。业内人士如今正就其中的一些方法论问题展开辩论，如利润的转移[①]以及相关结果的收集汇总与应用等。这一研究方式的原则本身也受到了质疑，因为许多研究表明，人类对一个生态系统开发得越多，在直接利用价值的带动下，该生态系统的总体经济价值就会越高（法耶，2010年）。这一结果显然与海洋生物多样性的管理原则是相违背的：这一原则主张限制人们对海洋生态系统的利用或者要使这一利用更加合理。

经济价值评估所面临的下一个挑战是放弃这种以服务为基础的评估方式——它受到太多方面因素的制约，找到一种直接建立在生态系统运行方式及其互动基础之上的新型评估方式。要想达到这一目的，就必须对现有参与生态系统评估的各个不同学科的知识进行全面总结，使其能够彼此互动、形成合力。与此同时，还应当设法使这些评估在决策过程中真正发挥作用。

参考文献

Beaumont N. J., Austen M. C., Mangi S. C. et Townsend M., 2008, "Economic valuation for the conservation of marine biodiversity", *Marine Pollution Bulletin*, 56(3), p. 386-396.

Chevassus-au-Louis B., Salles J.-M., Bielsa S., Richard D., Martin G. et Pujol J.-L., 2009, *Analyse économique de la biodiversité et des services lies aux écosystèmes : contribution à la décision publique*, Paris, Centre d'analyse stratégique.

Costanza R., 1999, "The ecological, economic, and social importance of the oceans", *Ecological Economics*, 31, p. 199-214.

Failler P., Petre E., Charrier F. et Marechal J.-P., 2010, « Détermination de la valeur socio-économique des récifs coralliens et écosystèmes associés (mangroves, herbiers de phanérogames, zones littorales envasées) de Martinique, Rapport final », Plan d'action national IFRECOR 2006-2010, Thème d'intérêt transversal « Socio-économie », Fort-de-France, Martinique.

Failler P., 2010, « Déterminer la valeur socio-économique des récifs coralliens et écosystèmes associés de la Martinique, un préalable à la conception de politiques publiques », Présentation à la conférence de l'AFD « Du vert dans l'Outremer » du 23 juin 2009.

Millenium Ecosystem Assessment, 2005, *Ecosystems and Human Well-Being: Synthesis*, Washington D.C., Island Press.

Martinez M. L., Intralawan A., Vazquez G., Perez-Maqueo O., Sutton O. et Landgrave R., 2007, "The coasts of our world: ecological, economic and social importance", *Ecological Economics*, 63, p. 254-272.

Mangos A., Bassino J.-P. et Sauzade D., 2010, « Valeur économique des bénéfices soutenables provenant des écosystèmes marins méditerranéens », Rapport d'étude, Plan Bleu, Sophia Antipolis, Centre d'activités régionales.

Rozan A. et Stenger A., 2000, « Intérêts et limites de la méthode du transfert de bénéfices », *Économie et Statistique*, 336, 6, p. 69-78.

① 利润转移的方法建立在这样一个简单的原则基础之上：用在某一个地区——这个地区称为研究地——所得出的评估值来推断另一个地区的估值——这个地区被称为是应用地［罗赞（Rozan）和斯唐热（Stenger），2000年］。

第三章

乔·阿皮奥蒂（Joe APPIOTT）
特拉华大学，美国

海洋：取之不尽的能源之源?

海洋是一个巨大的能源库。如今，虽然海上化石燃料正越来越多地被人们所开采，但是人们也承认海洋中还存在着丰富的替代能源——风能、潮汐能和波浪能等。虽然可替代能源已成了人们觊觎的新对象，但是如果离开了公共政策和法律框架，其开发利用的合理布局将无法得到保障。

随着全球能源需求的增长，海洋正越来越成为一种可靠的能源来源。分析表明，全球各地的海洋里蕴藏着各种形式的巨量能源。丰富的资源促进了海上能源行业的发展，这一产业传统仍以化石燃料的开采为主。然而，海洋中仍蕴藏着许多未被人们开发利用的能源资源，这些资源不仅将为全球能源名录增加新品种，而且能够满足日益增长的能源需求。

本章将对海上能源开发的历史及未来的前景做分析介绍，内容涵盖最早期的开发到最新的海上可再生能源的开发利用，包括风能、波浪能和潮汐能等。本章将对不同形式海上能源的开发成本和好处进行分析，其中的一个分析重点是那些可再生的能源以及在怎样的政治和社会经济背景下，这些不同的资源才能得以开发利用或者才能有开发利用的价值。

从捕鲸到海上石油开采

鲸鱼油——作为油灯用油、做蜡烛的蜡、润滑油、动物饲料和肥料等——是人们最早从海洋获取能源的形式之一。捕捞鲸鱼曾经是一个利润相当丰厚的行业，直到后来捕捞的数量难以为继，以及石油工业的迅速发展才使这一行业开始走下坡路。[斯塔巴克（Starbuck），1989 年]。海底煤炭的开采在历史上各个时期都存在，尽管它始终无法与陆地上的煤炭开采构成竞争。石油与天然气的开采直到 20 世纪中叶才开始有利可图。首个现代海上钻井平台于 20 世纪 40 年代末在墨西哥湾建成。但是，直到 20 世纪 70 年代，由于世界能源危机而导致的石油价格飞涨，海上石油钻探开采才获得了长足发展，海上开采才真正具有经济效益。工业化国家在能源方面的脆弱状况及其在化石能源领域对石油输出国组织（欧佩克）的依赖使得这些国家转而开采本国的原油矿藏，包括海底石油资源。海上原油钻探技术领域的大量投入使得海上石油开采，尤其是深海石油开采的一些技术障碍得以克服。海上石油的大规模开采变得有利可图，尽管全球海上钻探设施数量的多少仍主要取决于开采成本与石油价格之间的比例［国际能源署（AIE），2008 年］。

随着这一行业的发展，人们开始从公共政策和技术标准等方面入手，进一步改善开采技术，提高效率并严格了环保标准。自海上石油开采出现以来，全世界共有 70 多个国家开展了这方面的业务［沙利耶（Charlier）和沙利耶，1992 年］。随着海上钻探的发展，人们开始兴建一些用来储存和输送液化天然气（GNL）的海上码头。全球开始重新关注海上液化天然气的储存问题，这既说明海底大量未开采的天然气储量已引起了人们的广泛兴趣，同时也说明传统的天然气运输方式存在着安全性的问题。第一个海上液化天然气码头于2009年在意大利沿海建成，目前世界各地都在兴建类似的码头。然而，这些项目遭到了广泛的批评，因为它们可能对环境产生影响，也会破坏沿海的景观［波帕姆（Popham），2007年］。

海上石油和天然气行业仍在不断发展，但其生存变得越来越艰难。事实上，全球的化石能源的蕴藏量正在迅速衰减，未开采的原油和天然气储藏的规模越来越小。一份最新的研究报告显示，全球已探明储量在8540亿~12550亿桶。即便全球经济从目前就开始停止增长，这些储量也只能供人类使用30~40年［"环境工作组（EWG）"，2007年；HIS能源咨询公司，2006年］。然而，根据当前全球能源需求持续增长（见图1）而做出的最新预测显示，这些储藏所耗尽的时间要比人们预想的来得更快。此外，其中有许多能源的储藏地是目前人们的技术所无法达到的地方。因此，这些数字显然是被高估了。

图1　所有地区都需要能源

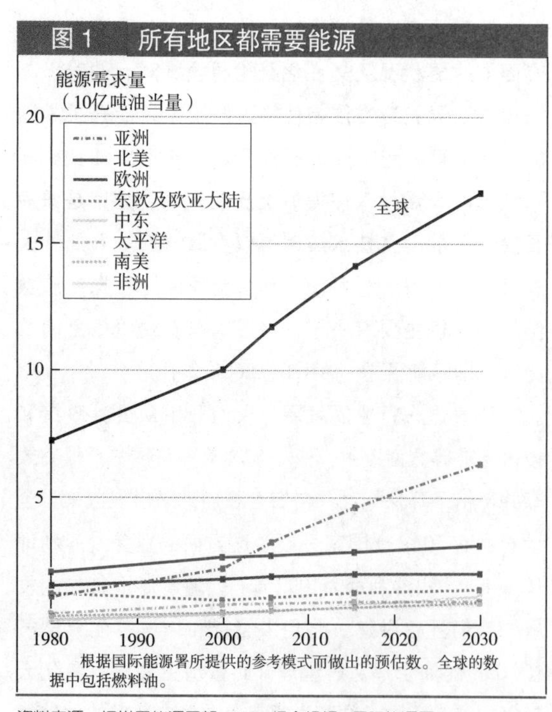

根据国际能源署所提供的参考模式而做出的预估数。全球的数据中包括燃料油。

资料来源：据世界能源展望2008© 经合组织/国际能源署。

目前，有一点正变得越来越清楚，即人们对于化石燃料的勘探和开采使环境付出了高昂的代价，这种代价不仅表现在局部层面，也表现在全球层面，而且已经影响到了该行业的可持续发展。导致气候变化的不仅是自然原因。某些人类活动，尤其是在化石燃料使用过程中所排放的温室气体一定是导致气候变暖的原因，这一点从政府间气候变化专门委员会的一份最新报告中也可以得到证实［政府间气候变化专门委员会（GIEC），2007年］。海上钻井作业还可能对局部地区带来环境和生态影响，如栖息地和生态系统的物理退化以及引发沉降等。井喷、爆炸、原油泄漏事故等大灾难会产生严重的环境和社会经济影响（见表1）。虽然科技进步和标准的提高能够部分减少这些传统的风险，但是潜在的危险依然十分巨大。

海上可再生能源：一种可持续的资源吗？

化石燃料并非取之不尽、用之不竭，目前可再生能源正越来越受到人们的关注。海洋能在很大程度上满足人们不断增长的能源需求，而且它还能以一种可持续的、环保的方式来满足这一需求。事实上，地球上的海洋区域蕴藏着数量相当可观的清洁、可再生能源。这其中包括风能、海浪发电和潮汐能等。此前不久，这些能源的商业开发价值还非常有限。在整个人类历史上，可再生能源使用的比例一直十分有限，直到20世纪70年代的石油危机之后，政治决策者才开始逐渐注重对这些新型能源技术研发的投入。风力发电、太阳能发电以及海上能源（海浪发电、潮汐能、热能和其他来自海洋的能量）

表 1 海上灾难，或者说海上石油和天然气开采的风险

尽管相关管理规章更加严格了，设备也更加先进了，但是海上石油和天然气的开采仍然是有风险的，而且它们也曾导致了多起灾难事故，给环境和社会经济带来了严重的负面影响。在海上石油开采的历史上，一些重大的灾难事故至今令人记忆犹新：

——“深水地平线”（2010 年 4 月 20 日）事故。位于墨西哥湾的“深水地平线”海上钻井平台发生的爆炸造成 11 人死亡，并炸开了一口深水油井，造成 490 万桶原油泄漏到了海洋。直到 2010 年 8 月，也就是爆炸发生 3 个月之后，漏油的油井才封堵成功。

——“布沙尔 155 号”（Bouchard 155）驳船相撞事件（1993 年 8 月 10 日）。“布沙尔 155 号”（Bouchard 155）驳船、“海洋 255 号”（Ocean 255）驳船和“巴尔沙 37 号”货轮佛罗里达州的坦帕湾发生相撞事故，“布沙尔 155 号”驳船将大约 130 万升 6 号燃料油排入海湾。

——“埃克森 · 瓦尔迪兹号”触礁（1989 年 3 月 24 日）。“埃克森 · 瓦尔迪兹号”在阿拉斯加州美、加交界的威廉王子湾附近正常航行过程中，为了躲避冰山而触礁，原油泄出达 4 万吨，阿拉斯加州沿岸 1700 公里受到了污染，严重影响了当地的渔业和动植物资源。

——“Ixtoc-I”号油井井喷事故（1979 年 6 月 3 日）。墨西哥坎佩切湾的“Ixtoc-I”号探测油井发生井喷事故。5.3 亿升（约 330 万桶）原油喷入海中，直到 10 个月后才彻底受到控制。

——“阿莫科 · 加的斯”号（Amoco Cadiz）油轮沉没（1978 年 3 月 16 日）。“阿莫科 · 加的斯”号油轮因遭遇风暴在法国西部布列塔尼附近海域沉没，船上所载 22 万吨原油几乎全部泄漏，沿海 300 多公里区域受到污染。

——“阿尔戈商人”号（Argo Merchant）油轮溢油事件（1976 年 12 月 15 日）。“阿尔戈商人”号油轮因为狂风和高达 10 英尺的海浪而在美国马萨诸塞州东南 29 海里的楠塔基特岛附近搁浅。6 天以后，船断成两截，船上所载的 2.8 万吨燃油全部流入大海。

资料来源：美国国家海洋和大气管理局（NOAA），2010 年；卢布琴科（Lubchenco）等，2010 年。

成了人们在这一关注过程中的最大受益者。与传统的常规能源相比，海上可再生能源有着几方面的好处。事实上，它们既是可预见的、丰富的、没有污染的（对本地环境的影响相对较小），同时也能够适应沿海地区人们的能源需求。它们可以使这些民众实现能源自给的目标。按照一个基于场景的模式设计，如果能配以合适的管理框架，那么海浪和潮汐能方面所取得的技术进步能从现在到 2025 年为全球提供 2000 亿瓦特的能源［美国派克研究所（Pike Research），2009 年］①。最近的一项研究显示，仅在英国，从目前到 2020 年，海浪和潮汐发电方面的装机容量将达 20 亿瓦特，即足以满足 140 万个家庭的用电需求（英国政府能源与气候变化部，2009 年）。

海上风力能源

海上风力能源已经成了一种颇具活力的可再生能源。这一行业拥有十分先进的技术和管理框架，而且海上十分强劲的风力也使其无论从短期还是长期来看都具有巨大的潜能，都能够满足沿海地区越来越大的能源需求。多位研究人员的研究表明，可供人类开发利用的海上风力能源每年能够给全世界提供的电力超过 20 万太瓦时（TWH，1 太瓦时相当于 10 亿千瓦时），也即相当于 2002 年国际能源署所测算的全球能源需求总量的 12 倍。一个独立的咨询公司则测算出欧洲可供人类开发利用的海上风力能源总量为 313.6 太瓦时（英国贸易工业部，2004 年）。目前，风力发电项目绝大部分

① 不包括海上风能发电。

集中在欧洲，但其他国家如今也在努力评估其潜在的资源，选择可能安装风力发电设施的合适地点。陆地上进行的相关研究和实践对于海上风力发电技术的发展将大有裨益。目前相关技术已经十分成熟，人们能将风轮机安装到相对较深的海域（40米以下）。此外，专门为深水区设置的浮动式风力发电设施也正在开发和展示阶段（英国贸易工业部，2004年）。2009年，挪威国家石油海德鲁公司（StatoilHydro）在挪威海域建造了世界首座大规模的浮动式风力发电机组。这一技术将使人们得以进入更遥远的海域，这里不但风力更加强劲，而且与其他利益相关方发生冲突的概率低，也不会破坏沿岸的景观。

海浪能

海浪能也可被视为一种可再生能源，其潜力在那些风浪大的水域尤为可观。如果能采用恰当的技术，海浪便可成为一种重要的能源来源，而且其对环境的影响相对较小。全球海浪发电的潜能每年在8000~80000太瓦时，即大致相当于全球每年的电力消耗总量。那些常常受到风暴袭击的温带地区是开发利用此类能源的理想之地［英国可再生能源产业协会（RenewableUK），2010年］。

这种能源通过一些浮动或固定的设施便可以被接收、利用。固定的设施是利用海浪引起的水流波动将气体推进涡轮机。而浮动式设施则是将波浪的垂直运动进行分解，使之进入一种液压体系。另外一些技术，如越浪式波能发电装置（overtopping）以及振荡浪涌转换器（OWSC）等目前正在多个电站被测试。位于英国苏格兰西海岸艾斯雷岛（Islay）上的“帽贝”（Limpet）海浪发电机是世界上第一座已并入供电网的陆地海浪发电机组，该机组于2000年建成，目前运行良好（英国贸易工业部，2004年），而世界上第一座海上海浪发电场则［位于葡萄牙北部的阿居萨度哈（Aguçadoura）湾］于2008年9月投入运营，总装机容量为2.25兆瓦（英国可再生能源产业协会，2010年）。其他国家（丹麦和西班牙等）在这方面也非常积极：它们在对相关发电的潜力进行评估，选择可建发电场的地址并开始了一些试验性的项目。

潮汐能

早在远古时代，希腊人便已经知道潮汐是一种巨大的、可预见的能源，并且通过磨坊来对其加以利用。1966年建成的法国朗斯潮汐发电站是世界上最大的、迄今仍在使用的潮汐大坝。不过，韩国计划在仁川湾建立一个比其规模大5倍速的潮汐电站大坝，总装机容量将达13.2亿瓦特，而英国则准备在塞文河上建立一个规模超过韩国的潮汐发电大坝，总装机容量将在10.5亿至86亿瓦之间［科（Kho），2010年］。

在开发这一能源方面，水下涡轮机系统未来将逐步取代大坝。2003年，英国洋流涡轮机公司安装了第一台与实体机尺寸相同的大型样机（英国贸易工业部，2004年），此后其他一些公司也在世界不同地区就不同的水下涡轮机系统展开了试验。

英国已经绘制出了此类资源的分布图并对那些可能兴建潮汐发电场的区域开始了审定工作。《全球海洋可再生能源报告》（2004~2008年）显示，虽然全球潮汐能发电的潜能至少在30000亿瓦特，但是真正位于那些可兴建发电站区域的大约只占3%（英国贸易工业部，2004年）。因此，潮汐能的开发利用首先取决于发电场的选址，而且所选地区的海潮，必须在河口的“漏斗效应”等因素的作用下变得越来越强。

洋流能

全球各地的强洋流，如美国东岸的墨西哥湾流以及日本沿海的日本暖流是一种巨大的、迄今未被开发的能源。目前，有一些项目正在研究如何通过水下涡轮机或其他一些正在开发的技术来捕捉此类能源。然而，由于高昂的实施成本以及技术障碍，此类技术刚刚开始显现出一点经济效益，目前尚没有这一类型的商用水下涡轮机真正并入电网发电。

洋流总是按照同一个方面循环流动（其中不存在任何逆流），这将是其能提供巨大潜能的一个重要基础（可以不间断发电）。因此，洋流发电设施无须额外安装一些用于接收不同方向水流能量的装置，而这些额外装备通常会影响到发电设施适应恶劣海洋环境的能力。不过，一些技术障碍仍然在威胁着此类项目的可行性。海水的深度以及远距离靠海底电缆来输电，这些都是内在的困难：必须避免气穴现象的负面影响（形成气泡）、防止造成生物污染并对耐蚀性和可靠性进行监测。

海洋热能转换（CETO）

海洋热能转换所依据的是这样一个原则：利用海面海水与深层海水之间的温差能够产生巨大的能源。拥有许多温跃层（海水温度突变层）的热带地区是海洋热能转换生产最有利的地区。不过，目前所进行的只是一些小规模的项目，而且还需要大量的投资和商业开发努力（美国能源部，2008 年）。然而，目前美国、日本和印度仍在进行相关研究。

关联好处及潜在的协同效应

除了能够生产洁净的、可持续的电能这一直接好处之外，海上可再生能源还有助于减缓气候变化的进程。事实上，它们能满足沿海地区日益增长的能源需求，否则这些地区将不得不大量使用化石燃料。因此，它们将有助于减少温室气体的净排放量。因而许多应对全球变暖的战略中都提到了它们的重要作用。

海上能源项目也能为当地带来可观的收益，而且在这些设施的生产、安装、经营和维护过程中都可以带来不少就业机会。因此，这些项目通常会得到当地经营者的支持，而这也有助于这些项目保持成功。

此外，一些水下固定设施，如海上风力发电装置的杆塔和保护罩可成为多种水生生物的人工栖息地。海上风电场甚至也可以使海洋生态系统免受海上运输所带来的困扰，促进水产养殖和近海海水养殖的发展，甚至可以成为一个旅游景点。有些海浪发电技术还能减轻海岸所受到的侵蚀，因为它们吸收了很大一部分流体动力能，否则这些能量就会直接作用于海岸。一个海洋热能转换发电厂所使用的冷海水可作为热交换器中的冷却水，或者直接注入空调系统作冷却之用。被海洋热能转换发电厂带到表面的含有丰富营养物质的冷海水也可以被用于农业土壤冷却，这样在热带地区便可以种植一些温带作物，或者进行一些冷水鱼类的商业养殖。另一个未被人们开发利用的潜在好处是：海洋热能转换发电厂可以用海水来生产淡水。相关研究表明，从理论上说，一个净发电能力为 2 兆瓦的海洋热能转换发电厂每天大约能生产 4300 立方米的淡水（美国能源部，2008 年）。这一点对于那些低海拔的热带岛屿来说意义尤为明显：这些地区拥有建设海洋热能转换发电厂的理想之地，而且随着海水水位的上升，这些地区的淡水资源正在受到威胁。

海上可再生能源开发利用的潜在成本

虽然海上可再生能源有许多实实在在的好处，而且也将是能源生产的一个重要来源，但是与之相关的项目也需要付出一定的环境和社会经济代价，这一切很可能在短期内影响到项目的生存能力。正是这些潜在的后果有时成了民众反对此类项目的原因。

从环境和生态角度看，这些设施可能会对当地的基质和栖息地带来物理上的破坏。此外，施工过程中的噪声很可能会导致某些海洋哺乳动物行为的改变［图尔高（Tourgaard）等，2009年］。为潮汐发电而修筑的水坝可能导致水浊度和养分流动形态的变化。它们还可能对鱼类的游动造成限制，有时影响到它们洄游至传统的产卵地和食物来源地［达兹韦尔（Dadswell）等，1986年］。而风力发电和流体动力发电的涡轮机则可能是导致野生动植物过量死亡的罪魁祸首。最后，海洋热能转换发电厂将大量含有丰富营养物质的冷海水带到表面后，很可能会导致藻类的过度繁殖并造成一些有害藻类的泛滥。当然，受栖息地和海洋生物的多少及其分布情况以及所设置发电设施的地理特性等因素的影响，这些后果最终所影响的程度也会有所不同。此外，许多沿海生态系统，特别是在人口稠密地区附近的生态系统本身所存在的敏感性可能会使这些潜在影响进一步放大。

从经济角度看，海上能源的开发利用意味着人类将在本已人满为患的海洋开展一项新的活动，而这一活动必将与航运、商业捕捞以及娱乐等其他形式的重要经济活动构成竞争。此外，这些项目可能对滨海旅游业带来一定的负面影响。一些设施，如风力发电装置会改变沿海的景观，从而对旅游业带来不利影响［利利（Lilley）等，2010年］。某些沿海地区曾经是一些鸟类爱好者经常光顾之地，但风力发电装置对鸟类的影响使得这些大自然的爱好者从此不再光顾这里。对于那些过度依赖旅游业的地区来说，这一后果显得更加严重。例如，马萨诸塞州的鳕鱼岬（Cape Wind）海上风电厂项目（美国东海岸）曾经遭到了许多组织与协会的强烈抗议，不过其建设计划最终在2010年4月获得批准。

提高海上可再生能源的竞争力

现代能源格局竞争十分激烈，而且这一格局传统上一直被少数占主导地位的能源资源所垄断。虽然如今人们早已认同应当减少对化石燃料的依赖，要注重对可再生能源的开发利用，但是要真正做到这一点，就必须创建出一个有利于海上可再生能源和陆上传统能源之间展开竞争的环境。

要想使海上可再生能源得到发展，关键是要为其创造出各种不同的机制，而且这些机制必须得到碳排放监管体系的长期、有效支持。一些国家实行了配额制［如美国的可再生能源发电配额制（RPS）］，并为发电企业规定了可再生能源的生产量在总发电量中的最低比例，或签订一些购电合同（购电协议PPA），即消费者将承诺向发电商购买可再生能源生产出来的电，这样就将为海上可再生能源开辟市场。在欧洲越来越受欢迎的"固定电价"（feed-in tariffs）补贴政策稳定了可再生能源的价格，从而为海上可再生能源行业营造了一个良好的投资环境。要想这些机制真正发挥作用，必须使其成为一个国家可再生能源政策的一部分，从而使相关研发投入和价格得到保障。

海上可再生能源行业所面临的一个核心问题是资金来源的稳定性。一般来说，此类项目需要大量的初始资本，而且必须有能力与其他类型的能源展开竞争。此外，这些项目所采用的技术往往也是十分昂贵的，而且通常都未经过实践的检验，而这很可能令投资者望而却步。为了使这些项目在商业上变得有活力、有竞争力，就应当为其建立明确激励机制，以吸引公共和私人投资：税务减免，鼓励对那些废弃的造船厂和海上石油平台进行改造，进行项目试点等［海洋可再生能源联盟（OREC），2006 年］。此外，各国也可通过补贴、贷款和贷款担保、成立有限合伙企业以及权利金信托等方式来提供资金。例如，英国政府在 2006 年曾经推出一个潮汐发电示范项目（海浪和潮汐能源示范项目），并资助了一些海上可再生能源发电厂前期商业展示所需的设备和费用［波特曼（Portman），2010 年］。该行业的另一种合作模式“合伙翻转”（partnership flip）也很不错，即机构投资者和开发商共同拥有一个项目的所有权。最后还有一种手段能够促进相关融资：预付费服务合同，即买方提前出资买电［马丁（Martin），2008 年］。

此外，一项高效、可靠技术的产生还需要公共政策的配合以降低相关风险（包括通过小规模的试验，对设备的可靠性和耐久性提供担保），从而令投资者放心，带动相关设备的消费并增加研发领域的投入。制定技术标准和未来发展“路线图”——确定一个项目的长期战略，对相关技术、商业和布点方面的问题提出解决方案——对于该行业的成长也是必不可少的。国际电工委员会（CEI）已经成立了一个技术委员会。面对日益增长的替代能源需求，该技术委员会将通过制定海上可再生能源的国际标准，来提高技术发展水平，同时又能满足相关的环保需求。

此外，这一行业的发展必然需要建立适宜的法律框架，并配之以公平的特许经营和租赁机制。目前，一些简化的法规正在制定当中，比如英国正在考虑如何加快特许经营和租赁许可证的发放，而葡萄牙则正在试图划定一个由统一机构管理的海上试验区，以期简化相关程序（波特曼，2010 年）。

对沿海管理规章以及相关决策支持工具进行整合也将有助于海上可再生能源的管理方面形成更可靠的法律框架。例如，可以改进对自然环境的监测和建模系统、在出版相关图集时详细说明有关海洋和沿海法的管辖范围并编制能够全面体现海洋用途的地图。目前，中国、英国特别是美国已经开始实施或正在制定有关沿海和海洋区域开发的规划框架，此举有望减少在利用海洋空间过程中所出现的冲突，缓解各种活动给环境造成的累积影响，优化相关法律程序。对资源进行更好的评估，将航道的专属区、鸟类的迁徙路线、采砂点以及脆弱的自然栖息地等一些重要因素都考虑在内，无疑将有助于这些法律框架的形成。

未来潜在的海上能源资源

甲烷水合物。科学家、私营企业以及公共部门都十分关注从位于海底地层和永久冻土层的甲烷水合物中提取能源的问题。虽然一些初步的研究认为，地球上蕴藏着大量的甲烷水合物，但这一资源的蕴藏量究竟有多大目前仍不明确，而且自其发现以来，有关其蕴藏量的估算量已经大大缩水。对甲烷水合物进行的更加深入的化学和沉积学研究表明，甲烷水合物只能在某一特定深度形成，而且分布很不集中。这项技术还可能释放出大量的甲烷，造成温室气体排放，这一风险使人们担心它对气候变化的影响。不过，人们很可能会首先考虑在甲烷水合物蕴藏较为丰富的墨西哥湾［米尔科夫（Milkov），2004 年］和北极地区进行开采。

从渗透能到藻类生物能

含盐度的差异（不同海水含盐量的差异）也可用于可再生能源的生产。从 20 多年前开始，人们就开始考虑开发利用此类能源的方式。目前所采取的技术大部分是利用含盐度的差异对半透膜进行渗透从而产生电能。第一代技术所使用的半透膜非常昂贵，因而似乎没有多大的前景。如今，半透膜技术虽然取得了进步，但其中仍存在着一个巨大技术障碍。渗透能发电从环保的角度看也会引起人们的担忧，因为盐度的变化可能会对物种和海洋生态系统产生有害影响。挪威电力公司（Statkraft）刚刚建成了世界第一的渗透能发电厂，并打算在 2015 年建造一座商业发电厂。

从海底热泉喷溢而出——人们习惯上把它们称为"黑烟囱"——的氢，从理论上看也是一种可开发利用的潜在能源来源。虽然一些研究支持了这种可能性，但人们并未对这种能源进行过勘探，相关的技术也有待开发［布比斯（Bubis）等，1993 年］。最后，藻类可能会成为一种可行的生物柴油来源。虽然目前作为生物燃料的藻类主要是在陆地上进行种植的，但是相关研究建议以及试验成果表明，在茫茫大海里建立藻类培育场也是可行的［拉恩（Lane），2008 年］。

结论

海上能源行业对于全球能源格局产生了不可忽视的影响。海洋里所蕴藏的不同形式的巨大能量很可能能够长期满足全球不断增长的能源需求，并能减少化石燃料的消耗。然而，要想对海上可再生能源的可行性有一个全面的评估，就必须仔细评估其开采成本以及相关的好处。适当的公共政策将消除现有的一些障碍并使这些海上能源与陆地上传统的能源展开竞争。那些具有活力的机制、创新的融资方式以及经过改进的技术标准等，将在未来海洋可再生能源的开发利用中发挥至关重要的作用。各国之间的相互交流经验与一些好的做法对于该行业的成功同样十分重要。随着人们对海上新能源研究的加深，能源名录上种类将逐步增加，这从长期来看必将促进全球能源体系的稳定性、可持续性和安全性。

参考文献

Agence internationale de l'énergie (AIE), 2008, *World Energy Outlook 2008*, Paris, OCDE/AIE.

Charlier R. et Charlier C., 1992, "Ocean non-living resources: Historical perspective on exploitation, economics and environmental impact", *Journal of Environmental Studies*, 40, p. 123-134.

Bubis Y., Molochnikov Z. et Bruyakin Y., 1993, "Hydrogen fuel production in the ocean using the energy of 'black smokers'", *Marine Georesources and Geotechnology*, 11, p. 259-261.

Dadswell M., Rilufson R. et Daborn G., 1986, "Potential impact of large-scale tidal power developments in the Upper Bay of Fundy on fisheries resources of the Northwest Atlantic", *Fisheries*, 11, p. 26-35.

Energy Watch Group (EWG), 2007, *The Crude Oil Supply Outlook*, Berlin, Energy Watch Group.

HIS Energy, 2006, *Petroleum Exploration and Production Statistics (PEPS)*, Genève et Londres, HIS Energy.

Kho J., 2010, "Renewables hit the big time", *Renewable Energy World*.

Lane J., 2008, "Researchers tout seaweed, algae grown on off shore farms near Japan, Ireland, Argentina as biofuel feedstock", *Biofuels Digest*.

Leary D. et Esteban M., 2009, "Climate change and renewable energy from the ocean and tides: calming the sea of regulatory uncertainty", *The International Journal of Marine and Coastal Law*, 24, p. 617-651.

Lilley M., Firestone J. et Kempton W., 2010, "The effect of wind power installations on coastal tourism", *Energies*, 3, p. 1-22.

Lubchenco J., McNutt M., Lehr B., Sogge M., Miller M., Hammond S. et Conner W., 2010, *BP Deepwater Horizon Oil Budget: What Happened To the Oil?*, Washington D.C., Deepwater Horizon Unified Command.

Martin K., 2008, "Federal Policies and Financing Strategies", *in Proceedings from the First Annual Global Marine Renewable Energy Conference*, Washington D.C., National Renewable Energy Laboratory.

Milkov A. V., 2004, "Global estimates of hydrate-bound gas in marine sediments: how much is really out there?", *Earth-Science Reviews*, 66, p. 183-197.

National Oceanic and Atmospheric Service (NOAA), 2010, *Incident news: ten famous spills*, Washington D.C., US Department of Commerce.

Ocean Renewable Energy Coalition (OREC), 2006, "Renewable ocean energy: tides, currents, and waves", *Alternative Energy: Online*, 23 octobre.

Panel intergouvernemental sur le changement climatique (PICC), *in* Solomon S., Qin D., Manning M., Chen Z., Marquis M., Averyt K. B., Tignor M. et Miller H. L. (éd.), 2007, *Climate Change 2007: The Physical Science Basis. Contribution of Working Group I to the Fourth Assessment Report of the Intergovernmental Panel on Climate Change*, Cambridge et New York, Cambridge University Press.

Pike Research, 2009, *Hydrokinetic and Ocean Energy*, Boulder CO, Pike Research Cleantech Market Intelligence.

Popham P., 2009, "Whale sanctuary is threatened by gas terminal plan", *The Independent*, 29 octobre.

Portman M., 2010, "Marine renewable energy policy: some US and international perspectives compared", *Oceanography*, 23(2), p. 98-105.

RenewableUK, 2010, *Marine Renewable Energy*, Londres, RenewableUK.

Starbuck A., 1989, *History of the American Whale Fishery, from its Earliest Inception to the Year 1876*, New York, Castle Books.

Tourgaard J., Carstensen J. et Teilmann J., 2009, "Pile driving zone of responsiveness extends beyond 20 km for harbor porpoises", *Journal of the Acoustical Society of America*, 126 (1), p. 11-14.

United States Department of Energy (USDOE), 2008, *Ocean Thermal Energy Conversion* (mise à jour du 30 décembre 2008), Washington D.C., U.S. Department of Energy.

United Kingdom Department of Energy and Climate Change (UKDECC), 2009, *Marine Energy Action Plan 2010: Executive Summary and Recommendations*, Londres, UK Department of Energy and Climate Change.

United Kingdom Department of Trade and Industry (UKDTI), 2004, *The World Off Shore Renewable Energy Report 2004-2008*, Londres, UK Department of Trade and Industry.

第四章

帕特里克·肖梅特（Patrick CHAUMETTE）
南特大学，法国

全球化的海洋经济：何种代价？

作为全球化的主心骨，海上贸易也是所有经济活动中全球化程度最高的。国家与悬挂这个国家国旗的船只之间的法律关系在20世纪发生了巨变，国家对于舰队、海员和海洋环境的责任也因此而被重新定位。

远洋航行使世界发生了革命性变化，并导致了16世纪的重大发明，如指南针、尾柱舵和快帆。随着远洋航行的兴起，有关海洋自由和海上贸易自由的争论开始出现，其中最具代表性的当属《海洋自由论》（*Mare Liberum*）（1604年）的作者胡果·格劳秀斯（Hugo Grotius）和《海洋封闭论》（*Mare clausum*）（1635年）的作者约翰·塞尔登（John Selden）[①]之间的争论。主张贸易和航行自由的这一派逐渐占了上风，而且这方面的自由也成了一种现实。

随着20世纪下半叶自由贸易的兴起，海上贸易也获得了长足发展：45年间，海洋运输量增加了7倍，由每年的10亿吨提高到了70亿吨［吉约托（Guillotreau），2008年］。如今，海洋运输更是占了全球商品运输总量的90%。

在一个全球化的行业里国家与船舶的关系

海上运输首先是围绕国家和船舶之间的直接关系建立起来的，而海洋经济的全球化使这种关系变得极为复杂。1982年通过的《联合国海洋法公约》确认了这样一个原则，即所有悬挂一个国家旗帜的船舶都将拥有该国的国籍。从此，每艘船舶都会通过国家注册系统进行登记注册，每艘船都要悬挂国旗，而且一艘船只能有唯一的国旗。凡是悬挂假国旗的船只将得不到任何保护，而且如果在公海海域的话，这将被视为海盗行径。因此，各国应当从行政、税收和社会等各个方面为船舶悬挂国旗做出明确的规定。可以说，海上贸易自由的原则既建立在航行自由的基础之上，同时也离不开《联合国海洋法公约》所规定的一艘船舶必须与一个国家建立“真实联系”这一原则。然而，正如我们所看到的那样，《联合国海洋法公约》并未对这种“真实联系”做出明确的界定，也没有强制规定它必须得到遵守：由于一些国家不履行相关国际义务，以及大量船舶悬挂所谓的“方便旗”，这使得传统海洋法在实施过程中面临着一种失衡状态。

---

① Gaur ier D., 2005, *Histoire du droit international – Auteurs, doctrines et développement, de l'Antiquité à l'aube de la période contemporaine,* Rennes, PUR, coll.《Didact droit》.

图 1　全球海洋运输量变化图（单位：10 亿吨）

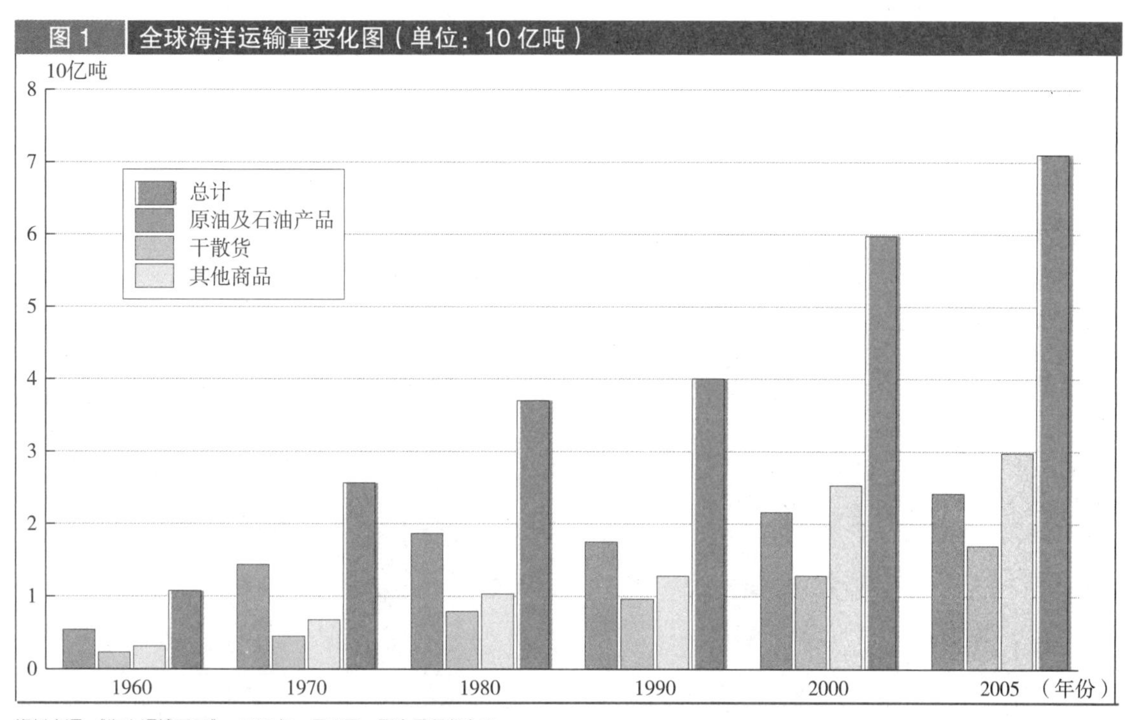

资料来源：《海上运输回顾》，2007 年，日内瓦，联合国贸发会议。

船舶自由登记注册的影响

悬挂“方便旗”的现象最早出现在 19 世纪末奴隶贸易的最初几年里，从 20 世纪下半叶开始，这种现象死灰复燃。随着一些新独立国家相继进入国际海洋舞台，全球经济秩序彻底发生了改变，这一现象也变得更加普遍。船舶的自由登记注册不仅对登记注册制度本身产生了重大影响，而且也改变了劳动市场的结构，并催生了一系列复杂的法律和经济制度安排。要想对这一现象有一个更好的理解，必须首先将船舶登记注册国与真正控制其利益的国家区分开来。例如，中国以及美国都有很多船舶是在巴拿马注册的。同样，今天希腊很大一部分船只所悬挂的是塞浦路斯或马耳他的国旗。而在巴拿马登记注册的船舶中，有 46% 属于日本，在利比里亚登记注册的船舶中，有 25% 属于德国。

弱化的船舶登记注册法导致了“合同缔结地法”（即当事人应适用合同签订所在地的正式法律，译注）的盛行，具体的地点由船东或船员配置公司[①]根据船员的原籍国来选择［蒙扎尼（Monzani），2004 年］。与海洋相关的劳动市场开始国际化。航船的登记注册自由使得船东很容易获得大量廉价的劳动力，起初只是一些执行简单任务的海员，之后则扩大到了

① 船员配置公司负责向船东提供航海所需的工作人员，与他们签订雇用合同并向他们支付薪酬。

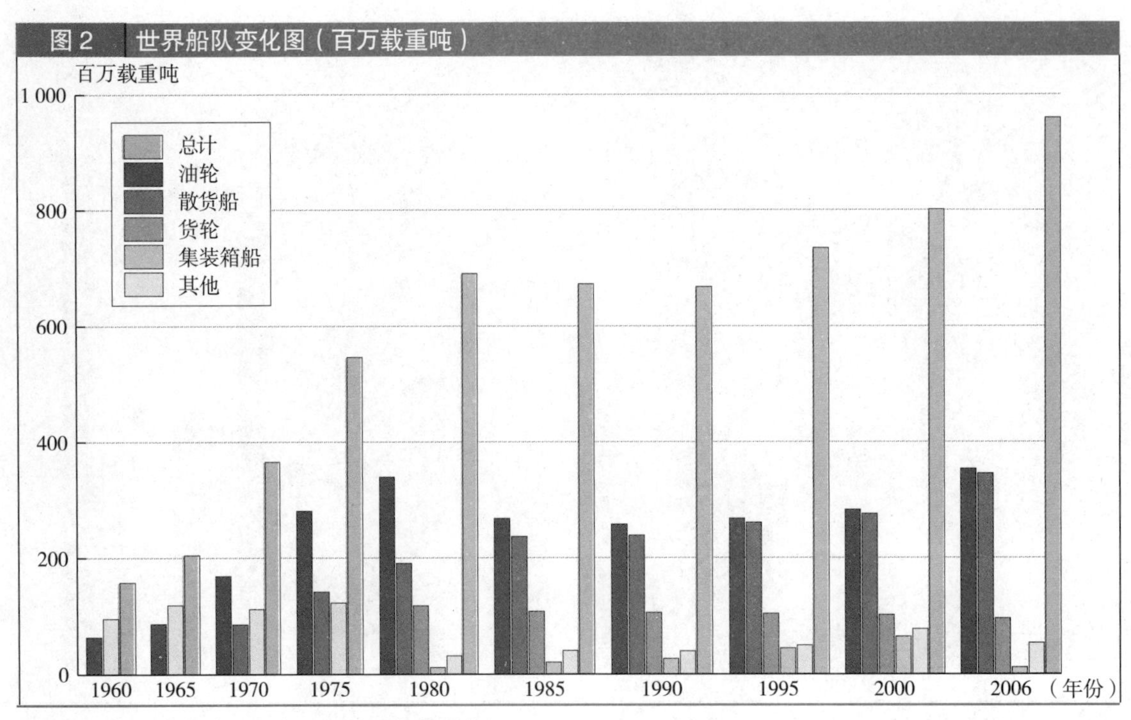

资料来源：《海上运输回顾》，2007 年，日内瓦，联合国贸发会议。

商船队的高级船员。

责任的稀释

除了劳动力市场之外，海上运输的整个行业链如今都已开始全球化。"埃里卡"（Erika）号油轮泄漏事件充分体现了海上运输的相关参与方、企业以及国家之间错综复杂的关系。1999 年，道达尔法国公司将一船重油出售给了道达尔百慕大公司，而道达尔百慕大公司之后又转手将其卖给了意大利国家电力公司，他们准备将其运往意大利的港口城市利沃诺。道达尔伦敦公司通过伦敦的一家中介公司包租了一艘名为"埃里卡"的油轮。此时"埃里卡"的服役期已超过 25 年，悬挂的是马耳他国旗，当时的船东是马耳他一家"单一企业"① 特韦雷航运公司。该船航海技术方面的管理业务则由意大利拉文纳一家名为班西普（Panship）的公司负责，这家公司管理着 30 多艘船，这些船分别属于不同的"单一企业"。这艘船最初是租给了巴哈马的一家公司，之后被多家石油公司多次转租。在对船舶的安全评估② 过程中，"埃里卡"号油轮多

① 此类公司通常只拥有一艘船，而且通常没有注册资金，以尽量分散商业和金融风险。

② 安全评估是指由一家大型石油公司对油轮的外观进行检测，目的是对船只的状况、所存在的缺陷、技术和商业管理以及船员等进行仔细检查，以便为承租的石油公司进行风险评估。

表 1　海事员工

2005 年，全球商业船队中共有 72.1 万名普通船务人员，46.6 万名高级海员。预计到 2020 年，高级海员的短缺数量将达到近 6 万名。目前，大约有 14 万名高级海员——这些人往往已经接近退休年龄——和 19.1 万名普通船务人员来自经合组织国家。自苏联解体之后，中欧和东欧在海上运输方面进行了大量的投资。目前，该地区拥有高级海员 6.2 万人（其中包括 2.1 万名俄罗斯人和 1.4 万名乌克兰人），普通船务人员 107000 人（其中俄罗斯和乌克兰各占 2.3 万人）。最后，亚洲是最主要的海事员工来源地，2003 年该地区拥有高级海员 16 万人，普通船务人员 43.6 万，其中 23 万为菲律宾人，约 8.3 万印度尼西亚人、8.3 万中国人、5.5 万印度人。该地区高级海员的人数预计未来几年将有所增长，尤其是因为德国、丹麦和希腊的一些船东在这里的一些航运学校投入了巨资［拉科斯特（Lacoste），2008 年］。

次被评定为不宜航行，但道达尔公司持不同的观点。这艘油轮在克罗地亚进行过修缮，可惜修缮得并不彻底。然而，之后该船顺利通过了意大利船级社（RINA）的认证[①]。“埃里卡”号油轮的全体船员来自班西普公司位于印度孟买的分公司。在距 1999 年 12 月 12 日“埃里卡”号油轮沉没还有 15 天的时候，船长马图尔（Mathur）才在法国的敦刻尔克第一次见到这艘船。如此复杂的关系架构实际上并没有什么大惊小怪之处，因为只有这样才能把船东与经营管理者分开，而从原则上讲责任主要应由船东来承担。

“第二船籍登记”：“方便旗”的应对之策？

为应对国际竞争，限制本国国籍船的流失（即原本在某个国家登记注册的船舶转而悬挂别的国家的“方便旗”），欧盟成员国从 1986 年起在其海外领地开始进行船舶登记注册。这种被称为“必要的船籍”（flags of necessity）的“二级”船舶登记注册制，其目的是保住商船队里欧盟的高级船员——约占船员总数的 25%，并且通过那些船员配置公司，按照国际标准招募来自第三国的船员。“同工同酬”的原则由此被彻底废止。这些船舶的登记注册是在一些拥有独立司法权的海外领地上进行的，社会保障领域的许多法律条文在这些地方都不会得到实施。这些海外领地包括法属的瓦利斯群岛和富图纳群岛、法属南半球和南极领地、马德拉岛、加那利群岛以及马恩岛等。人们往往用“为了适应国际竞争的需要”来为船上所存在的种种待遇差异——这种差异体现在休假、工资以及社会保障等各个方面——来辩护。

从经济角度看，这一政策毫无疑问是一大成功，因为它使得欧盟成员国在 2006 年控制了全球 42% 的商业船队，而这一比例在 1990 年仅为 38%。这些适应性措施还有助于稳定欧盟各成员国自身所拥有的商业船队，保住商船队里来自欧盟的高级船员，同时又能够用较低的薪酬（尤其是在社会保障方面）雇用到“国际级”的普通船员。

除了经济上获得成功之外，这一体制还降低了欧洲公民担任低级海员的热情，使他们更愿意去接受海洋运输方面的高级培训，缩短在海上的服务期，从

① 在油轮沉没之后，该公司也受到了处罚。

而有更长的时间在陆地上从事一些与海运相关的活动。此外，还应强调指出的是，船舶国籍登记为适应国际竞争而采取的调整措施并没有减少全球"方便船"的数量，也没有减少那些"被控制船队"——那些悬挂其他国家国旗、实际利益控制者在发达国家的船舶——的数量。相反，它使海员在社会权利方面出现了分化，那些来自第三国的海员所能享受到的只是相关国际公约所规定的权利。

全球化经济下的海事劳工

海上运输的全球化对海员们在船上的生活产生了巨大的冲击。迫于时间、效率以及效益等方面的压力，船员们在中途靠港时也必须集中精力关注船上的作业，他们的休息随时会被来自上级的指令所打乱。走出港口区几乎是不能想象的事，即便是在海员俱乐部也很少能抽出两个小时的时间来阅读家人的来信。[卡韦奇（Khaveci），1999 年；奥尔德顿（Alderton）等，2004 年；肖梅特，2006 年]。海上的工作强度大，而且非常劳累，因而一般人的从业时间都不会太长。即使是长时间的休假以及极具吸引力的薪酬也无法弥补海上劳作的辛苦。海上活动的自主权已经消失：所有的船舶始终处于地面的监控之中。与此同样，责任追究也变得更严厉了：如果一艘船因为维护问题或缺乏维护而对某一海域造成污染，那么这艘船的船长就将被收押以对此做出解释，哪怕他刚刚接手这艘船。

船只和船员被抛弃是海事管理乱状最极端的例子：当一艘船舶被债主查封、被某个港口所在的国家扣留或者海员们因为欠薪而罢工的时候，那些躲在"单一企业"身后的船舶拥有者突然消失的情况并不少见。奥尔加·吉（l'Olga J）号船的例子最能说明问题。这艘始建于 1956 年的货船在经过漫长的海上岁月之后，最终被卖到了一位希腊人手里。该船属于一家在伯利兹注册的公司，之后被塞浦路斯一位船东包租，悬挂的是洪都拉斯的国旗。1998 年 2 月，该船从塞内加尔的达喀尔港出发，船上载有 12 名来自加纳的船员、一名来自佛得角的船员以及一位希腊籍的船长。奥尔加·吉号最初驶向希腊，后来改成了保加利亚，可能是为了寻找更便宜的修理厂。9 月 24 日，该船抵达了保加利亚的布尔加斯港。10 月 12 日，布尔加斯港的监管部门认为此船已无法航行，因而下令该船就地修缮。从此，这艘船便一直停泊在该港，而所有的船员一直在船上待了长达两年半的时间，直到 2001 年 4 月 11 日被遣返。只有其中一人因为患上了肺炎而又无钱医治，才被提前遣送回国。此人于 1999 年 8 月 30 日在加纳去世。在这些船员滞留布尔加斯港期间，他们最初被限令只能待在船上，之后他们的活动范围被扩大到整个港口区以及一间网吧。他们拒绝了国际运输工人联合会（ITF）[①] 提出的遣返提议，因为他们都希望能在该船被拍卖之后拿回自己的工资。1998 年 12 月 17 日，他们将追讨欠薪权委托给保加利亚船员工会，该工会此后所展开的司法行动直到 2000 年 8 月结束，但未能取得任何结果。同月，对该船进行的拍卖没有出现任何买主。得益于国际运输工人联合会以及一些人道主义机构的资助，身体状态

① 国际运输工人联合会成立于 1896 年，总部设在伦敦。目前，国际运输工人联合会拥有 759 个工会组织，遍及全世界 155 个国家，所涉及的工人总数超过 460 万。国际运输工人联合会是国际工会联合会（CSI）的十大成员之一。

十分虚弱的船员们终于在2001年4月11日遣返回国。2002年2月22日，一位由法国天主教反饥饿谋求发展委员会（CCFD）聘请的律师向欧洲人权法院提交诉状，状告保加利亚违反工会法和审判公正待遇法。2008年1月22日，法院判令不受理该案，其理由是：一方面，这一诉讼请求应当在海员们被遣返后的6个月之内提出；另一方面，这些海员们已经将追讨欠薪权委托给了保加利亚船员工会，只有它才有权对没有真正付诸司法程序或者对欠款做出判令的期限不合理等提起诉讼。同样，只有那位去世的海员的亲属才有权就非人道待遇提起诉讼（肖梅特，2009年）。

鉴于海员们求助法律时所面临的困难，国际海事组织和国际劳工组织建立起了一个致力保障海员工资发放及其遣返事务的工作小组，这一原则在2001年获得了国际海事组织和国际劳工组织的通过。这一保障性条款的生效，意味着对国际劳工组织通过的《2006年海事劳工公约》的第一次修改［肖梅特，2007年；肖梅特，2008年；丰蒂诺普卢—巴苏尔科（Fotinopoulou-Basurko），2009年］。此举并不是说要让那些好船东为坏船东们埋单，而是强迫该行业每一位经营者都交纳一份担保金，从而使经营者所出现的破产亏损不会转嫁到海员们身上，并且使得任何一位经营者——即使是在其参与国际经营活动的过程中——都无法自行宣告破产。

应当看到的是，那些海事员工的主要来源国却没有机会参与海运领域规章制度的制定。它们所能做的工作充其量是按照国际海事组织有关《海员培训、发证和值班标准国际公约》（STCW）的规定颁发相关海事工作证书以及为海员们发放为其上船前和离船后提供便利的海员证。这些海事员工的提供国虽然未能参与规则的制定，但这并不妨碍它们去思考如何能够更好地保护好本国公民，而不只想着如何让这些人把钱汇回到他们的老家，汇回到国内。

贸易自由的原则既建立在航行自由这一基础之上，也离不开一艘船与一个国家之间的关系。

港口国，新的检查员

当船籍国不遵守国际义务的时候，《联合国海洋法公约》所要求的这种“真实联系”就不存在。国际海洋法就丧失了一个重要的基石，权力的平衡将被打破。无论是沿海国家在加强海上航行管理（如海上安全、防止海洋污染等）方面所做的努力，还是港口国在船舶装卸货物期间对其所实施的监管，这一切都不能弥补大多数船籍国的不作为行为。港口国管理实际上就是要求所有的船只——不管其船籍注册国是哪个国家——都要遵守相关国际规则，从而恢复国际海洋法的尊严与平衡［奥兹卡里（Ôzcayir），2004年；克里斯托杜卢－瓦罗奇（Christodoulou-Varotsi），2003年］。

国际劳工组织1976年通过的《商船最低标准公约》（第147号）规定，任何批准本公约的国家都应对在其国内登记注册的船舶实行这些标准。这一针对船籍国的法律条文同样适用于港口国，从而不会使那些在未批准该公约的国家注册的船舶享受更有利的条件。1982年签订的《港口国监控巴黎备忘录》是各国监管部门之间达成的一个协议，目的是要所有的船舶都能遵守国际海事组织的公约[①]。备忘录虽

① 国际海事组织负责国际规则的制定，但它并没有监控权，也没有对成员国或船舶的经营者实施处罚的权力。

然提到了国际劳工组织的第147号公约，但这些监控所关注的主要是技术问题，很少会顾及社会方面的因素。这些监控的重点首先是有关海员人身安全的《国际海上人命安全公约》（Convention SOLAS）以及有关海上污染防控的《国际防止船舶造成污染公约》（Convention MARPOL）。然而，船员的能力建设也离不开对《海员培训、发证和值班标准国际公约》①执行力度的监控。

欧盟在加强海洋安全方面也已经采取了行动——早在1995年6月19日，欧盟的欧洲理事会就通过了一项对有关港口国加强监控的第95-21号指令。这一指令既包含了《港口国监控巴黎备忘录》的内容，同时又规定了本区域落实相关国际公约的具体行动：建立共同的数据库，加强安全法规，同时顾及一些单方面的措施②。欧洲海事安全局的任务是对各成员国管理机构的港口国监控行为进行协调，从而确保相关船只在其停靠的每一站都受到监控。

新的海事公约

2006年2月23日在日内瓦通过的新的《海事劳工公约》③为海事劳工史揭开新的篇章。该公约设立了证书体制以及申诉和检查的程序［敦比亚－亨利（Doumbia-Henry Cl.），2004年；丰蒂诺普卢－巴苏尔科，2006年］。船籍国有责任核查船东是否遵守了公约的规定，而这将为港口国的监控提供便利。公约被视为国际海事法领域除了《国际海上人命安全公约》《国际防止船舶造成污染公约》和《海员培训、发证和值班标准国际公约》之外的"第四根支柱"。

海事劳工的工资和社会保障则属于国际工会的行动范畴：自1948年起，国际工会就掀起了反对"方便旗"的运动，而且它还成功地使全球半数以上的船舶签订了船员薪资总额协议。在全球性公约没有达成的情况下，这些得到国际工会认可的协议已经覆盖到了全球半数的船舶。2003年，国际运输工人联合会与国际海事雇主委员会（IMEC）的欧洲船东们达成的国际协商论坛（International Bargaining Forum，IBF）集体协议以及与日本船东达成的类似协议，总共涉及的船只达3500艘，所涉及的海员、高级管理人员以及从事简单劳动的水手等总共7万多人。根据2008年签订的一个补充协议，他们的工资被增加了一倍，这主要与越来越大的战争风险以及亚丁湾和索马里沿岸日益猖獗的海盗有关。

因此，这个国际性行业逐渐在市场和劳动关系方面形成了一些框架性的文件，而这些很可能在未来成为行业标准。虽然到目前为止还没有一个全球性的集体劳工谈判协议，但一些地区性的框架文件，尤其是欧盟的相关文件，将为类似的跨国谈判提供便利，并为捍卫工会自由权以及展开集体谈判提供保障——工会自由和集体谈判是国际劳工组织所认可的一些基本原则，它们还得到了《欧洲人权公约》的承认，也受到了欧洲人权法院相关法律条文的保护。

---

① Boisson P., 1998, *Politiques et droit de la sécurité maritime*, Paris, Bureau Veritas éd., p. 562-573.

② Ndende M. et Vendé B., 2000,《La transposition par les États de la directive portant communautarisation du Mémorandum de Paris》, *in Droit Maritime Français*, p. 307-314 ; Directive 2009/16/CE du Parlement européen et du Conseil du 23 avril 2009 relative au contrôle par l'État du port, JOUE, L 131, 28 mai 2009 p. 57 et s.

③ 公约的生效日期为2011年，它的生效需得到30个成员国（它们所拥有的船舶需占全球总量的33%）的批准。

结论

海上运输早已超越了各国在17世纪出台的一些管理框架，从20世纪中叶开始，海上运输成了一个全球化的市场，其中最大的特征是船舶能够自由登记注册。随着一些中介服务公司的发展（如船舶管理以及劳工配置等），船舶与船员之间传统的法律关系发生了变化。从那时候起，海上运输一直在寻求新的法律安排、一种沿海国家与港口国具有双重管理权的模式。然而，私营企业所做出的监控措施——比如由船级社或石油公司来做评定——取代不了国家的监控，该行业的所有经营者都应当肩负起自己的责任来。

海上运输行业成了创建适应全球化要求的职业关系框架的一个实验室：它面临着一个如何将国际、区域以及国家的规章制度相衔接，如何将公共部门和私营部门的监控相衔接，如何将航船自由登记注册与沿海国以及港口国的监管相衔接等一系列课题。在这一过程中，那些海事劳工的提供国始终未能找到自己的位置，很难为本国的公民提供最低限度的保障——那些出海谋生的人是为了讨生活，而不是白白送命的。许多船员在谈到海上生活时都把它比喻成“监狱”，这使人想起了19世纪末、20世纪初蒸汽机刚刚出现时的海上司炉工的话[①]。

① “在海上，就是被关在漆黑的铁皮之间，面对着锅炉的门，煤炭在炉膛里熊熊燃烧，他们的胸膛里也燃烧着红红的火苗。在他们当班结束、终于走到上方透透气的时候，自由的空气却令他们窒息，在熠熠星光下他们在不停地眨着眼睛。之后，他们又回到了自己的工作岗位，内心期待着船的下一次停靠，好让他们有几个小时暂时忘记自己的锅炉。”［佩松（Peisson），1932年］。

参考文献

ADEMUNI-ODEKE A., 1997, "Evolution and development of ship registration", *Il Diritto Marittimo*, Genova, n° 3, p. 631-668.

ALDERTON T. *et alii*, 2004, *The Global Seafarer. Living and working conditions in a globalized industry*, Genève, OIT.

BAUMLER R., 2009, *La Sécurité de marché et son modèle maritime – Entre dynamique du risque et complexité des parades : les difficultés pour construire la sécurité*, Université Évry-Val d'Essonne, thèse de sciences de gestion.

BEURIER J.-P. (dir.), 2008, *Droits maritimes*, 2ᵉ éd., Paris, Dalloz.

BEURIER J.-P., GRUNVALD S. et LEFEBVRE-CHALAIN H., 2010, « Un nouvel arraisonnement en haute mer en débat devant la chambre criminelle de la Cour de cassation. L'arrêt "Junior" du 29 avril 2009 », *Annuaire de Droit Maritime et Océanique (ADMO)*, Université de Nantes, t. XXVIII.

BOISSON P., 1998, *Politiques et droit de la sécurité maritime*, Paris, Bureau Veritas éd.

CABANTOUS A., LESPAGNOL A. et PÉRON F. (dir.), 2005, *Les Français, la terre et la mer (XIIIᵉ-XXᵉ s.)*, Paris, Fayard.

CHARBONNEAU A., PROUTIÈRE-MAULION G. et CHAUMETTE P., 2010, « Les Conventions OIT sur le travail maritime de 2006 et 188 sur le travail à la pêche de 2007 », *Essais en l'honneur du professeur Francesco Berlingieri*, vol. I.

CHAUMETTE P., 2006, « Du bien-être des marins en escale. Les ports confrontés à la sûreté et à l'humanité », *Mélanges offerts à A. H. Mesnard, L'homme, ses territoires, ses cultures*, Paris, LGDJ, coll. « Décentralisation et développement local », p. 45-58.

CHAUMETTE P., 2007, « Quelle garantie de paiement des salaires dans une activité internationale ? », *Annuaire de Droit Maritime et Océanique*, Université de Nantes, t. XXV, p. 125-139.

CHAUMETTE P., 2008, « Le rapatriement des marins », *in Un droit pour des hommes libres, Études en l'honneur du professeur Alain FENET*, Paris, Litec, p. 51-70.

CHAUMETTE P., 2009, "The tenuous access of abandoned seafarers to the European Court of Human Rights: the case of the Olga J", *in Prawo Morskie*, Gdansk, t. XXV, p. 73-83.

CHRISTODOULOU-VAROTSI I., 2003, "Port state control of labour and social conditions: measures which can be taken by port states in keeping with international law", *Annuaire de Droit Maritime et Océanique*, Université de Nantes, t. XXI, p., 251-285.

CHRISTODOULOU-VAROTSI I. et PENTSOV D. A., 2008, *Maritime Work Law Fundamentals: Responsible Shipowners, Reliable Seafarers*, Berlin, Springer.

CUDENNEC A. et GUEGUEN-HALLOUET G. (dir.), 2007, *L'Union européenne et la mer*, Paris, Pédone.

DORSSEMONT F., JASPERS A. et VAN HOEK A. (éd.), 2007, *Cross-Border Collective Actions in Europe: a Legal Challenge – A Study of the Legal Aspects of Transnational Collective Actions from a Labour Law and Private International Law Perspective*, Antwerpen, Social Europe séries, vol. 13.

DOUMBIA-HENRY Cl., 2004, "The consolidated Maritime Labour Convention: a marriage of the traditional and the new", *in Mélanges en l'honneur de Nicolas Valticos, Les Normes internationales de travail : un patrimoine pour l'avenir*, Genève, BIT, p. 319-334.

FITZPATRICK D. et ANDERSON M., 2005, *Seafarers' Rights*, Oxford, Oxford University Press.

FOTINOPOULOU-BASURKO O., 2006, *Aspectos generales del Convenio refundido sobre el trabajo marítimo*, Gobierno Vasco, Departamento de Transportes y Obras publicas, Vitoria-Gasteiz.

FOTINOPOULOU-BASURKO O., 2008, *El contrato de trabajo de la gente de mar*, Granada, Ed. Comares.

FOTINOPOULOU-BASURKO O. (dir.), 2009, « El convenio refundido sobre trabajo marítimo de 2006 : introduce satisfactoriamente las directrices de la OMI sobre abandono de marinos », *in Derechos del hombre y trabajo marítimo : Los marinos abandonados, el bienestar y la repatriación de los trabajadores del mar*, Universidad del Pais Vasco, Gobierno Vasco, Departamento de Transportes y Obras Publicas, Vitoria-Gasteiz, p. 115-153.

GAURIER D., 2005, *Histoire du droit international – Auteurs, doctrines et développement, de l'Antiquité à l'aube de la période contemporaine*, Rennes, PUR, coll. « Didact droit »,.

GUILLAUME J. (dir.), 2008, *Les Transports maritimes dans la mondialisation*, Paris, L'Harmattan.

GUILLOTREAU P. (dir.), 2008, *Mare Economicum – Enjeux et avenir de la France maritime et littorale*, Rennes, PUR, coll. « Économie et société ».

KHAVECI E., 1999, "Fast turnaround ships and their impacts on crews", Seafarer's International Research Centre, Cardiff University.

LACOSTE R., 2008, « Les marins dans le monde des années 1950 à aujourd'hui : résonances autour de l'influence maritime de l'Europe », *in* GUILLAUME J. (dir.), *Les Transports maritimes dans la mondialisation*, Paris, L'Harmattan, p. 244-254.

LEFRANÇOIS A., 2010, *L'Usage de la certification, nouvelle approche de la sécurité dans les transports maritimes*, Université de Nantes, PUAM, coll. « Droit des Transports ».

LENHOF J.-L., 2005, *Les Hommes en mer – De Trafalgar au Vendée Globe*, Paris, Armand Colin.

MONZANI E., 2004, "Crew managers et Manning agencies", *Il Diritto Marittimo*, Genova, n°2, p. 669-673.

ÔZCAYIR O., 2004, *Port state control*, 2ᵉ éd., London, LLP.

PEISSON E., 1932, rééd. 2007, *Parti de Liverpool*, *in Le Sel de la mer et autres œuvres*, Paris, Grasset.

PROUTIÈRE-MAULION G., 2008, « De la nécessité de redéfinir les critères de compétence en matière pénale en cas d'abordage dans les eaux internationales », *Annuaire de Droit Maritime et Océanique*, Université de Nantes, t. XXVI, p. 291-308.

聚 焦

船舶拆解：寻求可持续发展的经济

玛丽·布雷尔（Marie BOURREL）
南特大学，法国

在其经济生命、"有用的寿命"结束之后，船舶有的可能在海上、陆地上得到重新使用，有的可能会被沉入水中或被回收利用。鉴于国际和国内的相关法规日益变得严厉，目前对旧船进行翻修或将其沉入水中之前通常都需要事先将船上的一些危险物品［如石棉、多氯联苯（PCB）、聚氯乙烯（PVC）、氯氟烃（CFC）、氨、放射性物质、污染的泥浆和水］进行清理拆除，而这些工程的费用应当由船东来承担。而船舶拆解经济可以摆脱这一逻辑。当一艘船"走到生命尽头"的时候，船东非但无须支付因为船舶污染的"内化"而应承担的费用，反而可以将旧船出售给废钢铁收购业而获得报酬。现行的价格大约能达到每吨400美元。随着报废船只的数量在不断增加，这些船舶是在什么条件下拆解的成了一个令人关注的大问题，因为可持续发展的模式要求人们必须综合考虑到经济、社会和环境等各方面的问题。

亚洲拆船厂的比较优势

在20世纪60年代之前，人们主要依靠机械手段来拆船，当时拆船业务主要集中在美国、英国、德国和意大利等发达国家。拆船工业的第一波外迁潮始于20世纪六七十年代，入驻地是一些半工业化国家或地区（西班牙、土耳其和中国台湾）。20世纪80年代出现了第二波外迁潮，这一回的受益方是亚洲的拆船厂。从那个时候起，亚洲一直保持着旧船废钢市场龙头老大的地位，如今，全球90%的旧船都是在亚洲被拆解的［图雷（Tourret G.），2008年］。印度、孟加拉国、巴基斯坦和中国这四个国家共同分割了旧船拆解市场。这些国家在经济发展过程中对于原材料，尤其是钢铁的需求量都很大，一个全球性的经济产业应运而生：按照国际劳工组织（BIT）的相关估计［贝利（Bailey），2006年］，这一行业的从业人员超过了100万。目前，这些拆船厂开出的价格大约为每吨400美元，而且还在不断上涨，如果废船上含有不锈钢的话，则价格可提高到每吨700美元［侠盗罗宾汉协会（Robin des bois），2010年］。事实上，旧船一般都是在那些钢材需求量最大的地方被拆解的。

> 将近90%的船舶是在亚洲被拆解的。

这些拆船厂对于那些没有多少技能、劳动力价格低廉的人具有很大的吸引力，因为该行业在劳动安全方面不存在任何法规。例如，一位印度或孟加拉国拆船工每天的薪水只需1~2美元，而一位欧洲拆船工每天的报酬高达250美元。由于法律法规方面相对更加宽松，因此这些旧船拆解回收国与工业化国家相比明显存在着比较优势，但工人和环境保护成了其中的牺牲品。

被忽视的社会和环境代价

如今，大部分废旧船只是在那些对员工和环境没有任何保护设施的工地上被拆解的，而旧船本身包含着许多有毒物质，有的甚至含有放射性物质。在这些拆船厂，发生事故或被有毒物质侵害的概率非常高，而相关的社会保障机制几乎不见踪影。相关数据显示（欧盟委员会，2007 年），在印度阿朗港一家拆船厂里，每六名员工中就有一人是石棉肺患者[①]。2005 年，印度拆船厂的事故率是采矿行业的 6 倍。孟加拉吉大港拆船厂的情况也不例外。在这些拆船厂，每年数千工人的死亡都与工作条件有着直接的关系。这些数字虽然十分惊人，但实际情况应该更加严重，因为相关的登记手续本身并不完备，而且人们很难从地方管理当局获得准确的数据。所有迹象都表明，这种情况还可能进一步恶化：随着未来几个月报废船舶数量的增加，对拆船工——他们往往没有任何工作经验——的需求也将越来越大。此外，在这些拆船厂，侵犯人权的现象十分普遍［绿色和平组织、国际人权联合会（FIDH）和社会行动中的年轻力量（YPSA），2005 年］，如结社的自由和集体谈判的自由被长期剥夺，薪金水平低于法定的最低工资标准，工作时间远远超过法律规定的最高期限，根本不存在带薪的休息日或休假期，所提供的住宿条件极为简陋以及雇用童工等。几乎所有的工人都没有签订用工合同，一旦发生工伤事故或生病，所能得到的赔偿或补贴寥寥无几或者根本没有[②]。

图 1　世界船舶回收（1978~2007 年）

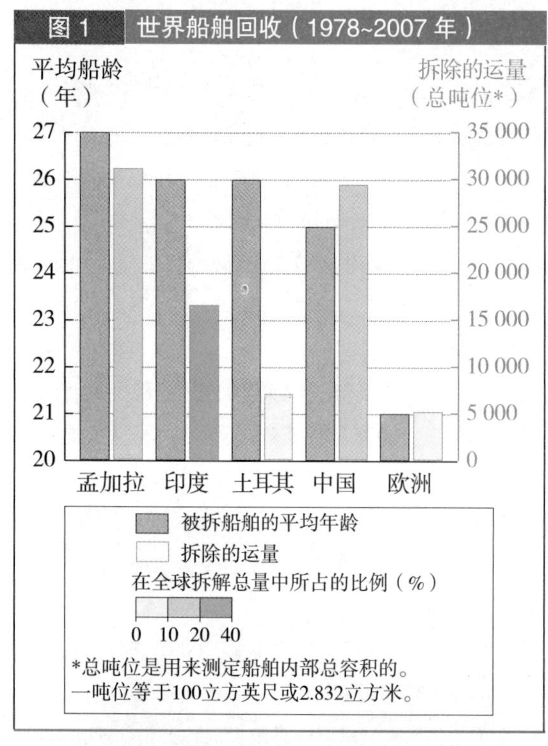

资料来源：作者根据克纳普（Knapp S.）、库马尔（Kumar S.）与雷明季（Reminj R.）2008 年提供的数据改编。

除此之外，这些国家相关的环保法律几乎一片空白，监管机制形同虚设。在这种情况下，拆船厂的废气和废物都被直接排放到了自然环境中，造成了非常严重的污染。对于这些污染的长期后果，人们虽然有所认识，但往往被忽视。通过在印度和孟加拉国拆船厂附近所采集到的样本［侯赛因（Hossain M.）和伊斯兰（Islam M. M.），2006 年］，人们发现沿海地区的水、土壤和地下水中危险物质的含量都达到了令

① 石棉肺是一种与石棉纤维沉积有关的肺组织严重感染疾病。迄今为止，这种疾病还没有有效的治疗方法。

② 在孟加拉国，还没有一个专门对拆船厂工人的事故和疾病进行普查的国家机构。该国这方面的资料主要由一个始建于 1985 年的非政府组织——“社会行动中的年轻力量”来提供，这些数据之后又被国际劳工组织和欧洲海事安全局（AESM，2008 年）所采纳。此外，绿色和平组织、国际人权联合会的代表也与拆船厂的员工进行了单独会谈。有关印度拆船厂的工作条件及其对环境影响的资料数据则来自以下两方面，一是印度国家机构古吉拉特邦海事局公布的不完整的公报，二是通过从工人家庭和周边人群的直接走访获得的（绿色和平组织、国际人权联合会和社会行动中的年轻力量，2005 年）。

人不安的程度。这里的空气里经常弥漫着有毒蒸汽和石棉纤维。这里基本上从来没有过存储和处理危险废物的正规设施，这些危险废物都被非法地直接倾倒到一些不允许倾倒的地方，而且非常接近人口稠密区[①]。因此，拆船对于生活在厂区周围的民众产生了直接的社会影响，而且这些业务也与当地的回收产业密切相关。事实上，许多非正规的地下经济行业都得仰仗拆船业的废钢铁[②]。因此，拆船行业的社会和环境条件要想得到改善，需要一套综合治理的方法并且要得到整个国际社会的支持。

亟须法律监管

当前，人权保护在一定程度上限制了自由主义和新自由主义经济机制发展。在这样一个时刻，亚洲拆船厂的工作条件要想得到改善，就更需要一个有关报废船舶处理的统一的法律框架。唯此，才能控制人身和环境所受危害的进一步扩散。在联合国专门机构——国际海事组织的协调下，这方面的一个国际公约终于在 2009 年 5 月通过[③]。该公约的目的是明确各参与方的责任，以便为市场提供一个十分清晰的必须遵守的规则，同时又要促进各国管理当局采取切实措施，改善从业人员的安全和职业健康方面的条件，加强环境保护。然而，由于该公约的生效条件很难得到满足——它必须得到不少于 15 个国家的批准；这些国家的商船总吨位合计不少于世界商船总吨位的 40%；这些过去 10 年的最大年度总拆船量合计不少于该国商船总吨位的 3%——而且总体上看它对于现有的拆船企业有很少的鼓励措施，因而该公约在 2015 年之前生效的可能性不大［布雷尔（Bourrel），2010 年］。迄今为止，只有 5 个国家签署了该公约[④]。从现在到 2015 年，全球还将有许多船舶被拆解，其中大部分来自经合组织成员国。从理论上讲，这些船舶的拆解必须在一系列严格的规章制度下进行。目前，每周淘汰报废的船舶大约有 20 艘。其中大部分船只是被所在国认定为无法回收利用的不达标船舶（布雷尔，2010 年；欧盟，2007 年）。虽然拆船厂在

图 2　孟加拉吉大港拆船厂员工所面临的危险

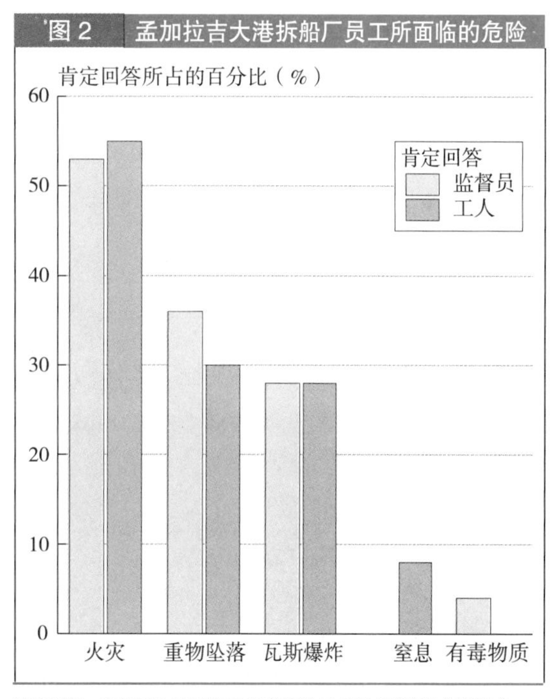

资料来源：作者根据 COWI/TREN 咨询公司 2004 年的报告编制而成。

① 印度当局的检查表明，该国存在着许多"非法的废弃物堆放地"；印度联邦最高法院危险废弃物监测委员会；2005 年 3 月阿朗—索西雅拆船厂参观考察报告。

② 国际海事组织，2001 年 1 月 18 日，海洋环境保护委员会，第 46 届大会，联络工作小组的报告，该报告由该联络小组的协调员提交，MEPC 46/7，2001 年 1 月 18 日，附件，p.4。

③ 这便是 2009 年 5 月 15 日在香港通过的《国际安全与环境无害化拆船公约》。

④ 这些国家分别是法国、意大利、荷兰、圣基茨和尼维斯联邦以及土耳其。

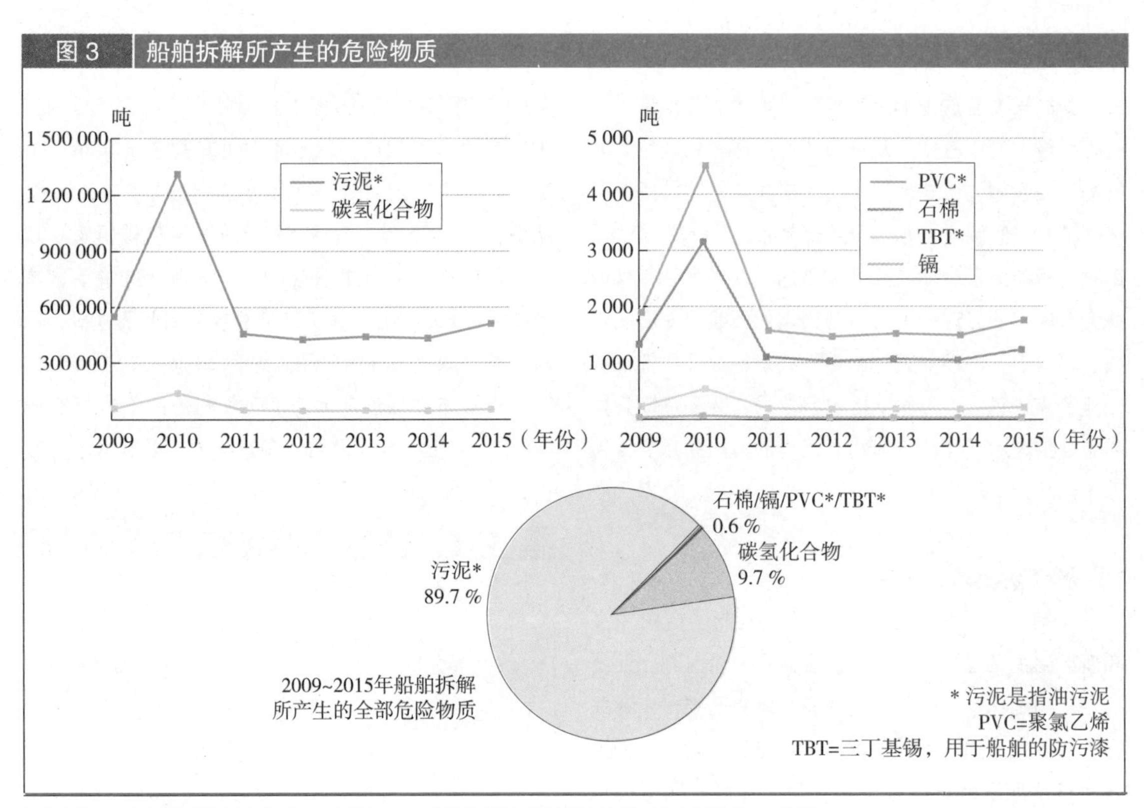

资料来源：作者根据欧洲海事安全局 2008 年的报告——该报告援引了国际劳工组织 2005 年的数据——编制。

提高劳动条件和清除污染方面（尤其是在印度和孟加拉国）取得了一定的进展，但该行业对民众和环境的危害不仅实实在在存在着，而且被人们所低估。这种不理想的现状使得《香港公约》的实施成了一种当务之急。

参考文献

Agence européenne de sécurité maritime, 2008, *Study on the certification of ship recycling facilities*, Final Report.

Bourrel M., 2010, « La stratégie européenne en matière de démantèlement des navires », *Annuaire de Droit Maritime et Océanique*, t. xxviii.

Bailey P., 2010, « Peut-on améliorer les conditions de démolition des navires? », Genève, OIT.

Cour suprême de l'Union indienne, Comité de suivi sur les déchets dangereux, *Visit to Alang/Sosiya Shipbreaking Yards*, Rapport mars 2005.

Commission européenne, 2007, *Livre vert sur l'amélioration des pratiques de démantèlement des navires*, COM 269 final.

Greenpeace-FIDH-YPSA, 2005, *End of Life Ships – The Human Cost of Breaking Ships*. Disponible sur : www.fidh.org

Hossain M. et Islam M. M., 2006, *Ship Breaking Activites and Its Impacts on the Coastal Zone of Chittagong, Bangladesh: Towards Sustainable Management*, Advocacy & Publication Unit, Young Power in Social Action (YPSA).

Organisation maritime internationale, 18 janvier 2001, *Comité pour la protection du milieu marin, 46e session, Rapport du Groupe de travail par correspondance*, document présenté par le coordonateur du Groupe de travail par correspondance, MEPC 46/7.

Robin des bois (association), 2010, « À la casse.com », *Bulletin d'information et d'analyses sur la démolition des navires*, n° 19. Disponible sur : www.robindesbois.org/dossiers/a_la_casse_19.pdf

Tourret G., 2008, « Les marchés de la démolition navale », *in* Guillotreau P. (dir.), *Mare economicum – Enjeux et avenir de la France maritime et littorale*, Rennes, PUR.

第五章

雅恩·彼得·约翰森（Jahn Petter JOHNSEN）
特罗姆瑟大学，挪威

彼得·辛克莱（Peter R. SINCLAIR）
纽芬兰纪念大学，加拿大

彼得·霍尔姆（Petter HOLM）
特罗姆瑟大学，挪威

迪安·巴温顿（Dean BAVINGTON）
尼皮辛大学，加拿大

鱼与人的关系：如何管理“不可管理者”？

渔业技术的现代化并不仅仅表现在捕捞技术的迅速变化上，它也同样体现在鱼类的变化上。对鱼类潜在种群的分析——这是水产学的一项成果——使鱼类成了一个能进行数量配置的可控物种。金融逻辑至上的原则由此得到确立：这一逻辑原本想创造一个可持续发展的渔业，实际结果却降低了生态系统的可持续性。

人类从其起源之日起，就知道利用自然资源，但对自然资源的管理是一个很新的现象。在海洋领域，出于一系列现实的原因，鱼和渔民一样始终处于一种“不可管理”的状态。然而，自20世纪60年代末以来，随着渔业过度捕捞这一威胁的出现，人们开始花大力气，努力想把鱼类、渔民和捕捞技术转化为一个可以“被管理的”实体。这一进程到了20世纪80年代和90年代明显加快，然而出人意料的是，这些努力反而导致了捕捞量的增加，鱼类种群也变得更加脆弱。

在本文中，我们将对导致这些变化——在这里，我们借用“行动者网络理论”（la théorie de l’acteur-réseau）中的“转译”（traduction）概念[①]来称这些变化——的条件、进程和工具进行探讨。在这个对野蛮事物进行驯化、使其变得可管理的过程中，科学的应用将起到很大的作用。这一进程最终的结果——我

图1　20世纪20年代的渔民、渔船和鱼

照片来源：约翰森（Johnsen J. P.）的资料。

① 我们的论据主要源于社会学所发展出来的一些方法论，尤其是“行动者网络理论”[拉图尔（Latour）1987年、1990年；卡龙（Callon），1986年；哈拉维（Haraway），1997年]。我们选取了其中一个关键的概念“转译”：它指的是通过发明创造，使得形形色色的行动者之间形成一种稳定的关系，构建成一个能像单一行为者那样协调行动的网络。就像一个词，只有它与一个句子的其他词汇发生关系之后才能确定其意思一样，一个行为者只有通过“转译”的过程融入到一个网络之中，才能获得自己的身份地位。

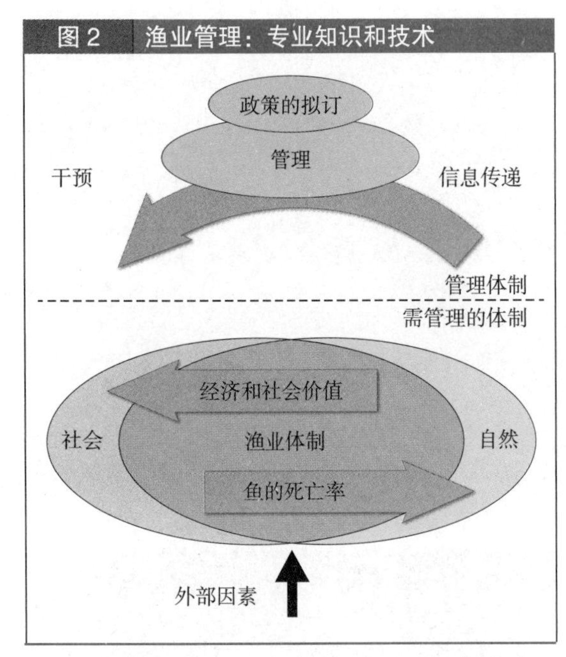

资料来源：尼尔松（Nielsen K. N.）和霍尔姆（Holm P.），2007 年。

们将之比喻成“鱼与人机复合体”——是形成一个将自然、社会、技术、科学、机器和公共政策等各种因素联系在一起的复杂而异质的网络。

管理“不可管理者”

渔业管理通常被认为是从外部强加给渔民、国家或鱼类种群等实体的一个监管体系，而这些实体基本上是保持不变的。我们的观点与此完全不同：管理工具会使被管理物发生彻底变化。传统上，海洋渔业基本上摆脱了社会的控制，这一事实在《海洋自由论》这样古老的体系中就已经被制度化了。然而到了今天，海洋渔业被认为是“可管理的”——这方面的机制之所以会发生彻底改变，其依托的正是 1982 年 12 月签署的《联合国海洋法公约》（以下简称为《公约》）。该《公约》确认了沿海国家有权在领海基线起 200 海里范围内建立专属经济区，这使得 95% 鱼类资源进入了各国的管辖范围。“海洋自由论”被一种新的机制所取代：按照这一新机制，海洋的管理权被交给了沿海国家。

一场非常深刻的冲击随之而来。鱼被转化成了一些可测量、可控制的实体：在按照不同的品种将鱼分成各种“种群”之后，人们就可以定期对它们进行测算、统计和评估。渔民们也发生了变化，他们从向大自然这一共享资源寻取猎物的渔人，变成了手握有资产——他们的捕捞配额——的商人。今天人们所说的“渔业管理”是一个旨在对渔业活动进行合理、规范指导的雄心勃勃的计划。渔业管理是在这样一个网络的基础之上建立起来的：正是这个网络将渔业的代表机构与渔业的实际操作这两者联系在一起，并且能够在两个不同的世界之间自由穿梭（霍尔姆，1996 年、2001 年）。这一网络的成效将不仅取决于渔业代表机构与实际操作之间的匹配程度，而且还取决于渔业代表机构所做出的决定（模式）能够顺利地转化成为实际操作。对此，我们在图 2 中做了图解说明。

我们把鱼类及其捕捞者——渔民——变成一个个可管理的实体这一演变过程称为“人机合体化”（cyborgisation）。本章将选取挪威为重点案例，对这场变化运动所带来的后果做详细分析。《联合国海洋法公约》的签订以及专属经济区的设立所带来的影响之一便是使挪威一下子能控制大量的化石能源资源和渔业资源[①]。石油和天然气开采所带来的收入使挪威社会很快步入了现代化，并且也对该国的渔业产生了巨大影响。诚然，在加拿大等其他使用先进渔业技术

① 除了经济专属区之外，挪威还在扬马延岛周围建立了一个得到国际承认的渔业区，并在斯瓦尔巴群岛周围建立了一个水产资源保护区。

图 3 20 世纪 80 年代低技术含量的挪威船只

照片来源：约翰森的资料。

的国家也能见到与挪威相类似之处，但是在“人机合体化”方面，挪威的例子具有十分典型的意义［约翰森（Johnsen J. P.）等，2009 年］。对挪威的相关分析能使我们在认识现代渔业的运行方式及其所造成的后果——迄今为止，这方面通常是人们知之甚少的“黑箱子”——方面得到启发。

渔业与人工智能捕捞系统的确立

20 世纪初，鱼、船与渔民之间的关系是一种我们在图 1 中所描述的那种关系。当时的挪威渔业部门虽然有几艘蒸汽轮船在进行鲱鱼的捕捞工作，但占主导地位的仍是一些小渔船。那个时候留下来的一些老照片表明，当时的渔民一般以拥有渔船的家庭为单位组成一个协会，再由这个协会出面雇用邻居或远房亲戚到船上当船员。所有的人都生活在同一社群里，而他们所捕捞的渔业资源都属于共有财产①。

在这一社群中，人与人之间的关系可能会更复杂一些，而他们与鱼之间的关系相对简单、直接。所捕获的鱼大部分供整个大家族食用，而用于出售的部分则可以为这个缺钱的、长期生活贫困的社群带来一定的收入。鱼与渔民之间的基本关系是通过一条渔线和一个鱼钩实现的。如果脱钩或渔线断裂

① 那时候，所有的挪威公民都有权在挪威的海域或其他任何水域进行商业捕捞。所有的捕捞技术都可以被应用，只有拖网捕捞除外——这种捕捞方法在当时已经受到了严格管制。只有船员和船只需要到行政部门去登记注册。

就意味着渔民收入的损失，全家就可能挨饿，整个社群将面临经济困难。渔线和鱼钩不仅仅是渔民手里的工具，而且也是提升整个社群价值的一个载体。

到了20世纪30年代，渔民、鱼、沿海地区社群以及国家之间的关系开始出现变化。面对全球性经济危机所带来的困难，当局首先采取措施保护这些渔民家庭，帮助他们应对资本主义工业化大型拖网渔船的竞争。1936年，挪威议会通过了第一部《拖网渔船法》，首次对在挪威海域的拖网捕捞作业进行了规范。两年后，另一部有关鱼产品销售的《生鱼法》颁布：它首次将鱼产品的拍卖销售专权交给了小渔民，这些渔民可以从国家那里获得补贴，从而组建起他们自己管理的销售组织。

这两部法律巩固了小规模的渔民在挪威渔业界的地位。这两部法律从制度上使得渔民和鱼之间的关系变得更加复杂：将这两者联系在一起的不仅仅是一条简单的渔线，而且还包括市场——凭借自身的垄断地位，渔民们得以直接控制市场。

第二次世界大战结束后，政府的优先目标发生了变化，那些小规模的渔业单位再也享受不到过去那样的保护了。挪威渔业的现代化计划开始实施，这一计划主要建立在以下三大支柱之上：治理、改制以及技术发展。该计划支持拖网船队的可控式发展，并支持相关科技和社会的发展。尽管一开始起步较为艰难——小渔民们对于这些拖网船队恨之入骨，但是在接下来的60多年里，挪威的远洋船队始终处于不断发展壮大之中。而与此同时，这一进程没有对传统的近海渔船产生多大的冲击，更没有将其边缘化。近海渔船队的规模虽然比20世纪20年代更小了，但是直到20世纪80年代，它们仍基本上保持着原先的区域分配、作业流程以及所有制结构。当然，渔船都已变得更加先进——装上了功能强大的发动机、液压设备、声呐系统、雷达和自动驾驶设备——但它们惊人地保持着传统。大多数渔船仍是木制的（见图3），而且他们所捕捞的渔业资源仍然都属共有财产。大部分船员都是通过一些家庭或私人关系在本地招募，一艘刺网渔船——这在当时仍是最主流的专用渔船——上的船员规模居然与60年前是一样的（约翰森，2005年）。

进入21世纪，一切发生了改变。一艘普通渔船的长度都在30米以上，而且都配备了十分先进的装备。这些船舶都由金属和玻璃纤维制成，驾驶舱都被移到了船身的前方。在船上操作的人一般不会超过3个，船上配备的液压系统和机械装置成了他们的助手。在船只航行方面，雷达、GPS、声呐系统以及自动驾驶设备等，都被一个电子设备整合在了一起。只要在驾驶室里点击电脑的鼠标键，船舶就可以按照船长事先所设定的路线前行。只要经过简单的入门培训，几乎所有的人都能够驾船航行。在确定鱼群的位置时，当然还是经验更加重要，不过声呐系统的出现使这一任务变得更加简单了。船舶甲板机械也比20世纪80年代更加先进了，新的机械装置能够拖拽渔网并能对所捕获的鱼进行自动分拣（见图4）。

如今的捕捞作业与设备生产商、造船厂以及一些行业内的专业网络——有时这些专业网络可能距海边很远——所提供的服务和专有技术密切相关。负责对船舶进行管理、维护和保养的渔民，他们的家族及其社群能够从这些生产商和服务商那里得到各种各样的服务。渔民身上所肩负的责任也发生了变化。他们今天所肩负的责任还包括经营生意、控制财务和投资成本以及确保遵守相关渔业法规。

现代渔业企业不再只是简单地局限于一艘船及船员。它还包括许多帮助其提高效率的专业网络。这些变化导致了渔船对劳动力需求的下降。站在索引设备后面的右舷舵驾驶位上，船长既能够控制船的航行，同时又能兼顾捕捞作业（见图5）。机械化

图 4 一艘挪威小渔船的高科技捕捞作业

照片来源：约翰森（Johnsen J. P.）的资料。

使得 3 名船员就能操作一艘 12 米长的渔船上的 3 条渔网，而 6 名船员则可以按照同样的速度在一艘 20 米长的船上完成相同的任务。有时人们会看到两艘船结伴而行，联合作业，以降低运营成本。这样一来，许多渔民最终离开了这一行业，他们或者找到了其他工作，或者干脆退休。

人力被机器或其他机构所取代，这样的变化彻底改变了挪威渔业的面貌。渔业捕捞只是国际和国内对于水产资源进行开发这一巨大体系的一个组成部分，这一开发体系是按照与其他工业产品同样的思维逻辑构建起来的。经过这场运动，船用设备的设计者和生产商对渔业行业的控制度得到了加强。船舶成了捕捞体系的一个节点——这一捕捞体系在很大程度上是依托了技术和渔业的代表符号而建立起来的。这一捕捞体系成了“杀鱼的机器”——我们可以把它描述成一种由机械装置、船舶、船员和捕捞作业等构成的人工智能系统（约翰森等，2009 年）。

图 5 机器人渔民：一个被技术包围的人

照片来源：约翰森的资料。

渔民的“人机合体化”

2002 年，挪威贸易与工业大臣安斯加尔·加布里埃尔森（Ansgar Garbrielsen）在议会表示：“根据挪威的法律，一位医生有权判定一位体质指数（IMC）在 30~35 的海员是否还能继续在海上航行。”

面对机器，人不应当只是作为它们的使用者，而是应当被视为是其中的一个组成部分。挪威贸工大臣安斯加尔·加布里埃尔森的这段话表明，现代渔业这一科技网络需要一些特殊的技能和专长。确定所使用工具的规模、执行任务的速度以及相关工作的精度等，这一切光靠人力是无法完成的。机械之所以能够取代人力，是因为它们比人的躯体更适合完成上述任务。就渔业行业而言，新的捕捞技术与旧方法相比不仅容易被人掌握而且操作起来也更加便捷。也正因为如此，一些旧捕捞技术渐渐消失了，与它们一起消失的是一些独门诀窍。过去，人们可以说渔民是由血肉之躯和个人经验构成的，而今天他们的知识将越来越多地涉及机械原理和组织系统等领域［默里（Murray）等，2005 年；约翰森等，2009 年］。渔民不能再作为一个独立的个体而存在；他们已经被带入了一个人工智能的组织形态，成了“人机复合体”，也就是我们所说的“机器人渔民”。它所体现的是一个宏观层面正在发生的重大进程：在这一进程中，整个渔业行业变成了一个以机械操作和反馈机制为依托——正如我们在图 2 所描述的那样——的人工智能组织形态。

即使所使用的先进技术能对越来越多的捕捞知识进行整合，但是其中仍有一些岗位很难被人工智能系统所取代。这一系统仍需要能够对各个不同组成部分，各种零部件进行保护维护，能够使它们运转起来的专家。所要求的技能专业性越来越强，因此很少有人能够真正成为“机器人渔民”，尽管这一选拔过程比挑选战斗机的飞行员要宽松得多。由于所捕捞的是共有的渔业资源，因此这方面依然像过去那样并没有多大的限制，但是现代渔业用自己的技能标准将一些人排除在渔民队伍之外。当然，尽管有着这些新要求和新限制，但现代渔业依然提供了一些新机遇，因为鱼类在这一进程中也发生了变化。

总可捕量（TAC）和鱼的变化

今天，水产科学——这是围绕着生物学、海洋学和计算机开发工具等构建出来的一门综合科学——所关注的重点是促进挪威水产资源的可持续管理（挪威政府，2003 年）。现代水产学的源头可追溯到工业革命（默里和约尔特，1912 年），而在 19 世纪人类对于海洋勘探的范围和规模都进一步扩大。通过探险考察以及从捕获物身上所搜集到的资料信息，分散在不同国家的专业研究人员已经积累了相当数量的有关海洋及海洋生物的经验材料。这些资料为海洋生物的计算、测量和建立模型提供了必要的数据（默里和约尔特，1912 年）。

在人类对渔业方面进行的首次科学考察过去将近一个世纪之后，随着一项能对鱼类种群数量进行有效评估的技术——“渔业潜在种群分析法”（AVP）的诞生，人们在这方面的研究终于取得了重大突破［芬利森（Finlayson），1994 年；霍尔姆，1996 年；尼尔松（Nielsen），2008 年；勒普斯托夫（Roepstorff），2000 年］。这一分析法于 1965 年问世，它根据现有的资料数据——它们主要是根据渔区现有的存量、每年的捕捞量以及这些捕获物的特征（尤其是鱼的年龄以及不同鱼类在所捕获物中所占的比例）等构建而成的——对主要鱼类的种群数量进行估算。这些估算出来的数字只能是一些近似值，而且常常会把很大一部分种群数量忽略掉。尽管如此，这些评估仍是研究渔业的科学家们获得合法地位的基石，最终这些科学家成了推动水产资源得到最优化利用的客观、独立的专家。

“渔业潜在种群分析法”此后被用于鱼类总可捕

量的推算。鱼类总可捕量是这一科学模型的具体应用，目的是通过对每一种鱼的捕捞量进行限定来调整这些资源所受到的压力。“渔业潜在种群分析法”和鱼类总可捕量为一种强大的管理工具提供了相关的资料数据。我们将这一管理工具称作“总可捕量计算机”（machine TAC）[尼尔松（Nielsen）和霍尔姆（Holm），2007 年]：它每一年都会根据现有鱼类种群的数量而确定捕捞的配额。

“总可捕量计算机”与 20 世纪 70 年代人们一直在谈判的海洋管理新机制，是形成我们所说的“鱼与人机复合体”这一新实体的两个先决条件（霍尔姆，2007 年）：通过这种人工智能的组织形式，鱼类被定位、计算而后捕捞。这一进程使得水产学、政治机构以及渔业之间的密切关系实现了制度化（霍尔姆，1996 年）。

这种“鱼与人机复合体”虽然表面上看起来十分简单，但实际上却是一个十分复杂多样的东西：它将自然、社会、技术、科学、市场和公共政治联系在了一起（霍尔姆，2007 年）。在“鱼与人机复合体”逐渐形成的过程中，原本不可管理的野生鱼类得到了驯化，变成了一个可以被管理的实体。

渔业利维坦——政治、科学、技术与经济之间的联系

“机器人渔民”“总可捕量计算机”以及“鱼与人机复合体”都是同一个社会技术网络的组成部分，正是这一网络将人类与一些非人的因素结合在了一起。这些因素像一个有机整体那样协调地发挥作用。与 20 世纪 20 年代——当时，人与鱼之间保持着一种亲近、直接、简单的关系——不同，如今随着现代渔业的出现、尖端科学技术手段的应用以及先进的监管和治理体制的问世，人与鱼的关系正变得越来越复杂。因 1936 年挪威实施《拖网渔船法》而催生出来的那个产物变得越来越强大，而且其身上所具备的一些特性使得我们将之称为“渔业利维坦”：它不仅是自身各组成部分的代表，而且还负责将它们连接在一起、确定它们的位置、指挥它们的行动。

资源的稀缺导致了鱼价、捕捞配额定价以及捕捞成本的上涨，集约式捕捞显得越来越必要。

自 20 世纪 60 年代以来，渔业技术所带来的效率是如此之高，以至于它们对于自然资源的可持续性构成了威胁。人类捕捞鱼类的能力在不断提高，建立相关监管和管理机制，进一步明确船舶、船员和鱼类这三者之间关系的必要性也随之凸显。渔业不仅被纳入了与鱼有关的监管体系的范畴，而且也成了各国间谈判的对象，如挪威和俄罗斯就通过一个渔业委员会就北极东北部鳕鱼以及其他重要鱼类资源的管理等问题展开谈判。科研成果、对它们的解读及其应用不仅整合到了国际海洋勘探理事会（CIEM）这样一个专业机构中，而且也被应用到了新船舶和新设备的制造当中。

今天的渔业企业需要购买和出售许可证和配额、规划自己的经营活动、设法获得融资和信贷，并对各类风险进行评估。所有这些活动已经成为整个渔业不可分割的一个组成部分，大量的人工智能设备被应用到渔业操作过程当中。这一进程不仅改变了船员与生活在沿海地区的社群之间的关系，也改变了公众与海洋资源之间的关系。一个反常的现象是，这一发展趋势在挪威却导致了更多的权利和责任从公共部门转移到了私营部门，尽管公有制被挪威政府定为第一治理原则（挪威政府，2007 年）。船舶上的船员们不再对任何渔业资源拥有合法权利，他们的家庭以及他们所属的社群今后所能依靠的只能是那位拥有捕捞权以及掌握着捕捞作业所创造出财富的船主。自然和水产资源也被整合进了这一渔业企业。按照船舶的长度以及其他一些标准，企业会预先获得一个可以捕捞鱼类

的配额。许可证制以及配额是企业获取利润最重要的基础，也是其能够长期生存的一个重要基础。所有这些举措使得挪威的渔业部门暂时达到了国家所确定的长期政治目标：增加利润（挪威政府，2007 年）。正如斯坦达尔（Standal D.）和奥塞特（Aarset B.）在 2002 年所说的，这些举措还促进了渔业技术的现代化以及捕捞产量的提高。投资模式的变化在这一过程中也得到了体现［约翰森（Johnsen），2005 年］。1995~2002 年，挪威对捕鱼船队的投入超过了 70 亿挪威克朗。1995~2001 年，船队所欠的债务增加了 168%，这个数字大大超过了同期的通货膨胀率。尽管从事捕捞行业的人员和船只都有所减少，但 2003 年挪威的捕捞量远远高于 1995 年，也正因为如此，成本上升和投资回报所带来的压力才得以化解。

如今，挪威大部分船只——即使它们再小——都组织成了公司化运作，而不是订立什么合作协议。从思想观念、组织形式、体制框架、纳税制度到融资体系，挪威渔业船队在组织运营过程中所遵循的原则与陆地上的其他工业是完全一致的。例如，许可证与配额制成了交易的一个组成部分。这就意味着金融机构参与到了对渔业活动的控制，并且成了该行业向人工智能化迈进过程中的关键因素。资金在寻求投资机会，鉴于能获得捕捞许可证的船只和个人越来越少，渔业行业能够投资的额度已经变得很少。鱼类和渔民越来越少，捕捞的配额变得越来越严格。这一切导致金融进入渔业行业的入门成本很高。

资源的稀缺导致了鱼价、捕捞配额定价以及捕捞成本的上涨，集约式捕捞显得越来越必要。在这种背景下，限制水产资源捕捞——从保护鱼类种群的角度来看，这是必不可缺的——所带来的好处很可能会彻底消失，因为渔业政策以及人工智能化的组织形式所重视的都是经济价值。以上各个环节共同发挥的作用使得渔业企业朝着某一方向演进：它们所产出的更多是利润，而不是鱼产品、就业机会和社会效益。一个反常的现象是，当鱼类种群受到威胁时，这个“渔业利维坦”很可能会伤及自身。

“渔业利维坦”的未来

尽管在渔业现代化、注重渔业行业的效益以及稳固经营等方面所取得的成功是不可否认的，但是“渔业利维坦”本身并没有成为一个稳定的实体——至少今天还是如此。今天的渔业整个行业虽然没有面临危机，但是渔业行业管理是一个人们一直在讨论的问题。

渔业管理方面的讨论之所以永无休止，与捕捞量很难维持稳定这一内在原因密不可分——而确定捕捞量是渔业管理最重要的原则。事实已经证明，管理和治理工具能有助于捕捞量的增加（约翰森，2005 年；挪威政府，1998 年；斯坦达尔和奥塞特，2002 年）。这其中体现了渔业管理的一个悖论：渔业管理的目的是保持该行业的可持续性，而这种管理所导致的一整套机制常常在削弱这种可持续性。出现这一悖论的原因很可能在于人们非得把原先“不可管理”的东西变成“可管理”的。由各类性质不同、彼此却存在密切联系的实体所构成的一个个“人机复合体”共同构建了渔业的捕捞体系：这一捕捞体系有着一套属于自己的逻辑系统，管理起来是相当困难的。在这些体系中，效益、权力、捕鱼的需求都是十分重要的，因而它们始终处于不断调整之中。

就像渔业行业内的冲突始终存在一样，人们也会不断努力，设法在不同的实体之间构建出一些新的关系，如吸收各地所特有的经验、在资源管理方面实行更加开放的参与方式、将一些新的行为体纳入决策机制、引进市场原则和新的行政管理规章、既要考虑传统的捕捞权同时又使这一权力向新成员开放。

这一进程的结果目前尚难料定。收益、谨慎原则、生态系统方法、工业化水产养殖业的出现以及其他一系列重大问题都会影响到水产资源管理未来发展。商业捕捞还会是在政治和道义上都站得住脚的选项吗？如果我们想知道渔业行业未来将会变成什么样子，那么我们现在就应当了解现代渔业——这些〝人机复合体〞——是怎样运行的，这正是我们在这篇文章中所做的阐述。

参考文献

CALLON M., 1986, “Some elements of a sociology of translation: domestication of the scallop and the fishermen of Saint Brieuc Bay”, *in* LAW J. (éd.), *Action and Belief*, London, Routledge and Kegan Paul, p. 196-233.

CALLON M. et LATOUR B., 1981, “Unscrewing the big Leviathan: how actors macrostructure reality and how sociologists help them do so”, *in* KNORR-CETINA K. et CICOUREL A. V. (éd.), *Advances in Social Theory and Methodology: Toward an Integration of Micro and Macro Sociologies*, Boston, Routledge and Kegan Paul, p. 277-303.

FINLAYSON A. C., 1994, *Fishing for Truth: A Sociological Analysis of Northern Cod Stock Assessments 1977-1990*, St. John’s (Canada), ISER.

GOUVERNEMENT DE LA NORVÈGE, 2007, *Odelstingsproposisjon nr. 20 (2007-2008): om lov om forvaltning av viltlevande marine ressursar (havressurslova)*, Oslo, ministère norvégien des Pêches et des Affaires côtières.

GOUVERNEMENT DE LA NORVÈGE, 2003, *Stortingsmelding nr. 20 (2002-2003): strukturtiltak i kystfiskeflåten*, Oslo, ministère norvégien des Pêches et des Affaires côtières.

GOUVERNEMENT DE LA NORVÈGE, 1998, *Stortingsmelding nr. 51 (1997-98): perspektiver på utvikling av norsk fiskerinæring*, Oslo, ministère norvégien des Pêches et des Affaires côtières.

HARAWAY D. J., 1997, *Modes-Witness @Second - Millennium. Femaleman-Meets-Oncomouse: Feminism and Technoscience*, New York, Routledge.

HOLM P., 2007, “Which way is up on Callon?”, *in* MACKENZIE D., MUNIESA F. et SIU L. (éd.), *Do Economists Make Markets? On the Performativity of Economics*, Princeton, Princeton University Press, p. 225-243.

HOLM P., 2001, *The Invisible Revolution: The Construction of Institutional Change in the Fisheries*, thèse de doctorat, Tromsø (Norvège), University of Tromsø.

HOLM P., 1996, “Fisheries management and the domestication of nature”, *Sociologia Ruralis*, 36(2), p. 177-188.

JOHNSEN J. P., 2005, “The evolution of the ’harvest machinery’: why capture capacity has continued to expand in Norwegian fisheries”, *Marine Policy*, 29(6), p. 481-493.

JOHNSEN J. P., MURRAY G. D. et NEIS B., 2009, “North Atlantic fisheries in change: from organic association to cybernetic organizations”, *Mast*, 7(2), p. 54-80.

LATOUR B., 1990, “Drawing things together” *in* LYNCH M. et WOLGAR S. (éd.), *Representation in Scientific Practice*, Cambridge and London, The MIT Press, p. 19-68.

LATOUR B., 1987, *Science in Action*, Milton Keynes (Royaume-Uni), Open University Press.

MANSFIELD B., 2003, “Fish, factory trawlers, and imitation crab: the nature of quality in the seafood industry”, *Journal of Rural Studies*, 19(1), p. 19-21.

MURRAY G. D., NEIS B. et JOHNSEN J. P., 2005, “Lessons learned from reconstructing interactions between local ecological knowledge, fisheries science and fisheries management in the commercial fisheries of Newfoundland and Labrador, Canada”, *Human Ecology*, 34(4), p. 549-571.

MURRAY J. et HJORT J., 1912, *Atlanterhavet*, Oslo, Aschehoug.

NIELSEN K. N., 2008, *Boundary construction in mandated science: the case of ICES’ advice on fisheries management*, thèse de doctorat, Tromsø (Norvège), University of Tromsø.

NIELSEN K. N. et HOLM P., 2007, “A brief catalog of failures: framing evaluation and learning in fisheries resource management”, *Marine Policy*, 31(6), p. 669-680.

PARLEMENT DE LA NORVÈGE, 2002, “Skriftlig spørsmål fra Bendiks H. Arnesen (A) til nærings- og handelsministeren”, Document n° 15, 480 (2001-2002), Oslo, Parlement de la Norvège.

ROEPSTORFF A., 2000, “The double interface of environmental knowledge. Fishing for Greenland halibut”, *in* NEIS B. et FELT L. (éd.), *Finding our Sea Legs. Linking Fishery People and Their Knowledge with Science and Management*, St. John’s (Canada), ISER, p. 165-188.

STANDAL D. et AARSET B., 2002, “The tragedy of soft choices: capacity accumulation and lopsided allocation in the Norwegian coastal cod fishery”, *Marine Policy*, 26 (3), p. 221-230.

鱼类资源枯竭：水产养殖能替代吗？

索菲·吉拉尔（Sophie GIRARD）
法国海洋开发研究院，法国

菲利普·格罗（Philippe GROS）
法国海洋开发研究院，法国

在20世纪80年代末之前，全球水生动物产品供应量的增长主要是靠捕捞业来满足的。从那个时候起，渔业的捕捞量似乎达到了极限，在过去的20年里，全球所报告的鱼产品捕捞总量一直保持在每年9000万吨左右。如今，全球供应量的增加主要依赖于水产养殖业所取得的惊人发展。1988年，水产养殖业的产量仅占全球水生动物产品供应总量的12%，这一比例到2008年上升到了37%，水产养殖业的年产量达到了5200万吨。过去20年水产养殖业的发展带动了水生动物消费量的增加（如今，每个人年均水产品消费量达到了17公斤，比20年增加了3公斤）。不过，水产养殖的增长速度在过去20年间还是有所放缓的。全球鱼类的捕捞量已达到了极限、许多渔场出现了过度捕捞的局面以及水产养殖增长速度的放缓等，这一切都使人们产生了这样一个疑问：从长期看，水产业能不能满足全球日益增长的水产品需求。

水产养殖业的产量占全球水生动物产品供应总量的37%。

水产养殖业的结构与地理分布

首先，全球水产养殖业的增长得益于传统的淡水鱼（主要是鲤鱼）和贝壳的养殖。其次，这一增长得益于一些“新型”水产养殖的发展，如养虾和集约化养殖——在欧洲最著名的便是三文鱼养殖。淡水养殖和贝类（牡蛎、贻贝等）养殖如今分别占了全球总产量（不包括海洋植物）的55%和25%。虾等甲壳类的养殖量约占总量的10%，而海鱼和半洄游性鱼类[①]的养殖量也差不多占了10%（联合国粮农组织，2008）。

全球水产养殖业的产量大部分集中在亚洲（占总量的89%），尤其是中国（中国一个国家的产量就占了全球总量的62%）。几乎在所有的养殖品种中，中国都保持着绝对领先的位置，只有三文鱼的养殖是个例外：三文鱼的养殖大国是挪威和智利。水产养殖业为全球水产品供应的多元化助了一臂之力。不同的产品种类、不同的地区，它们的水产养殖发展情况也不尽相同。贝类、淡水鱼以及半洄游性鱼类的养殖量要远远高于天然的捕捞量，虾等甲壳类的养殖量则与天然捕捞量大致相当，而海鱼的养殖

① 半洄游鱼通常是指那些能够在淡水和海水之间自由迁徙的鱼类。

量则要远远低于天然捕捞量。此外，水产养殖业是中国水产品消费量（1988~2007 年，中国人均水产品的年消费量由 11 公斤提高到了 26 公斤）得以提高的决定性因素，中国也因此而成为全球水产养殖业发展的主力军。对于那些蛋白质最缺乏的民众来说，水产养殖的影响始终十分有限（例如，非洲的平均人均年消费量 8 公斤）。

鱼类资源的利用情况

伴随着水产养殖业的大规模发展，它所带来的生态印记也日益明显，其中一个重要原因是鱼粉和鱼油的使用。事实上，这些鱼骨粉和鱼油主要是用“鱼粉原料鱼”[①]生产出来的，这些“鱼粉原料鱼”的捕捞量每年大约为 2000 万吨，而且最近 20 年来这一捕捞量一直十分稳定。水产养殖业是“鱼粉原料鱼”捕捞行业的第一大客户：如今，该行业消化了 70% 的鱼粉、90% 的鱼油，其中只有贝类养殖业是个例外——贝类养殖主要依靠自然环境的养分。

水产养殖饲料的另一个来源是几乎没有多少商业价值的杂鱼。杂鱼的捕捞量究竟多大很难估计，但可以肯定的是亚洲地区杂鱼的捕捞量近年有所增长，以应对水产养殖的强劲需求［德席尔瓦（De Silva），2008 年］。另外一些饲料则是鱼类加工过程中的一些下脚料或者一些农产品为基础加工而成的饲料——随

图 1　水生动物产品的供应与需求（1961~2008 年）

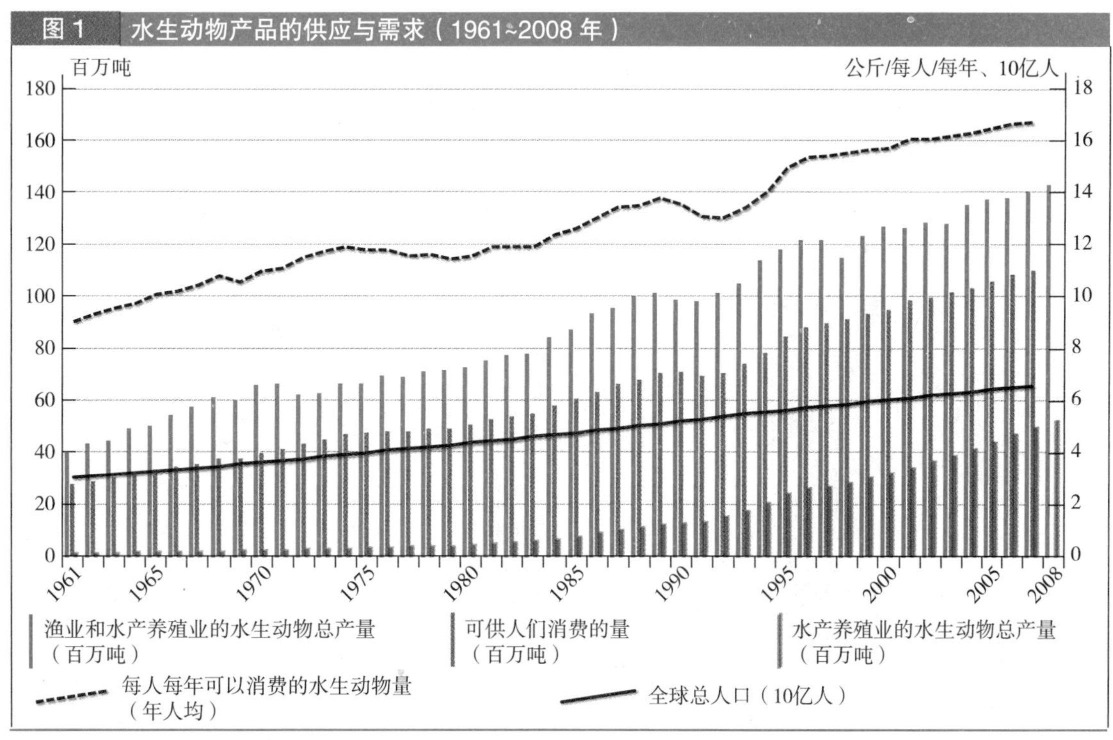

资料来源：由作者根据联合国粮农组织渔业统计数据库的资料整理绘制。

① “鱼粉原料鱼”捕捞是指所捕获的鱼类主要用于生产供养殖用的鱼粉和鱼油。

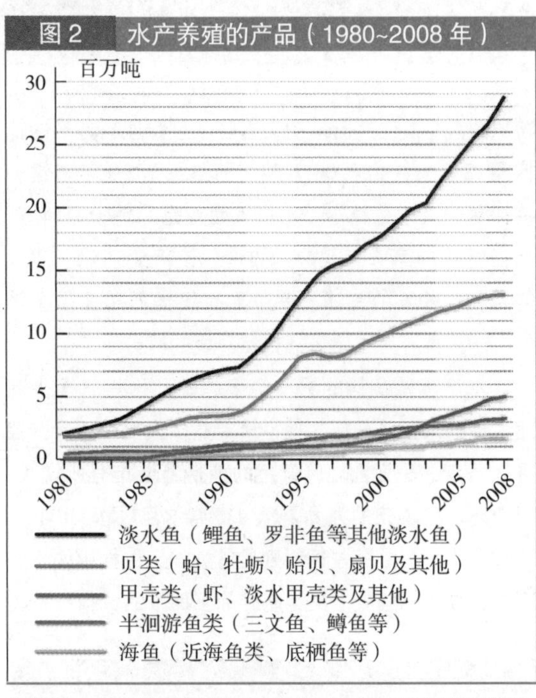

资料来源：由作者根据联合国粮农组织渔业统计数据库的资料整理绘制。

着水产养殖的推广，此类饲料的使用量也越来越大，就像在肉食性鱼类的养殖过程中，植物饲料的比重越来越大一样。

水产养殖业对于鱼粉和鱼油——它是欧米加 -3 脂肪酸的重要来源——的依赖越来越大，这也成了该行业发展的一个制约。而且这些有限的资源主要用于某些品种鱼类的养殖（三文鱼、鳟鱼、虾以及海鱼）[泰肯（Tacon）和梅季安（Metian），2008 年]。一部分饲料鱼以及杂鱼会被直接用于喂养或在加工后用于喂养。因此，当今渔业和水产养殖体制在改善全球蛋白质最缺乏人群的粮食安全方面的能力已受到了质疑。除了占用资源及效率等问题之外，“鱼粉原料鱼”捕捞行业在生态方面也引起了人们的争论：因为它所捕捞的是那些介于浮游生物和掠食鱼类之间的种群。尽管水产养殖在饲料研究方面取得了一定的成果（如

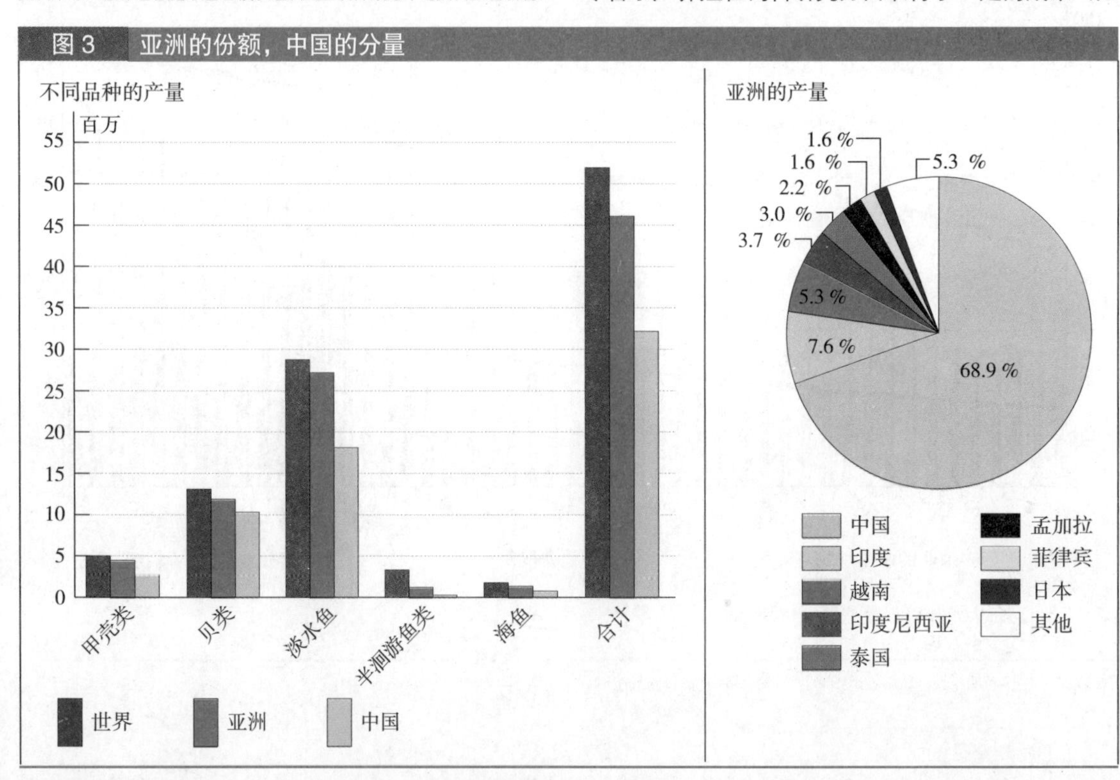

资料来源：由作者根据联合国粮农组织渔业统计数据库的资料整理绘制。

图 4　渔业和水产养殖之间的生物质流量

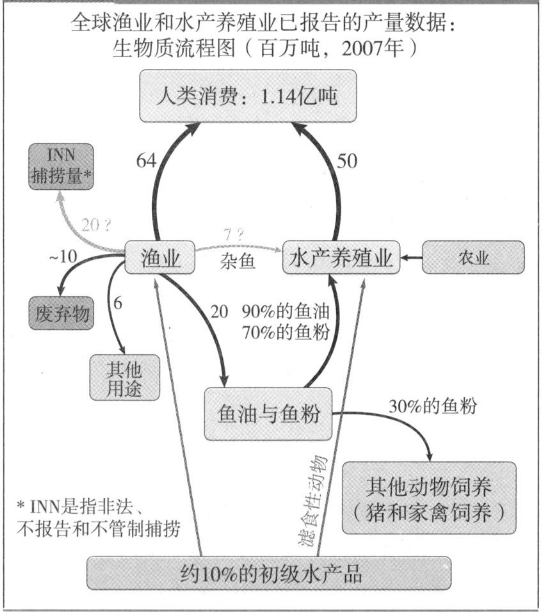

全球渔业和水产养殖业已报告的产量数据：
生物质流程图（百万吨，2007年）

人类消费：1.14亿吨
INN捕捞量*
64
50
20？
7？
~10
渔业
杂鱼
水产养殖业
农业
废弃物
6
20
90%的鱼油
70%的鱼粉
其他用途
鱼油与鱼粉
30%的鱼粉
滤食性动物
其他动物饲养（猪和家禽饲养）
* INN是指非法、不报告和不管制捕捞
约10%的初级水产品

资料来源：菲利普·格罗（Philippe GROS），据奈勒（Naylor）等，（2000年和 2009 年）、联合国粮农组织（2008 年和 2009 年）以及泰肯（Tacon）和梅季安（Metian），（2009 年）。

替代饲料以及品种的选育等），但是水产养殖产业结构所发生的变化以及整个行业集约化经营这一大趋势，都将对饲料鱼的种群造成巨大的压力。

水产养殖业可持续发展面临哪些挑战？

从中期和长期来看，水产养殖的发展将越来越多地受制于有限资源的获取[①]以及在人口增长的大背景下所出现的资源争夺战。此外，还有一个因素是：由于集约化养殖以及水资源生态系统恶化使得当今的水产养殖更容易受到流行病的侵害。水产养殖本身对于环境的影响也是多方面的。除了因为“鱼粉原料鱼”捕捞和引进新物种所可能带来的整体性影响之外，水产养殖还可能造成局部地区的种群破坏（如养虾初期对于红树林的破坏）、带来各种不同形式的排放（有机物、矿物质以及药物等），并可能带来基因混乱的风险（如一些养殖鱼类逃逸到野生环境）。在意识到了这些影响之后，人们终于起草了一些执业守则，以期降低这方面的负面影响[②]。除此之外，应当从全球的层面加强对渔业和水产养殖业的治理，以便将水产资源管理方面一些可持续式管理的经验加以推广（打击非法捕捞[③]、恢复鱼类种群以及栖息地保护等）、提升食用渔业产品的价值并优先发展那些低消耗的水产养殖。

参考文献

De Silva S., 2008, “Market chains on non-high value cultured aquatic commodities: case studies from Asia”, FAO Network of Aquaculture Centres in Asia and the Pacific Bangkok.

FAO, 2008, *SOFIA. The State of World Fisheries and Aquaculture 2008*, Rome, Publications de la FAO.

FAO, 2009, *Statistiques des pêches et de l'aquaculture 2007*, Service de l'information et des statistiques sur les pêches et l'aquaculture de la FAO.

Naylor R. L., Goldburg R. J., Primavera J. H., Kautsky N., Beveridge M. C. M., Clay J., Folke C., Lubchenco J., Mooney H. et Troell M., 2000, “Effect of aquaculture on world fish supplies”, *Nature*, 405.

Naylor R. L., Hardy R. W., Bureau D. P., Chiu A., Elliott M., Farrell A. P., Forster I., Gatlin D. M., Goldburg R. J., Huac K., et Nichols P. D., 2009, “Feeding aquaculture in an era of finite resources”, *PNAS*, 106 (36).

Tacon A. G. J., et Metian M., 2008, “Global overview on the use of fish meal and fish oil in industrially compounded aquafeeds: Trends and future prospects”, *Aquaculture*, 285.

Tacon A. G. J., et Metian M., 2009, “Fishing for aquaculture: non-food use of small pelagic forage fish – a global perspective”, *Reviews in Fisheries Science*, 17 (3).

① 这些资源既包括渔业和水产养殖资源，也包括水和能源等。

② 这方面可列举的例子包括联合国粮农组织（FAO）的《负责任渔业行为守则》或者欧盟水产养殖业者联合会（FEPA）2006 年制定的《欧盟水产养殖行为守则》等。

③ 联合国粮农组织（FAO）2009 年通过的条约中规定要彻底消除非法、不报告和不管制（INN）捕捞行为。

第六章

迪雷·特拉迪（Dire TLADI）
斯泰伦博斯大学（Stellenbosch University），南非

海洋治理：过于分散的管理框架？

《联合国海洋法公约》无法将海洋及其资源管理领域难以计数的法律工具协调统一起来。《联合国海洋法公约》虽然没有海洋宪法的实际地位，但是相关法律工具的发展变化表明，它仍然可以对那些行业或区域机构所通过的、相互独立、彼此缺乏协调的各种条文进行规范。

1982年签署的《联合国海洋法公约》通常被看成一部《海洋宪法》。它本应成为能将所有与海洋有关的问题统一起来的一个参考框架，并能解决当前海洋治理过于分散的局面——当前，有关海洋及其资源管理方面的法律工具不计其数。许多人认为，该《公约》非但未能解决这一问题，反而可能使问题更加严重。

这么多机构参与海洋事务的管理，这本身并不是管理分散的标志，也不代表彼此间缺乏协调。

海洋治理的历史

在20世纪中叶之前，海洋领域的法律一直被归入国际习惯法的范畴。在格劳秀斯（Grotius，1604年）的影响下，海洋法一直是以海洋自由这一原则为基础的。1945年，联合国国际法委员会表决通过了一系列有关海洋法的条款草案，这些草案成了1958年和1960年海洋法会议的讨论内容。1958年的海洋法国际会议通过的4项公约，即《领海和毗连区公约》《大陆架公约》《公海公约》和《公海渔业和生物资源养护公约》［罗威（Lowe），2009年］。1960年的会议则未能通过任何条约。这些努力所取得的成效却是非常有限的，因为相关公约并未得到各国的批准，诸如领海的宽度等许多重大问题依然悬而未决。直到20年之后，联合国再次召开了第三次海洋法国际会议，并最终使《联合国海洋法公约》得以通过。

《联合国海洋法公约》之前的海洋法十分分散，许多不同的行为体在履行着各自不同的职能，而且其中有的甚至可能是相互矛盾的。这些行为体中，最重要的应当是根据1948年的《国际海事组织公约》而成立的联合国的一个专门机构——国际海事组织。该机构所肩负的使命集中在航海领域，并因此而催生了一大批条约和措施：与海上安全有关——尤其是防止事故发生——的条约、防止海洋污染的条约、有关责任和赔偿的条约等（见表1）。尽管拥有了这么多条约和措施，但是海洋领域的许多问题并不在国际海事组织的管辖范围之内，如渔业的管理、海底保护以及对于与陆源有关的污染——这是海洋最主要的污染源——的管理等。

渔业则归1945年成立的另一个联合国专门机构——联合国粮农组织——管理：联合国粮农组织所关注的是粮食安全，渔业以及水产养殖业也属于其职权范围。联合国粮农组织也参与制定出台了一些与渔业有关的管理规章，其中有的是强制性的，有的是非强制性的。在此可以简单地加以列举，如1993年签订的《促进公海渔船遵守国际养护与管理措施的协

表 1　国际海事组织（OMI）的主要公约

在海上安全方面，相关的公约包括 1972 年签订的《海上避碰国际规则的公约》《1974 年国际海上人命安全公约》以及《1979 年国际海上搜寻救助公约》。在海洋污染方面，相关的国际公约包括：1973 年的《国际防止船舶造成污染公约》、1978 年修订的议定书以及 2001 年的《控制船舶有害防污底系统国际公约》。最后，国际海事组织通过的有关责任方面的公约包括《2001 年国际燃油污染损害民事责任公约》以及 1996 年的《国际海上运输有害有毒物质损害赔偿责任公约》[罗威（Lowe），2009 年]。

定》以及 1995 年的《负责任渔业行为守则》。为鼓励这些措施的落实，联合国粮农组织制定了许多行动计划，这些行动计划涉及的范围非常广泛，包括海鸟、鲨鱼、捕捞能力的管理以及对非法、不报告和不管制（INN）捕捞行为的管理等。尽管在渔业方面出台了许多措施，但是联合国粮农组织的权力仍然十分有限。

其他一些国际组织和论坛也有权管理与海洋有关的问题。国际捕鲸委员会是根据 1946 年的《国际捕鲸管制公约》而成立的一个组织，其使命是对全球的捕鲸行为进行管制。同样，联合国教科文组织（Unesco）下设的政府间海洋学委员会则是政府间交流信息和资助海洋学科学研究的一个平台。联合国环境规划署（PNUE）则通过其开展的区域海洋计划也参与到了国际海洋法的构建进程当中。

除了上述组织之外，还有一些机构也开展了与海洋有关的业务。例如，由联合国开发计划署、联合国环境规划署以及世界银行共同设立的“全球环境基金”，其使命就是要为众多领域的全球环境保护——其中也包括国际水域保护[①]——提供“额外的资金”支持。另外一些参与海洋事务的机构还包括国际劳工组织（OIT）、世界气象组织（OMM）和世界卫生组织（OMS）等。

这么多机构参与海洋事务的管理，这本身并不是管理分散的标志，也不代表彼此间缺乏协调。相反，它表明在海洋法的发展方面拥有丰富的资源。然而，这些资源之间通常并没有联系，而且彼此都在独立运行着，不存在一个全球性的框架对它们进行规范，确保其工作的一致性和连贯性。

正是这种内聚力的缺乏导致了国际海洋法领域所呈现的分散局面。虽然联合国大会能发挥中心论坛的作用，并且也能对海洋政策的落实情况进行检查，但对于一些涉及专业领域的问题，它也只能将它们转交给其他一些机构，这就限制了其在确保法律法规执行的一致性和连贯性的能力。内聚力的缺乏使得海洋治理面临着两大潜在风险。首先是管理规章和管理方法的异质性。相关专业机构所承担的职能权力十分有限，这必然导致在治理、监管或落实过程中存在缺陷。

公约，介于整合与分散之间

《联合国海洋法公约》能否改善这种过于分散的局面？《联合国海洋法公约》的主要目标之一便是创建一个经过整合的而不是四下分散的海洋治理制度。它旨在“为海洋建立一种法律秩序，以便利……保护和保全海洋环境”（《联合国海洋法公约》，1982 年）。

① 另外一些行动领域还包括：气候变化、生物多样性以及臭氧层保护等。

它的许多条款都是为了实现这一目标而制定的。第61条第2款规定，沿海国“应通过正当的养护和管理措施，确保专属经济区内生物资源的维持不受过度开发的危害”。关于公海问题，《公约》在第119条中要求各国必须对海洋生物资源采取养护措施，以便“使捕捞的鱼种的数量维持在或恢复到能够生产最高持续产量的水平”。同样，《公约》在第145条赋予国际海底管理局以保护海洋环境的责任，以防止那些不在各国法律管辖范围的海底（“区域”）受到一些有害行为的破坏。

从这些条文可以看出，《联合国海洋法公约》所采用的是一种所谓的区域分类法，即按照不同的海洋区域来规定不同的权利与义务。在此，我们想要证明的是：正是这种区域分类法导致了海洋法过于分散的局面。然而，除了一些在某些海洋区域可以应用的条文之外，《公约》的第192条还规定各国都必须承担的一项义务：“各国有保护和保全海洋环境的义务”。此外，《公约》还要求各国对其管辖权范围内或受其控制区域内的海洋活动对环境所造成的影响进行监控和评估，并通过相关法律法规来预防和控制海洋所受到的陆地来源污染，包括海底活动造成的污染、倾倒造成的污染、来自船只的污染以及来自大气层或通过大气层的污染等［《联合国海洋法公约》，第204~212条］。

尽管《公约》包含有许多保护环境的条款，但一些学者仍对《联合国海洋法公约》的有效性心存质疑，他们并不认为它是海洋领域的一部《宪法》。里奇韦尔（Redgwell）2006年曾经表示，《公约》存在着许多缺陷，至少在有关倾倒方面的法规是如此。同样，在专属经济区问题上，巴恩斯（Barnes，2006年）认为，《联合国海洋法公约》“有关资源管理方面的规定条理不够清晰”，并因此而导致了一些国家渔业的崩溃。在巴恩斯看来，这些缺陷的存在，一方面归因于《公约》所规定的义务过于笼统，其中的一些原则还需要人们做出进一步的解读；另一方面则归因于沿海国家既要服从于“最高持续产量”这一概念又拥有对于其所管辖的专属经济区不受约束的权力。耶尔德（Gjerde，2006年）也指出了《联合国海洋法公约》所存在的一些缺陷：公海鱼类种群数量的减少以及人们对生物多样性的关注度日益增加——这两种现象恰恰证明了《公约》所存在的缺陷。公海的自由捕捞导致了渔场内资源的枯竭，并对海洋的生物多样性构成了威胁。

在《联合国海洋法公约》有关海洋保护的条款和经济利益之间存在着某种脆弱的平衡。这一点从《公约》第193条就得到了很好的体现：根据这一条款，“各国有依据其环境政策和按照其保护和保全海洋环境的职责开发其自然资源的（主权）权利”。这一条文应当在各国的相关法律法规中得到体现。应当承认的是，《联合国海洋法公约》在有关环境保护方面的提法比1992年《环境与发展的里约宣言》要更加严格。然而，“开发自然资源的权利”意味着《公约》的起草者们已经承认，环境并不是海洋管理的唯一参数。“最高持续产量”则可以使《联合国海洋法公约》能够真正考虑经济利益[①]。除了上面提到过的第119条——在这一条款中，“最高持续产量”是公海资源养护的指导标准——之外，《联合国海洋法公约》的第61条也要求把这一原则应用到专属经济区内生物资源的养护上。

不可否认的是，《联合国海洋法公约》在专属经

① “最高持续产量”是指在鱼类种群数量的基础上所确定的可捕捞量，这一捕捞量可使这一种群始终能繁衍生息。

济区方面赋予了沿海国家广泛的权力和权利——全球90%的商业渔场都集中在各国的专属经济区内。尽管《联合国海洋法公约》为各国规定了对专属经济区内的生物资源进行管理和养护的义务，但这些责任过于笼统、模糊和不精确［巴恩斯（Barnes），2006年］。相反，相关的权利和管辖权在《公约》的第五部分有着明确的规定。巴恩斯（Barnes，2006年）强调指出，这些特定的义务并不是针对个人的。《公约》中另外一些与资源养护有关的条款，尤其是被称为"包罗万象"的第192条，也存在着类似的问题。公海自由的原则不仅在《联合国海洋法公约》中得到了确认，甚至可以称得上是它的基石，但是这一原则势必影响到海洋环境保护和养护的有效性。事实上，格劳秀斯所确立的这一原则恰恰在公海上引发了哈丁（Hardin）在1968年所说的"公地悲剧"[①]。尽管《联合国海洋法公约》也做出了一些限制性规定，但各国（及其所管辖下的船只）在国家管辖权以外的海域仍然能够自由行事。当然，《联合国海洋法公约》所做出的只能是一些原则性的限制。

或许人们可以认为《联合国海洋法公约》里所规定的环境保护措施早已不合时宜，应当对它们进行扩充完善。然而，没有任何一个最高权力机构肩负着对这些条款进行扩充的使命。《联合国海洋法公约》将很难改变海洋治理方面过于分散的局面，它甚至因为设立了一些功能交叉的结构而使这个问题更加严重了。《公约》设立了三个新的机构：大陆架界限委员会（委员会）、国际海洋法法庭（法庭）以及国际海底管理局（管理局）。

国际海底管理局的使命是按照《公约》第136条之规定，组织和控制各国管辖范围以的外国际海底区域内（"区域"）的活动。第136条规定："区域"及其资源是人类的共同继承财产。"人类的共同财产"所指的是广义上的"区域"还是仅仅是指"区域"内的矿产资源？这个问题正是今天发达国家与发展中国家争论的焦点，而且这个问题在其他条款中也有更加详细的阐述[②]。然而，不管人们在这场争论中所持的是哪一种观点，国际海底管理局在有关生物多样性问题上所发挥的作用是毋庸置疑的。《公约》将人们在争论过程中所共同提到的一些论据都撇在一边，而是在第145条中明确规定：国际海底管理局必须对在"区域"内的活动"采取必要措施，以确保切实保护海洋环境，不受这种活动可能产生的有害影响"。这样一个条款势必对海洋自由产生影响，因为在公海进行的任何可能对海底产生影响的活动都必须顾及管理局所肩负的使命。在这最后一点上，恰恰没有明确说明这一法律规定是否适用于"区域"。这也会使人们想到《公约》在逻辑上存在着缺陷。《联合国海洋法公约》所采用的区域分类法并没有考虑到这样一个现实，即在专属经济区所发生的一切会影响到公海，在（公海）海床上覆水域所发生的一切也会影响到海底（"区域"）。这就造成了制度上的难题。事实上，国际海底管理局所管辖的范围并不包括海床上覆水域。这是相关管理规章缺乏整合的另一个例证。

这些机构之间不存在上下级的关系，这是导致混乱分散的潜在因素。

---

① 按照哈丁的假设：构成某一公共财产的资源或者某一区域的资源，如果每一个行为体都可以在不受任何约束的情况下自由地对其开发利用，那么这些资源必将枯竭。换言之，即使过度开发对人们的长期利益是不利的，这一现象也会在短期利益的驱动下而出现。

② 请参阅特拉迪（Tladi）2008年以及格尔马尼（Germani V.）和萨尔皮尼（Salpin C.）的著作，pp.306-308。

海洋法公约使那些与海洋治理有关的机构所通过的各种规章与条款拥有了一个结构框架。

《联合国海洋法公约》创建国际海洋法法庭用以解决与海洋法有关的争端，但它同时承认其他许多机构——尤其是国际法院以及各类仲裁法庭[①]——在这一领域的管辖权。这些机构之间不存在上下级的关系，这是导致混乱分散的潜在因素：不同的法庭可能会做出不同的解读。

与大多数有关环境的现代国际协定一样，《联合国海洋法公约》也规定了要召开各成员国缔约方大会，然而对于缔约方大会审议实质性重大问题的权限，人们的意见并不统一[②]。缔约方的权职主要局限于从行政和预算上进行审议，对于海洋法的发展则影响力十分有限。鉴于这些观点分歧背后所隐藏的巨大政治差异，我们至少可以这么断言：《公约》缔约方能在实质性问题上发挥更大作用的可能性很少。

大量论坛和监管机构——不管它们是否与《公约》存在隶属关系——的存在，并不是《联合国海洋法公约》想成为“宪法”的野心所面临的唯一问题。某些缔约方拒绝承认该文本是海洋管理方面的主要法律框架，这同样也为《公约》设置了障碍。例如，《生物多样性公约》和《联合国海洋法公约》之间的紧张关系会在联合国的各个不同场合得到体现：一些尚未批准《联合国海洋法公约》的国家（如委内瑞拉、土耳其等几个国家）不承认它的权威，而是强调要让《生物多样性公约》也能拥有同等的地位。另外一些国家则坚决反对任何将《联合国海洋法公约》等同于其他公约——包括《生物多样性公约》——的说法。

总之，我们可以责怪《联合国海洋法公约》所制定的环保措施过于宽泛，也可以指责它把公海自由原则上升到了似乎不可撼动的地位。这些实质性的弱点又因为缺乏一个综合性的、能够将海洋环境保护法逐步推进的制度框架而变得更加严重。

《联合国海洋法公约》分散状态的评估

在对《联合国海洋法公约》这一规范性框架展开批评之前，我们心里应当首先清楚究竟什么是它应当做的，什么是它不应做的。用《公约》自己的话来说，它致力于为“海洋营造一种法律秩序”，并为海洋领域的所有活动建立一个类似“宪法性质”的框架。上述这些限定词没有一处对《公约》的具体雄心做出说明。与国家法律体系下的宪法一样，《公约》只是建立了一个结构框架，笼统地规定了一些高标准，而具体的细节则需要通过其他法律手段来作出明确的界定。

与任何一个具有宪法功能的法律工具一样，《联合国海洋法公约》不仅规定未来可制定新的原则规范，甚至规定必须这样做。与所有的宪法一样，《公约》也确认了自己的优先权：它将优于其通过之时已有的以及未来可能通过的一切规章制度。《公约》第237条和第311条都规定，《公约》承认各相关机构或各国在《公约》通过前或通过之后签订的一切条约和协定的有效性，前提是这些原则规范必须与《公约》的目标相一致。对于外部原则规范的认可为人们在《联合国海洋法公约》的框架下制定新的海洋法提供了可能。1995年签订的《执行1982年12月10日

① 主要请参阅《联合国海洋法公约》的第15部分，尤其是其中的第287条。

② 在一些国家（主要是欧洲国家）看来，《公约》没有任何地方授权缔约方可以讨论实质性问题。而另外一些国家（主要是拉美、加勒比地区和非洲国家）则认为，《公约》的第319条规定缔约方有权审议联合国秘书长有关海洋法方面的报告，这就意味着各缔约方有权审议那些实质性的问题。

《联合国海洋法公约》有关养护和管理跨界鱼类种群和高度洄游鱼类种群的规定的协定（鱼类种群协定）》就是最好的证明：该协定突出了审慎的原则，采取了生态系统方法并强调更好地利用科学数据（第 5 条）。尽管《鱼类种群协定》保留了“最高持续产量”这一概念，但有关环境保护的条款明显得到了加强，而且《联合国海洋法公约》一些原则也得到了推进。《联合国海洋法公约》和《鱼类种群协定》都强调合作在履行其所规定义务中的极端重要性。正是在这一背景下，一些区域渔业管理组织和安排相继出现，旨在丰富渔业养护和管理的相关规章制度。尽管这些组织还难以扭转渔业不可持续的势头，但是它们仍有助于强化《联合国海洋法公约》的作用。

有关倾倒法规的制定是海洋法在《联合国海洋法公约》的框架下、并与之相协调的情况下得到发展的又一例证。《公约》要求各国采取行动——包括立法方面的行动，以防止、减少以及控制因为倾倒造成的海洋污染：在未经相关管理当局批准的情况下，不允许有任何倾倒行为。《公约》还要求各国与主管此类事务的相关国际机构一道，从全球和地区层面出台一些关于倾倒的规章和标准。1992 年的《东北大西洋海洋环境保护公约》（OSPAR Convention）在这方面的要求比《联合国海洋法公约》还要严苛：该《公约》禁止任何形式的垃圾倾倒，只有那些被其清楚注明的垃圾例外［罗威（Lowe），2009 年］。《防止倾倒废物及其他物质污染海洋的公约》1996 年议定书则为有关海洋的倾倒做出了更为严格的规定。

另外一些在《联合国海洋法公约》出台之前或之后所通过的法律工具则体现了海洋法在规范性方面的变化。《濒危野生动植物种国际贸易公约》（Cites）就是一个很好的例证——可持续渔业方面的一些规范性措施在该《公约》中得到了很好的贯彻落实。该《公约》在附录中列出了海洋物种的清单，并把它们纳入了自己的管辖范围。将陆地和海洋物种都纳入其管辖范围的《生物多样性公约》在海洋法规范方面也发挥了重要作用。例如，《生物多样性公约》第九次缔约方大会决定使用严格的科学标准来判定海洋生态和生物环境的敏感区域。

海洋法公约使那些与海洋治理有关的机构所通过的各种规章与条款拥有了一个结构框架。然而，人们仍然不断在国际机构中发出呼声，要求成立一个在海洋治理方面拥有最高权力的管理机构。这一管理机构既要负责制定海洋管理方面的规范性文件，同时又要负责现有规章制度的实施工作。事实上，这样一个机构能够问世的可能性很少，目前联合国大会是各国磋商海洋法问题的场所。联合国大会拥有各种手段来履行其使命，包括通过年度决议以及依靠其下设的一些附属机构等。其中最重要的便是 1999 年成立的联合国海洋和海洋法问题不限成员名额非正式协商进程。在这一论坛上，各国的外交官、科学家以及专家们可以用一种非正式的方式探讨与海洋及海洋法有关的问题。自其启动以来，联合国海洋和海洋法问题不限成员名额非正式协商进程关注了一系列重大问题，包括渔场、生态系统方法、海洋遗传资源以及海洋的新型和可持续式利用等。这些讨论对于联合国大会年度报告的最终出台大有裨益。

2004 年，联合国大会决定成立一个专门研究国家管辖范围以外区域海洋生物多样性的养护和可持续利用问题的特设工作组。这一特设工作组专门负责研究与海洋生物多样性养护以及可持续利用有关的科学、技术、法律、经济和环境等问题。该小组曾于 2006、2008 和 2010 年三次召开会议，每一次都把与海洋遗传资源相关的法律作为核心探讨议题。与前两次会议不同，2010 年的会议不仅最终通过了相关决议，而且还特别关注海洋法在治理和规章制度建设方面所存在的缺陷。大部分国家建议启动商讨进程，以期最终通过一个《公约》的执行协议，扭转在治理、管理规章建设和执行方面所存在的不足。不过，仍有几个代表团拒绝了这一提议，从而使它最终无法提交给联合国大会进行讨论。然而，存在着制定执行协议的呼声本身就足以说明人们对于现行法律的不满。

每一年，联合国大会都要通过两个与海洋法有关的决议：其一是关于海洋和海洋法问题的决议；其二是有关可持续渔业的决议。无论是否经过事先的磋商，这些决议都有助于《公约》所规定标准的拓展与变化。这一点 2006 年 12 月 8 日通过的联大第 61/105 号决议就是一个例证：该决议的第 83 条和第 86 条要求那些参与公海渔业监管的区域渔业管理组织或安排和参与公海渔业的国家“根据审慎方法、生态系统方法和国际法……采取相关措施……”并且在没有“确定底鱼捕捞活动是否会对这些生态系统和深海鱼类种群的长期可持续性造成重大不利影响”的情况下，禁止在那些海洋生态系统脆弱的地区进行底鱼捕捞。这一决议中有大量的条文呼吁在《联合国海洋法公约》和《鱼类种群协定》所规定范围之外使用生态系统方法，这也恰恰说明了联合国大会在海洋法拓展方面的作用。

结论

与其他任何“宪法类”的框架一样，《联合国海洋法公约》不可能用处处完全相同的力度来管理所有与海洋有关的问题。它可以通过制定各种环境规范标准的方式来促进对海洋法的拓展和变化。正如《联合国海洋法公约》所倡导的那样，各类实施协议、其他机构的条约以及一些软性的法律工具（如决议等）也都有助于使海洋法变成一个鲜活的、动力强劲的法律体系：一旦形势需要，新的标准便可应运而生。

然而，这一体系的适应力和变化能力并未得到很好利用。目前，有关生物多样性的工作小组所陷入的困境，尤其是有关公海的法律体系及其养护措施等方面所出现的问题，充分说明了出台新标准的必要性。这一体系能够对这些新标准进行整合，然而要做到这一点，各国必须首先在这方面拥有坚持到底的政治意愿。

参考文献

Barnes R., Freestone D. et Ong D. M. (éd.), 2006, *The Law of the Sea: Progress and Prospects,* New York, Oxford University Press, p. 1-27.

Barnes R., 2006, “The Convention on the law of the sea: an effective framework for domestic fisheries conservation?”, *in* Barnes R., Freestone D. et Ong D. M. (éd.), *The Law of the sea: Progress and Prospects,* New York, Oxford University Press, p. 233-260.

Convention des Nations unies sur le droit de la mer (CNUDM), 1982, *Recueil des Traités,* Publications des Nations unies, vol. 1833.

Gjerde K. J., “High seas fisheries management under the Convention on the Law of the Sea”, *in* Barnes R. , Freestone D. et Ong D. M. (éd.), 2006, *The Law of the Sea: Progress and Prospects,* New York, Oxford University Press, p. 281-303.

Grotius H., 1604, *Mare liberum.*

Redgwell C., “From permission to prohibition: The 1982 Convention on the Law of the Sea and the protection of the marine environment”, *in* Barnes R. , Freestone D. et Ong D. M. (éd.), 2006, *The Law of the Sea: Progress and Prospects,* New York, Oxford University Press, p. 180-191.

Tladi D., 2008, “Marine genetic resources on the deep seabed: the continuing search for a legally sound interpretation of UNCLOS”, *International Environmental Law-Making and Diplomacy Review*, p. 65-80.

Les traités et les accords auxquels se réfère le texte se trouvent dans Lowe A. V. et Tolman S. A. G. (éd.), 2009, *The Legal Order of the Oceans: Basic Documents on the Law of the Sea,* Oxford, Hart Publishing.

第七章

朱利安·罗谢特（Julien Rochette）
法国可持续发展与国际关系研究所（Iddri），巴黎

吕西安·沙巴松（Lucien CHABASON）
法国可持续发展与国际关系研究所（Iddri），巴黎

海洋保护的区域路径："区域海洋"的经验

虽然全球性的框架能为海洋治理制定共同原则，然而出台一些适应自然需求、与地球上不同地区所受威胁的程度相适应的专项措施同样很有必要。正是在这一区别化行动的基础上，一些区域性的海洋保护机制从20世纪70年代开始相继发展起来。

正如来自巴西的代表阿马多（Amado）在第二次联合国海洋法会议上所说，"世界上没有两片完全相同的海域……因此，要想用全球统一的方式来解决海洋问题非常困难，而且过去也从未做到过"。怎么能够设想用同一个国际公约或同一个行动计划来同时解决菲律宾的珊瑚白化问题、北极地区的石油开采管理问题、地中海僧海豹的保护问题以及夏威夷海岸塑料废弃物旋涡的处理问题？虽然全球性的框架能为海洋治理制定共同原则，然而出台一些适应自然的需求、与地球上不同地区所受威胁的程度相适应的专项措施同样很有必要。正是在这一区别化行动的基础上，一些区域性的海洋保护机制相继发展起来。与全球性框架一样，这些计划也存在着数量众多、彼此分散的问题。第二次世界大战结束后，在联合国粮农组织的推动下，一些负责特定海域资源管理的区域渔业管理组织相继问世。从20世纪70年代开始，在联合国环境规划署的推动下，一些旨在保护海洋环境的区域性管理机制相继出现——这些机制正是我们在本章所要分析探讨的重点。从地中海、波罗的海、太平洋再到东亚，一些"区域海洋"不断涌现，在传统的国家管理和新兴的全球框架之间形成了一种新的海洋管理层级。在此，我们将对这些经验进行分析总结，厘清它们对海洋环境所产生的好处、与其他层级的行动相比所存在的局限并对其未来可能出现的前景做出分析。

"区域海洋"模式的出现及其推广

国际海洋环境法的区域化现象是最近几年来出现的最重要事件之一。受1972年斯德哥尔摩会议上通过的行动计划的启发，海洋保护的区域化方式在联合国环境规划署1974年通过的"区域海洋"计划中得到了确认：这一行动计划所关注的不仅仅是海洋环境恶化的后果，而且也关注其中的原因（联合国环境规划署，1982年）。1982年通过了一个全球性的海洋物种与资源管理框架，但这并没有使类似的区域化计划变得多余：《联合国海洋法公约》甚至鼓励在生态系统保护方面采取这一方式，并鼓励各国"为保护和保全海洋环境……进行合作，同时考虑到区域的特点"（《联合国海洋法公约》，1982年，第197条）。

从20世纪70年代开始，这一区域性方法取得了巨大成功，这一点从今天"区域海洋"的空间覆盖范围以及参与这些计划的国家数量——超过了100个——就可以得到证明。在这一得到了联合国环境规划署大力倡导与支持的方法的推动下，地中海（1975年）、加勒比海（1981年）以及西印度洋（1981年）等区域性计划相继问世。与此同时，另外一些区域性

的框架也自行产生了，如波罗的海（1974 年）、东北大西洋（1992 年）以及里海（2003 年）等。一些学者认为这两种方法源于两种不同的哲学思维：与联合国环境规划署有关的区域计划都会把这些区域机制看成促进国际合作的一种手段，而与联合国环境规划署无关的区域计划则不一定具有这种全局观［阿莱里蒂埃尔（Alhéritière），1982 年］。不过，在我们看来，这些与联合国环境规划署无关的机制在区域性生态系统养护方面正在发挥着同样的作用：它们把全球层面通过的相关承诺予以下传并加以深化。

传统上，联合国环境规划署都会采取这样一种结构安排：通过一个框架性公约，而后再通过一些行业性的议定书。作为"行动顶梁柱"［德让－庞斯（Dejeant-Pons），1987 年］的公约通常只包含一些原则性的条款，为各国确定其必须遵守的一些总体行为原则。然而，光列举出这些原则——尽管它们十分重要——是不够的，各缔约方还承诺未来将就一些特别的协议展开谈判，以便使不同领域的原则性条款得到落实。地中海、加勒比海、西非、西印度洋尤其是东南太平洋的区域海洋计划正是在这一模式下建立起来的。其他一些机制，如东亚地区的类似计划，则不是建立在公约和行业性议定书的基础之上，而是在行动计划和专项行动相互补充的基础上建立起来的。在这方面，人们注意到 20 世纪 70 年代以来议定书的主题和区域层面所开展的一些专项行动都在发生变化，而这种变化趋势与环境保护领域的一些全球性工具所发生的变化大体上是同步的［博丹斯基（Bodansky），2010 年］：区域合作的重心由海洋污染——包括船舶污染和陆地活动造成的污染——的防治逐步转向了生物多样性的养护——主要是通过开辟海洋保护区的方式；而最近这一工作重心又转向了——当然，这种转变的力度是很有限的——可持续发展方面的一些更宽泛的目标。在这方面，2008 年通过的《地中海海岸带综合管理议定书》（GIZC）——其目标既包括生物多样性的养护，也包括海岸活动的开发——或许标志着一个新阶段的开始。

在组织结构上，每个地区的区域性机制都不尽相同。有的地方的区域性机制非常简单，只配备了一个秘书处，而有些地方的机构设置则非常复杂，包含了一系列执行专项行动（陆地源污染防治、海洋脆弱栖息地的普查、前景研究等）的区域行动中心（CAR）。这些差异是多方面原因所导致的，其中包括参与国家的数量、合作的密切程度、这一框架的存在时间以及所拥有的运行资金数额等。而这些结构上的差异又会对区域机制所开展活动的性质产生重大影响。事实上，如果此类结构能够稳定国家之间的关系，能够为相关合作开辟新的进程，能够为已通过的《公约》的实施提供必要的技术支持，那么这一合作

表 1　区域海洋的组织结构：几个例子

东亚地区的区域机制
协调单位
国家联络站
加勒比海地区区域机制
协调单位
区域行动中心（CAR）
区域行动中心 / 特别保护区和野生动物（CAR/SPAW）
区域行动中心 / 海洋事务研究所：陆地源污染防治（CAR/CIMAB）
区域行动中心 / 原油污染防治（CAR/REMPEITC）
AMEP 计划（污染环境的评估与管理）
国家联络站
地中海行动计划（PAM）
协调单位
区域行动中心
蓝色计划：环境前景
区域行动中心 / 海岸地区的综合管理（CAR/PAP）
区域行动中心 / 生物多样性和保护区（CAR/ASP）
意外污染紧急处理（REMPEC）
区域行动中心 / 洁净生产（CAR/PP）
信息 / 区域行动中心（INFO/RAC）
地中海污染计划（MEDPOL）：对污染进行持续监控
地中海可持续发展委员会（CMDD）
遵约委员会
国家联络站

就能持续、长期地展开。

拥有30多年合作经验的地中海行动计划（PAM）就是制度框架最为丰富的区域计划之一。地中海行动计划的总部位于雅典，协调单位是其中枢机构，负责6个区域行动中心的协调工作，这6个区域行动中心各自负责着一些与地中海海域地区有关的关键领域。除此之外，还有一些机构在辅助其工作，如一个专门负责污染监控的"地中海污染计划"（MEDPOL）以及由各缔约方代表和公民社会的代表所组成的一个对话和建议机构——"地中海可持续发展委员会"（CMDD）。最后是2008年成立的"遵约委员会"，以便核查各国有没有遵守《联合国海洋法公约》及相关议定书的规定。除了通过法律工具以及政治声明这样的关键时刻之外，区域机制通过其常设机构活动几乎每一天都在展现着其活力。组织会议及工作研讨会，发布专题报告，为各成员国提供技术支持等，这一切使得所有与地中海海洋环境养护有关的各方都保持着紧密的联系。

更近、更远、更快

"区域海洋"计划的目标十分简单，却雄心勃勃：将某一海洋生态系统的所有沿岸国家联合起来，共同采取一些协调行动。这些框架能够给环境保护方面的行动带来多方面的好处，这些好处大致可以用"更近、更远、更快"来概括。

首先，此类区域性的方法能够更好地考虑到地方海洋生态系统的特性，从而可以制定适应这些地方特性的法律制度和管理方式：除了那些原则性的声明之外，区域性的方法还可以就本区域海洋所受到的特殊威胁采取有针对性的措施，如船舶的原油泄漏污染或因为陆地活动而造成的城市污水污染等。这些行动都有针对性地出现了差别化，并且都会针对某一种最重要的污染源或者是那些生态系统最脆弱的地区。例如，波罗的海沿岸国家多年来一直重点关注水体富营养化问题，因为该区域是全球这一问题最严重的地区[①]，而东亚地区的海洋事务协调单位则将工作重点放在了珊瑚礁的保护上。因此，虽然说各个不同的区域生态系统所受到的威胁看起来是相同的，但是它们的严重程度及其所造成的后果则有很大的不同，因而需要各地通过使用区域的方法，采取个性化的应对措施。

《联合国海洋法公约》要求各国在考虑到本区域特性的基础上，就海洋环境的保护和养护展开合作。

其次，区域机制所建立的规章制度在环境保护方面的要求有时甚至超过全球性条约，一些区域性的生态系统因此能得到更好的保护。东北大西洋海域——该海域的管辖权归"东北大西洋海洋环境保护委员会"（Commission Ospar）——一些海上石油平台拆除的问题能很好地说明区域机制在推进法律进程方面所发挥的作用。1995年，英国政府曾允许壳牌公司将其在苏格兰布兰特史帕尔（Brent Spar）的钻井平台沉入大西洋。当时能够适用的法律文件是1972年签订的《防止倾倒废物及其他物质污染海洋的公约》[②]，而该《公约》只是简单地规定，此类行动"必须首先获得特别许可"。在一些非政府组织的压力下，"东北大西洋海洋环境保护委员会"的成员国做出了禁止将已废弃的、总重量低于1万吨的海

① 赫尔辛基委员会成员国部长级特别会议于2007年11月15日在波兰的克拉科夫（Cracovie）通过了《波罗的海行动计划》。

② 又称《伦敦公约》（1972年）。

上石油平台[①]——这样的平台占了北海海域石油平台总数的80%——沉入大海的决定［旺代（Vendé），1997年］，并决定对总重量超过相关国际公约规定的石油平台沉入大海的问题进行更严格的规范管理。

此外，区域性框架的建立也有助于人们对同一生态系统产生彼此利害攸关的想法：各国都会把它视为"共享的区域"[②]或"共同的财产"[③]。集体财产这一概念被重新提起，它并不意味着某一个强国想独占这一生态系统，而是对该生态系统进行协调管理。从实际层面看，集体占有制使整个区域共同体能更好地守护环境，也能使国家层面的一些政策更加关注环境问题。在这方面，希腊扎金索斯岛海龟的故事很能说明区域机制对那些最初持抗拒态度的国家的影响。位于希腊爱奥尼亚海的扎金索斯岛是地中海蠵龟（Caretta Caretta）最重要的产卵地之一。然而，在夏季，光临岛上海滩的不仅有海龟，还包括大量的游客，这就给两个不同物种之间的共处带来了问题：机场的噪声污染、海边一些设施带来的光污染、白天和黑夜沙滩上大量的人流以及海洋的其他各种污染等［马比勒（Mabile），2001年］，这一切都影响到了海龟的产卵，威胁到了这一物种的繁殖。

从20世纪80年代中期开始，一些非政府组织向希腊当局发出警告，要求其更好地规范对旅游业的管理，加强对海龟及其产卵场地的保护。直到1999年，在欧盟通过其旗下的生态保护网络"Natura 2000"[④]以及地中海行动计划及其特别保护区议定书[⑤]等压力之下，希腊当局才同意建立一个旨在保护海龟产卵的大型国家公园。虽然目前仍存在着一些问题［地中海拯救海龟协会（MEDASSET）］，但是这些区域机制所产生的压力使希腊当局提高了认识，并促生了自然保护领域的行动。

最后，从更广的意义上来看，区域方法能够确保一些合作框架的形成：在这些框架内，相关行动将比在全球层面中更容易展开，因为利益博弈的多元性和多样性往往使全球层面的谈判变得十分复杂。在有关公海生物多样性保护的法律地位和具体手段的谈判因为南北之间的分歧而陷入僵局的时候［《地球信使》（Le Courrier de la Planète），2008年］，地中海的区域机制则在1995年通过了一个旨在创建超越国家管辖权的保护区的议定书[⑥]。作为一个前所未有的计划，"派拉戈斯（Pelagos）地中海海洋哺乳动物保护区"是根据1999年11月25日在罗马签署的一项国际协议而成立的。这一保护区的面积近98000平方公里，涵盖了法国、意大利和摩纳哥公国的水域以及公海的海域。

固有的局限性

区域方法，国际海洋治理框架过于分散的体现

虽然区域海洋计划的目的是保护海洋环境，但是一些战略性的领域仍在其合作范围之外。例如，渔业管理就未被列入区域海洋计划当中。这便是国际海洋治理框架的过于分散的一个例证：虽然海洋环境保

---

① "东北大西洋海洋环境保护委员会"（Commission Ospar）有关海上废弃设施拆除的第98/3号决定。

② 《保护海洋环境免受污染区域合作公约》（《科威特公约》）之前言。

③ 《保护地中海免受污染公约》（《巴塞罗那公约》）之前言。

④ 有关"Natura 2000"，请参阅本书之第92~95页之"聚焦"。

⑤ 《地中海特别保护区和生物多样性议定书》于1995年6月10日在巴塞罗那（西班牙）通过，于1999年12月12日生效。

⑥ 《地中海特别保护区和生物多样性议定书》于1995年6月10日在巴塞罗那（西班牙）通过，于1999年12月12日生效。

护的责任首先应落在联合国环境规划署的身上，但是与渔业管理相关的技术、经济和法律规则的落实工作则主要由联合国粮农组织及其分支机构来承担。正如我们在导论部分所揭示的那样，目前存在着两类机构重叠的现象：一方面是"区域海洋"计划，另一方面则是区域渔业管理组织。从理论上看，各种形式的海洋生物多样性养护，它们的目的都是要在这两类机构间建立起一种天然的联系。然而，在这两类机构内部，各国间的谈判及其所做出的决定有时很可能源于完全不同的思维逻辑。事实上，人们经常可以看到，在区域渔业管理组织的机制内，许多国家所寻求的首先是维持或尽可能少地下调本国渔民所拥有的捕捞量。而且出面参与的谈判通常是来自各国渔业部的专家，而不是来自环境部的专家：因此这种方法并不一定是环保的，有时甚至根本不是。当然，在区域渔业管理组织的框架下，有时也可能会通过一些有利于海洋生物多样性保护的措施，如禁止某些捕捞方式（流网作业或底拖网作业等）或关闭一些鱼类生息繁殖区的渔业活动。然而，应当看到的是，这些区域性组织及其成员国并未能扭转海洋鱼类资源过度捕捞的现象。这一点通过下面的一个数据便可得到证明：全世界 75% 的鱼类种群处于充分捕捞或已处于过度捕捞的状态（联合国粮农组织，2008 年）。其结果是，大部分区域生态系统与"区域海洋"计划一样，至今依然面临着水产资源过度开发的问题：由于缺乏相关的管理职能，"区域海洋"计划根本无力遏制这一现象。例如，地中海行动计划无法参与对蓝鳍金枪鱼捕捞的管理，因为这方面的管理权掌握在一个区域渔业管理组织——国际大西洋金枪鱼类保护委员会[①]（ICCAT）——的手里。这是海洋治理框架结构分散的最大体现：相关管理职能被分散在按不同领域划分的众多机构手里。另外，这也说明了各国在执行协调一致的行业政策时所面临的困难，以及资源的开发利用与对其进行保护的雄心之间始终存在的紧张关系——这种紧张关系会在不同的管理机构内部表现出来。

同样，国际海运管理规章方面的问题也很少能够进入区域机制的管辖范畴。虽然说某一区域海洋的沿岸国家能够在防治原油污染方面制定规则，但是它们却无力单方面禁止或暂时中止某一海域的航行，哪怕这一海域正面临着重大的威胁。如果这些国家想进一步规范船舶的活动，以期更好地维护海上航行安全，那么它们就必须求助于国际海事组织。这是海洋环境方面的法律和机构分散的又一例证。然而，这种权力与职能分离的局面有时可能带来重大困难，尤其是尊重航行自由和环境保护方面有时很难协调。

地中海博尼法乔海峡的情况很好地说明了建立强化生态系统保护机制与保障国际海事组织所要求的国际贸易自由之间的复杂关系。位于科西嘉岛和萨丁尼亚岛之间博尼法乔海峡是一个生态资源非常丰富的区域。作为国际航运通过，该海峡是从巴塞罗那和法国地中海沿岸的港口进入意大利南部港口（那不勒斯、巴勒莫、焦亚陶罗……）以及前往苏伊士运河的必经之道。这样一个地理位置必然使该区域面临重大的海上运输压力，自然环境也因此而面临多种风险。从 20 世纪 90 年代初开始，法国和意大利当局便开始关注航运量增长所带来的风险。1996 年，一艘悬挂巴拿马国旗的"费内斯"（Fenes）号货船在拉韦

① 《联合国海洋法公约》，第三部分。

齐（Lavezzi）自然保护区附近触礁沉没，其所装载的 2600 吨粮食沉入大海，使得水下植物群系遭到严重破坏，尤其是为许多海洋物种提供食物来源和栖息地的波塞冬海湾的海草带。按照《联合国海洋法公约》[①] 的相关规定，作为国际航行通道的海峡将按照特定的法律制度来管辖。虽然沿岸国家不能禁止船舶的通行，但是它们能够指定用于航行的水道，规定通航分道。

在法国和意大利的倡议下，国际海事组织于 1998 年制定了新的航行规则，一些双向行驶的通道开始建立，并改善了照明和信号系统。然而，各国仍可以限制或禁止悬挂本国国旗的船只进入这一危险水道：法国和意大利当局从 1993 年开始就已采取了类似做法，禁止悬挂两国国旗、装载有危险物品的船舶在此通行。虽然这两个沿海国家的态度堪称典范，但是这一禁令所能限制的只能是那些悬挂了法国和意大利国旗的船只。然而，途经这一海峡的显然不只有悬挂了这两个国旗的船只。因此，要想使海洋环境真正能得到保护，这一限行令就必须扩展到所有途经这一海域的船只——法国和意大利环境部长最近发表的一份共同声明对此予以了支持[②]。然而，在今天，只有国际海事组织拥有这方面的决策权，而地中海行动计划却没有。不过，这两个目标从理论上讲是不可能兼而得之的，因此它需要这两个机构之间的密切协调，而这两个机构的优先目标完全不同：一个是为了保护海洋环境，另一个是促进国际贸易的自由。

区域方法不能取代全球性谈判

最后需要强调的一点是，这种区域性的方法并不能取代全球性的谈判。事实上，正如一些学者所指出的那样［弗里德海姆（Friedheim），1999 年］，有一些问题仅从双边或区域性的角度来考虑是不够的，因为它们根本无法提供令人满意的、长效的解决方案。例如，公海生物多样性的法律地位问题——这是一个重要的理论争议焦点[③]，它是不可能通过区域机制就能彻底解决的。只有全球性的谈判才有可能为海洋遗传资源使用以及通过专利机制获得生物体的所有权[④] 等方面所出现的问题提供令人满意的解决方案。同样，在我们看来，将地质工程学应用于海洋气候领域——如海洋增铁“施肥”以及碳截存技术——需要整个国际社会进行认真思考并作出回应，而不能依靠一些区域性的计划或政策。在我们看来，这些问题的性质及其所涉及的范围，都应当从全球的层面予以回应。

需要应对的挑战

向新的空间开放

虽然区域海洋计划所涉及的范围长期以来一直局限于本地区各国的领海以及各国的专属经济区，但是人们注意到这一合作的范围正在悄然扩展到其他区域。例如，《地中海特别保护区和生物多样性议定书》就为人们在国家管辖权范围以外的区域设立保护区提高了可能性。那些迄今被排斥在区域计划之外的生态系统和脆弱物种将由此而有望得到更好的保护。同

---

① 国际大西洋金枪鱼类保护委员会的管辖权涵盖了整个地中海海域。

② 2010 年 6 月 15 日的《禁止载运危险货物的船舶通过博尼法乔海峡的声明》。

③ 有关这方面的内容，请参阅本书第 306~308 页格尔马尼（Germani V.）和萨尔皮尼（Salpin C.）所撰写的聚焦。

④ 有关这一问题，请参阅本书第 295~305 页利里（Leary D.）所撰写的文章。

样，地中海最近还拥有一个能覆盖过去区域监管"黑洞"的法律文件：沿海地区。该法律文件旨在"为地中海沿海地区的综合治理建立一个共同的框架"，它在许多方面做出了明确的规定，如沿海生态系统的保护、沿海活动的规范、海岸的战略规划或海岸政策的风险评估等。在我们看来，除了地中海区域机制之外，其他地区的区域机制在对长期被排除在合作大门之外的区域展开保护之前，应当对政治和法律的可行性以及科学和地理的针对性进行研究[①]。

规范新挑战

区域海洋计划是填补国际规则的空白或解决一些新问题的一个理想框架。这也正是那些区域性机制未来几年所应当努力的方向。例如，海上石油开采规章制度的制定无疑是相关区域合作可以推进的一个领域。2010 年 4 月 20 日，距新奥尔良约 70 公里的一个石油钻井平台"深水地平线"所发生的爆炸，以一种惨痛的方式让国际社会认清了自己对于化石能源尤其是海上石油开采的依赖。当时就有许多专家指出，国际社会始终不具备足够强大的法律法规来应对深水开采活动所可能造成的风险。事实上，虽然《联合国海洋法公约》承认大陆架资源的开采权（《联合国海洋法公约》，第六部分），但是各国都是按照本国的法律规定来向国际企业颁发开采许可证的。这一现状自然使人们对于该机制的合理性提出了质疑，同时也促使人们开始探讨加强区域合作的可行性。在期盼整个国际社会都能来关注这一问题的同时，区域海洋机制似乎可以率先来关注海上石油开采这一问题，甚至可以制定一些必要的监管措施。虽然地中海地区早在 1994 年便通过了一项专门的议定书[②]，但它至今未能生效。最近发生的一些事件再度让人们开始思考，在西非或加勒比海等海上石油开采密集区，采取这样的法律工具是否可取。

此外，在我们看来，一些新出现的挑战也需要区域保护机制能发挥更大的作用。例如，噪声污染给海洋生物多样性所造成的破坏［帕帕尼古劳（Papanicolopulu），2008 年］或沿海地区适应气候变化等问题——这个问题只有在某些沿海地区进行的综合治理过程中才捎带着得到了处理［罗谢特（Rochette）等，2010 年］——都属于此类情况。

加强机构间的合作

当前，海洋缺乏全球治理的现状使得在海洋环境的各个不同主管机构之间建立协调机制显得尤为必要。例如，目前还没有一个专门负责在公海建立海洋保护区的国际机构，这就需要国际海事组织、区域渔业管理组织以及相关的区域海洋计划采取共同的行动：因此，我们必须设立更多的"层级"，以期实现能将一切可能威胁到脆弱生态系统的因素全部考虑在内的综合保护。目前，一些旨在加强机构间协调的行动正在展开。"东北大西洋海洋环境保护委员会"目前正和东北大西洋渔业委员会、国际海事组织、国际海底管理局等机构共同起草新设立的海洋保护区的管理规划。然而，这仍然只是一个孤立的行动，这方面的协调努力未来仍有必要进一步加大，这不仅应当体

---

① 需要指出的是，《内罗毕公约》缔约方最后一次会议启动了起草西印度洋地区海岸带综合管理议定书的进程，而且黑海地区的类似谈判也在进行当中。

② Protocole relatif à la protection de la mer Méditerranée contre la pollution résultant de l'exploration et de l'exploitation du plateau continental, du fond de la mer et de son sous-sol.

现在生态系统知识的共享方面，还应当体现在真正采取一些协调一致的管理措施上。

强化合作框架

一些学者看来，区域海洋计划有时看起来更像是一些"得不到落实的合作"[屈廷（Kutting），1994年]。虽然区域海洋计划能够在许多方面带来重大的突破，但是应当承认的是，由于缺乏区域合作的推动，有太多的公约或议定书都被束之高阁了。例如，在西印度洋，区域机制的运行近年来面临众多的困难。《公约》秘书处始终存在人手短缺的问题，而与地中海地区不同，这里一直没有成立过区域行动中心。《公约》的日常活动、它所提供的技术支持以及为《公约》实施所提供的帮助都十分有限。类似的情况在西非地区等其他的区域机制身上也同样存在。重新赋予这些处于休眠状态的机制必然需要为它们注入资金：至少应当使各类《公约》的秘书处能够正常运作起来，有可能的话还要建立相应的区域行动中心，从而强化区域合作的活力。

对于那些已经取得一定成效的区域机制而言，它们深化工作的重点毫无疑问应当放在对遵约情况的检查上。这首先要求各国定期向秘书处通报其执行《公约》和其他议定书的情况汇报。其次，它要求人们开动脑筋，思考如何才能更好地落实相关措施。就目前情况而言，各类《公约》对于区域海洋计划在履行义务的检查方面通常没有什么强制性的规定。"由于不必对相关制裁机制过于担心——有时甚至此类制裁机制根本不存在"[魏尔（Weil），1982年]，因此人们通常认为国际法并不完美。这实际上是一个十分复杂的问题。一方面，"既要对相关国家在道义和政策上采取强制性的措施……同时又想让它们彼此信任地展开合作"这本身就是件很难的事[沙巴松（Chabason），1999年]。另一方面，今天的确有必要对那些区域机制进行重新思考，以免使相关议定书成为"一纸空文"——虽然得到了通过和批准，但很少能真正得到实施。

结论

将近40年来，海洋保护领域的区域性方法始终处于不断发展的状态：如今，区域海洋计划的参与国已经达到了100个左右，并已逐渐变成了一个极具针对性的管理层级。正是借助区域海洋计划之力，全球框架才得以走得"更近、更远、更快"。从环境的角度看，区域海洋计划取得了一定的成功，其中有的甚至取得了很大的成功。例如，在波罗的海，区域合作使海洋环境的质量有了明显的提高。在地中海或加勒比海地区，海洋保护区正在成倍地增加。在西印度洋，各国会很快拥有海岸开发的共同规则。毫无疑问，区域合作框架对于海洋环境保护大有裨益。然而，应当承认的是，这些区域性的机制也存在着与全球机制一样的毛病：机构之间缺乏协调、缺乏维持合作所必需的手段、已经通过的法律文件得不到遵守等，这一切都影响到了相关行动的效率。区域海洋计划如果想在全球海洋治理领域占有一席之地，未来几年它们就必须迎接这些挑战。

参考文献

ALHÉRITIÈRE D., 1982, "Marine pollution control regulation: regional approaches", *Marine Policy*, vol. 6.

BILLÉ R., et ROCHETTE J., 2010, "Feasibility Assessment of an ICZM Protocol to the Nairobi Convention", *Report requested by the Secretariat of the Nairobi Convention and presented during COP6*, UNEP(DEPI)/EAF/CP.6/INF/20.

BODANSKY D., 2009, *The Art and Craft of International Environmental Law*, Harvard, Harvard University Press.

CHABASON L., 1999, « Le système conventionnel relatif à la protection de la mer Méditerranée contre la pollution », *in Vingt ans de protection de la nature*, Actes du colloque de la SFDE organisé les 28-29 novembre 1996 à la Faculté de droit et de sciences économiques de Limoges, éditions Frison-Roche.

DEJEANT-PONS M., 1987, « Les conventions du programme des Nations unies pour l'environnement relatives aux mers régionales », *in Annuaire français de droit international*, XXXIII.

FOOD AND AGRICULTURE ORGANIZATION OF THE UNITED NATIONS (FAO), 2009, *The State of World Fisheries and Aquaculture 2008,* Rome, FAO Fisheries and Aquaculture Department.

KUTTING G., 1994, "Mediterranean Pollution: International Cooperation and the Control of Pollution From Land-Based Sources", *Marine Policy*, vol. 18.

Le Courrier de la Planète, avril-juin 2008, numéro spécial « La haute mer oubliée ».

MABILE S., 2001, « Conflits d'usages et développement durable au sein du Parc National de Zakynthos, Grèce ». Disponible sur : www.zacinto.com/Parco_marino.pdf

MEDITERRANEAN ASSOCIATION TO SAVE THE MARINE TURTLES (MEDASSET), 2009, *Update Report on Marine Turtle Conservation in Zakynthos (Laganas Bay)*. Disponible sur : www.medasset.org.

PAPANICOLOPULUN I., 2008, "Current Legal Developments, Underwater Noise", *The International Journal of Marine and Coastal Law*, 23.

ROCHETTE J., MAGNAN A. et BILLÉ R., 2010, « Gestion intégrée des zones côtières et adaptation au changement climatique en Méditerranée », *in* LAZZERI Y., MOUSTIER E. (dir.), *Le Développement durable dans l'espace méditerranéen : enjeux et propositions*, Paris, L'Harmattan.

UNITED NATIONS ENVIRONMENT PROGRAMME (UNEP), 1982, "Achievements and planned development of UNEP's Regional Seas Programme and comparable programmes sponsored by other bodies", *UNEP Regional Seas Reports and Studies*, n°1, Nairobi, UNEP.

VENDÉ B., 1997, « Le démantèlement des plateformes *off shore* », *Neptunus*, revue juridique en ligne.

WEIL P., 1982, « Vers une normativité relative en droit international », *Revue générale de droit international public*, 1, t. I.

focus

东非：生态系统方法的贡献

克莱尔·阿特伍德（Claire ATTWOOD）
厄加勒斯和索马里海流大型海洋生态系统（ASCLME）项目，南非

大型海洋生态系统（GEM）战略的目的是对土地、水以及生物资源进行综合治理［舍曼（Sherman）和杜达（Duda），1999 年］。这一战略把人类视为许多生态系统的组成部分，并把促进自然资源的养护和可持续利用作为己任。作为该战略的中坚力量，全球环境基金（FEM）总共投入了 18 亿美元的资金，用于世界各地 16 个大型海洋生态系统项目。当然，在这一过程中，它也得到了联合国五大机构、相关国家以及其他一些出资方的支持。这些计划的目的是帮助沿海国家更好地管理其资源、尽可能降低气候变化所带来的影响：如果国际社会不能采取正确的应对措施，到 2050 年可能有 2 亿人将因为气候变化的原因而被迫搬家，成为所谓的“气候难民”（国际农业知识与科技促进发展评估〔IAASTD〕，2008 年）。

2007 年正式启动的“厄加勒斯和索马里海流大型海洋生态系统”（ASCLME）项目计划用 5 年的时间对西印度洋地区 9 个国家的海洋和沿海资源的管理进行规范，为其制定框架（见图 1）。这一项目包含了索马里海流大型海洋生态系统——其覆盖范围包括科摩罗以及从马达加斯加的最北端到非洲之角的区域——和厄加勒斯海流大型海洋生态系统——其覆盖范围从莫桑比克海峡一直到厄加勒斯角。这一项目也将对介于这两个大型海洋生态系统之间的一些南赤道洋流的作用进行观察。南赤道洋流在很大程度上决定了非洲东海岸地区甚至是北大西洋地区的生态系统的生物、物理和化学结构，而且也对上述地区的天气和气候产生影响。参与该项目的科学家们不久前证实了图 1 中所标示的洋流运行轨迹。

小岛屿国家更容易受到气候变化的影响。

“厄加勒斯和索马里海流大型海洋生态系统”项目区各类生态系统的生物多样性非常丰富：索马里沿海地区是世界上独一无二的海带森林、珊瑚礁、红树林和海草以及南部地区的亚热带和温带海洋生物栖息地。该地区也是众多标志性特种的重要栖息地，如海鸟、海龟、儒艮和令人难以捉摸的腔棘鱼，与它们生活在一起的还有成千上万较小的物种。与这种多样性相呼应的是，这里的社会和政治现状同样也十分复杂：生活在肯尼亚、莫桑比克、索马里、南非和坦桑尼亚等国沿海地区以及生活在科摩罗、马达加斯加、毛里求斯和塞舌尔等岛国的近 5000 万人所赖以生存的，都是这两个大型海洋生态系统（GEM）所提供的资源。

这一项目受到了地方当局的欢迎，尽管在推行具有适应性的资源综合管理方法时仍遇到了不少困难，因为该地区大部分国家都是穷国。一个由环境管理方面的专家所组成的小组负责制定资源可持续利用

的规划。正是得益于大型海洋生态系统的方法，他们才能顺利完成了一个以科学为主导、以每一个生态系统为基础的进程，能够获得资金支持，能对有限的人力和技术资源进行综合利用并且能采取一些共同行动来应对区域性的环境问题。

作为一种生态系统方法，大型海洋生态系统是一个整体性的概念，它充分考虑到了一些与生产效率、鱼类和渔业、污染和生态系统的状态等各方面的数据以及一些与社会、经济和治理有关的指标。过去，当人们谈到治理时，总是把目光对准某些特定的物种，而不是把各类物种作为整个生态系统的一个组成部分来加以考虑（和管理）。而实际上，在生态系统中既有物理和化学的关系，也无法离开人的因素。大型海洋生态系统的概念同时也承认，光从国家的层面对资源进行管理并不能完整地考虑一个生态系统的运行状态，因为物种经常会游走到各国专属经济区以外的海域，而且许多影响生产效率的因素并不在各国法律管辖的范围之内。因此，大型海洋生态系统范围的界定所依据的应当是由地形、水文、生产效率和食物链等因素所构成的生态边界，而不是人为划定的国家疆界。例如，“本格拉海流大型海洋生态系统”（Benguela）就涵盖了安哥拉、纳米比亚和南非三个国家的专属经济区，而且纳米比亚和南非这两个国家已根据联合调查的结果对无须鳕种群进行了共同管理。

“厄加勒斯和索马里海流大型海洋生态系统”（ASCLME）项目所肩负的一项主要使命是对与厄加勒斯海流和索马里海流有关的一切新旧信息进行收集整

图 1　与生态系统相适应的技术部署

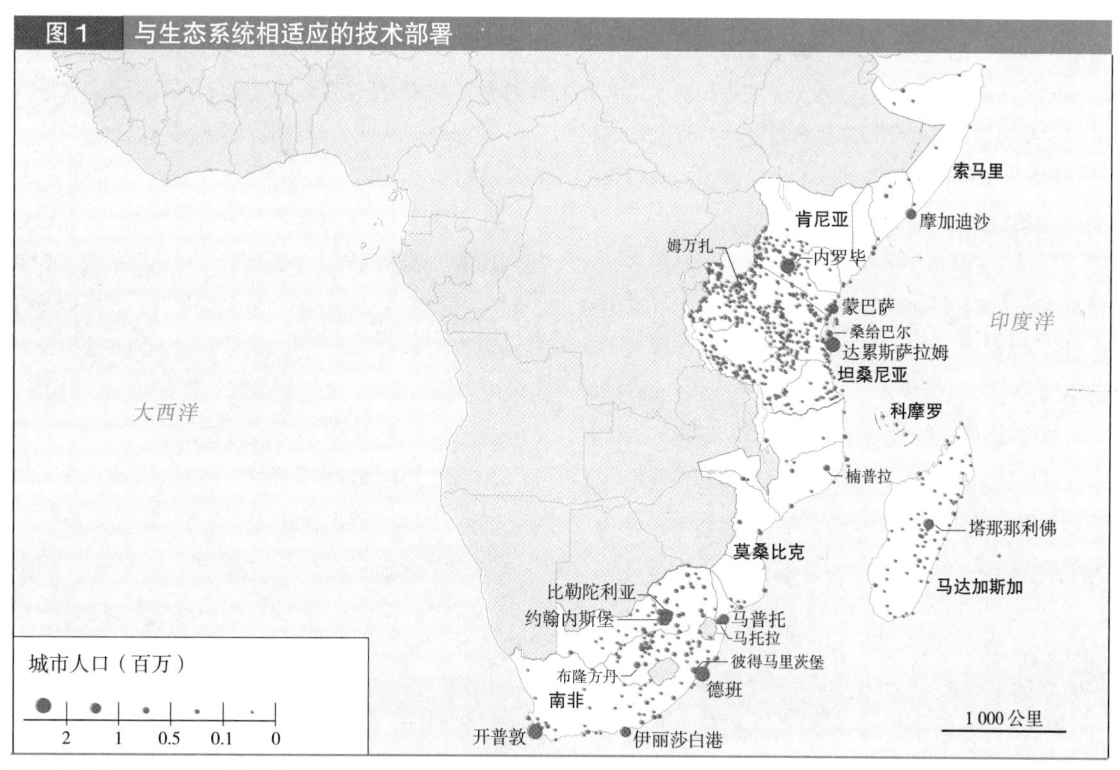

资料来源：乌登（Vousden）和恩瓜勒（Ngoile），2009 年。

理，从而明确该地区气候、生物多样性与经济之间的互动情况。此前，由挪威“南森博士号”（Dr Fridtjof Nansen）和南非“阿尔戈阿号”（FRS Algoa）考察船所进行的多次科学考察已经收集了大量的资料，已经使人们对于“厄加勒斯和索马里海流大型海洋生态系统”的物理和生物学特性有了一个大致的了解。这些发现将使人们构建起一套更加完备的参考资料，而这对于该地区的相关国家来说是至关重要的。这些国家将它们用于未来的科学研究、对本国生态系统的监控以及采取有针对性的管理措施等。目前已收集的资料证实，污染、过量捕捞以及环境的恶化对于该地区的海洋资源构成了重大威胁（联合国环境规划署/《内罗毕公约》秘书处，2009 年）。此外，人为因素所导致的气候变化使一些影响环境的主要变量开始恶化，导致水温上升以及风暴的增加，而这一切都会对渔业产生重大影响。在“厄加勒斯和索马里海流大型海洋生态系统”区域的国家中，科摩罗、马达加斯加、毛里求斯和塞舌尔等小岛屿国家更容易受到气候变化的影响。因此，对于生活在海边、对海洋资源的依赖程度很高的穷人来说，情况十分令人担忧。

然而，正是得益于在“厄加勒斯和索马里海流大型海洋生态系统”项目下的合作，这些西印度洋国家已经清楚地勾勒出了自己所必须迎接的环境挑战。从近期看，它们将很快商讨并通过一个战略行动计划。有了这个战略行动计划，它们就能够从区域的层面着手解决这些问题。这一战略行动计划将正式确定相关机构设置、应采取的措施、法律文件、机构改革以及所需的投资和行动，从而着手处理“厄加勒斯和索马里海流大型海洋生态系统”项目所确定的管理方面的重点事务以及需要解决的问题。该项目已经建立起来的长期监测和快速预警系统则充分体现出了一个可靠的信息体系对于这些国家所能带来的种种好处。图 1 标出了那些对生态系统的变化进行实时监测的海洋设备的具体分布位置，这些设备将有助于旨在监测气候变化影响的快速预警机制的建立。这些设备大部分已经安装到位，但是更多的布点以及维护工作在 2010 年之后仍将继续进行。与在沿海地区所进行的研究相互结合，再得到卫星遥感数据的补充，这一网络将能够拥有一套有关于气候变化对生态系统影响的精确数据。在使用各种模式进行处理后，这些数据将帮助西印度洋国家做出更加可靠与精准的预测，并能够定期对自己的管理战略进行审议。这些国家能够在对一切原因十分了解的基础之上作出自己的决定，从而能更好地预防灾害和减轻气候变化所可能造成的不利影响。

“厄加勒斯和索马里海流大型海洋生态系统”项目所获得的科学数据将采用跨界诊断分析（ADT）的方式进行综合。这种科学评估法将对某个地理区域的环境问题做出明确的界定，并指出这些问题的成因。这一材料对于起草战略行动计划至关重要。在继续履行其终极使命——帮助“厄加勒斯和索马里海流大型海洋生态系统”区域国家更好地管理其海洋与沿岸资源，共同应对气候变化的挑战——的过程中，“厄加勒斯和索马里海流大型海洋生态系统”在全球范围内加强科学和治理之间联系的这一问题上走在了最前沿。

参考文献

Evaluation internationale des sciences et technologies agricoles pour le développement (IAASTD), citant LISER, 2007, *Millenium Ecosystem Assessment*, et Myers N., 2005, *Environmental refugees: an emergent security issue*, 13e Forum économique, Prague, OSCE.

Sherman K. Duda A. M., 1999, "An ecosystem approach to global assessment and management of coastal waters", *Marine Ecology Progress Serie*, 190, p. 271-287.

PNUE/Secrétariat de la Convention de Nairobi, 2009, *Transboundary Diagnostic Analysis of Land-based Sources and Activities Affecting the Western Indian Ocean Coastal and Marine Environment*, Nairobi (Kenya), PNUE.

Vousden D. et Ngoile M., 2009, *Long-term monitoring and early warning mechanisms for predicting ecosystem variability and managing climate change*, Port-Louis (Maurice), PNUD.

欧盟“Natura 2000”网络：欲向海洋领域延伸

洛朗·热尔曼（Laurent GERMAIN）
海洋保护区管理局，法国

“Natura 2000”自然保护区网络是欧洲联盟（UE）用来兑现其在1992年《里约会议》上在生物多样性保护方面所做出承诺的最佳政策。“Natura 2000”所依据的欧盟的两个指令——1979年的《鸟类指令》和1992年的《栖息地指令》，它在两个基本支柱的基础之上形成了一个自然保护区的网络。其中的一个基础支柱是科学：所有保护区的确定都是以客观数据为依据的，这些地方的栖息地和物种确实需要得到保护；第二个支柱是辅助性原则（即“下级自治优先”的原则，译注）：欧盟只负责确定一些共同的目标，而实现这些目标的具体手段则要由各成员国自己决定。

每六年进行的定期评估是这一机制的真正核心动力。随着越来越多的保护区被移交给“Natura 2000”统筹管理以及欧盟相关机构时而发出的警告之声或处罚决定，“Natura 2000”自然保护区网络渐渐成了规范欧盟空间的一个重要因素。今天，“Natura 2000”网络共拥有26000个保护区，覆盖了欧盟国土总面积的18%，成了欧洲大陆最重要的自然保护区网络。

然而，一个引人注目的现象是，这一机制向海洋领域延伸的速度非常缓慢，这一差距直到2007年之后才开始有所缩小。

在海洋保护区的确定方面之所以会出现迟缓的现象，很大一部分原因在于该网络的两大基本支柱在这里都遇到许多问题与挑战，这与陆地上的情况形成了很大的反差。

例如，在海洋保护区的确定方面，人们对于栖息地和物种的知识一直以来都在追求。当然，“Natura 2000”自然保护区网络最初曾受到地方上一些利益相关方的广泛拒绝。它们认为自己将从此被排除在外，因为这些保护区最初都是根据专家的言论而建立起来的。不过，此后展开的一系列区域性或地方性清查则使保护区在选址过程中能更多地考虑到地方行为体的意见。栖息地的确定当然是专家的事，但是这一过程中所依据的严格的标准以及明确的物种名录使其变得更加真实可靠、经受得住人们的拷问，同时也为土地的征用提供了便利。

而海上的情况与陆地上完全不同，人们对于物种的了解很多是空白。这就使得海洋栖息地和物种的选择很难做到像陆地上那样精确。有的国家甚至根据一些十分宽泛、丝毫不严谨的标准——如“礁石”或“海湾和浅海湾”等——来确定保护区的选址，而同一指令对于陆地保护区的选址在植物群落学和森林群丛方面有着十分明确的规定。专家们只好转而采用了其他一些标准，如同一网络内必须有全部类型的栖

清查能使人们真正认清海洋环境保护方面的挑战。

息地（如海藻礁、滩涂礁、珊瑚藻礁……），同时还应当考虑到某些栖息地的功能价值或某些标准，如海湾内必须有海草，也就是说应能为鱼类提供食物来源。

当然，这种将“现有的最好科学认知”作为评判尺度的方法是值得肯定的，而且值得整个科学界来参照。然而，同样应当承认的是，人们至今远远未能对所有的海洋物种进行清查。这样的尺度虽然获得了认同，但是在实际操作过程中，欧盟委员会在2006年之前一直采用一种所谓“海洋特例”的方法。在此期间，欧盟利用这一时机资助并启动了多个旨在了解海洋环境的计划。

今天，一些国家（爱尔兰、西班牙、意大利……）移交给“Natura 2000”网络统筹管理的海上保护区的数量非常有限。此外，绝大多数国家所移交的保护区首先是海岸地区，而且不包括专属经济区，人们对于专属经济区还所知甚少。面对这一现状，欧盟委员会同意，在新的保护区被认定之前可以对其展开一些调查行动。而这与陆地上的情况形成了鲜明的反差：在陆地上，凡是栖息地出现不足就会被提起诉讼，法国在2007年之前的情况便是如此。

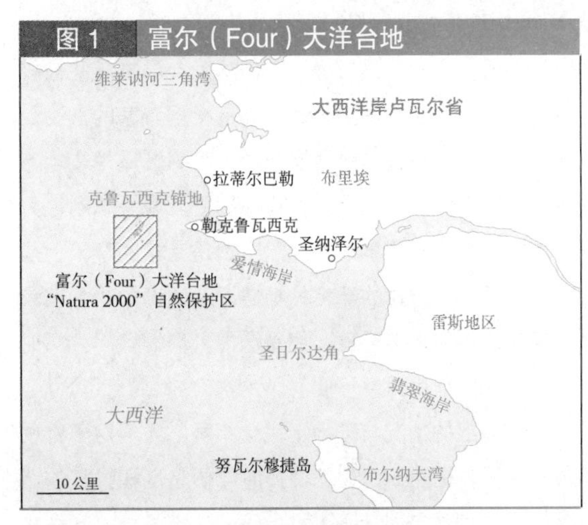

图 1　富尔（Four）大洋台地

资料来源：法国海洋保护区管理局，2010年。

文字说明：富尔（Four）大洋台地很能说明“Natura 2000”网络在建立海洋自然保护区时所遇到的困难。这是一个围绕着礁石而划定的正方形区域，距海岸几海里。这里的人员往来非常频繁，包括职业渔民和业余的垂钓者以及潜水者等，这一切都证实了这里丰富的生态资源。然后呢？

法国海事行政长官（préfet maritime）及其下辖的部门决定将起草目标计划的工作交给区域渔业委员会。在区域渔业委员会看来，这一机会使自己成了该进程的主导者而不是被领导者。区域渔业委员会这样的举动十分冒失，因为它必须对其他利益相关方，尤其是那些休闲垂钓者，保持中立的态度。这并不是说要袒护职业渔民的利益，而是要对所有的栖息地和物种都要加以保护。

对情况缺乏了解所带来的问题还不仅仅是影响到了保护区的认定，也使得被认定的保护区很难被海洋环境的利益相关方所接受。这些利益相关方并没有时间去弄清楚它们所应采取的步骤，因为在类似法国这样的国家，它们有很大的领海水域要移交给“Natura 2000”网络来统筹管理（德国为领海的70%，而法国为领海的40%）。在没有新地图和新清查的情况下，不同层级和不同领域掌握的信息各不相同，因此这些利益相关方对于保护区的认定提出质疑是完全可以理解的，因为这些保护区很可能会影响到他们的生计。

光靠解释或教育并不能使“Natura 2000”自然保护区计划将其网络延伸到海洋领域，因为那些重要的栖息地和物种在这些利益相关方眼里始终稀松平常甚至一钱不值。正因为如此，开展大规模的清查越发有必要：此类清查将有助于人们认清挑战——甚至这些挑战的外延也能够发生改变——并使相关措施所依据的不再是那些不精确的数据，不再始终遭人诟病。欧盟或各成员国所推出的计划都动用了整个科学界的力量，而且所持续的时间都在几年以上，而各利益相关方则都迫不及待地想知道这些机制将对其实际生活所带来的影响，也很想知道未来可能采取哪些措施。

在日后保护区网络建成之后，几乎可以肯定的是欧盟委员会将密切跟踪各国为维护这些栖息地和物种保护区所做的努力以及对相关养护计划进行的评估等。那么，各国在履行其承诺的同时，又应当如何协调好相关的经济和社会活动？

在法国的保护区认定过程中，各利益相关方可通过一个指导委员会或参与制定共同目标书等方式介

图 2 欧盟范围内不同时期的陆地与海洋“Natura 2000”自然保护区网络

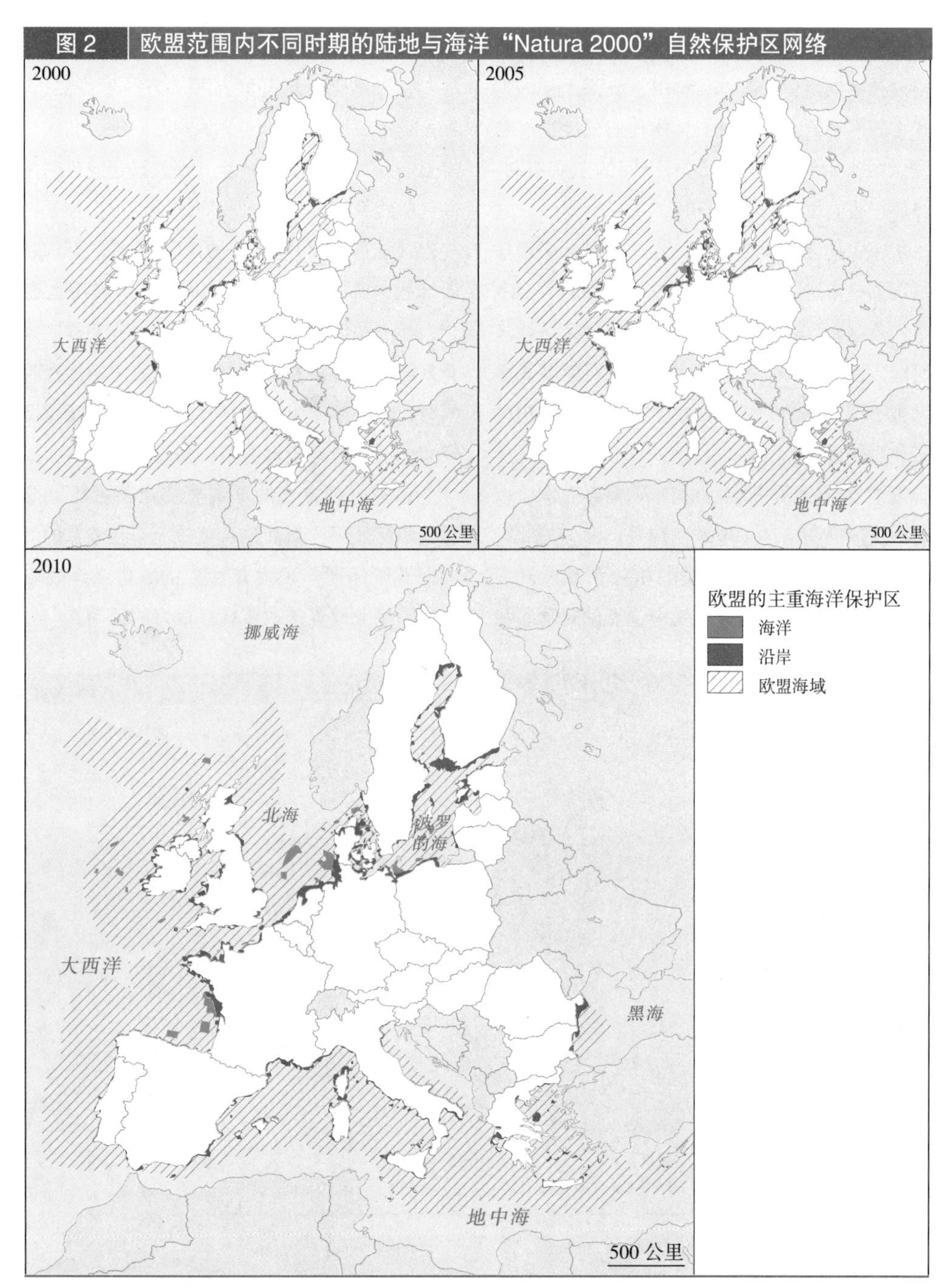

资料来源：主要根据欧洲生物多样性主题研究中心所提供的数据。

入其中。在陆地上，某些希望采用本土方法的地方当局甚至要求对认定程序进行“权力下放”，它们甚至因此而得以独自制定保护区的目标书。在海上，人们会遵循同样的逻辑思维，但是具体操作方式上仍有着很大不同。国家始终掌握着对这一空间的主权控制，海洋始终属于公共财产而不是任何人的私有财产。这样一来，每个保护区技术咨询委员会的选定都必须按不同的情况逐一审定。有时，参加技术咨询的可能就是渔民，如富尔大洋台地保护区。如果保护区可能涉及沿岸管理方面的事务，参加技术咨询的可能就是地方当局。当出现纷争的时候，国家会交由海洋保护区管理局来负责处理。

海洋保护区管理局则会立即展开清查工作，以便将实时的资料提交给这一技术咨询委员会。与此同时，技术咨询委员会也会对人类的相关活动展开清查，并组织一些地方性的磋商，其中清查的对象既包括渔民，也包括那些休闲的潜水者。在共同的“会诊”之后，最后所选择的措施才会被敲定。

在陆地上，这些利益相关方一般需要 15 年才能真正适应“Natura 2000”保护区网络。如果说从中能得出一些可资借鉴的经验，那就是也应当对海洋领域的利益相关方展开动员。而这种动员工作是在大变革的宏观背景下展开的：一方面是人们的环保意识在不断增强，另一方面是人们对海洋的利用也在发生变化，如一些能源项目开始与渔业分享海洋空间、矿藏开采等。在经济和社会格局正在发生日新月异变化的同时，也必须给生物多样性的养护和恢复留下一定的空间，而这势必引发激烈的争论。

这种生产方式的渐进式变化不可能取得立竿见影的实际效果，然而这种成效已经在欧盟的海洋政策层面有所体现，2008 年生效的欧盟海洋战略以及欧盟共同渔业政策的改革就是最好的证明。

图 3　2007 年和 2009 年法国的“Natura 2000”自然保护区

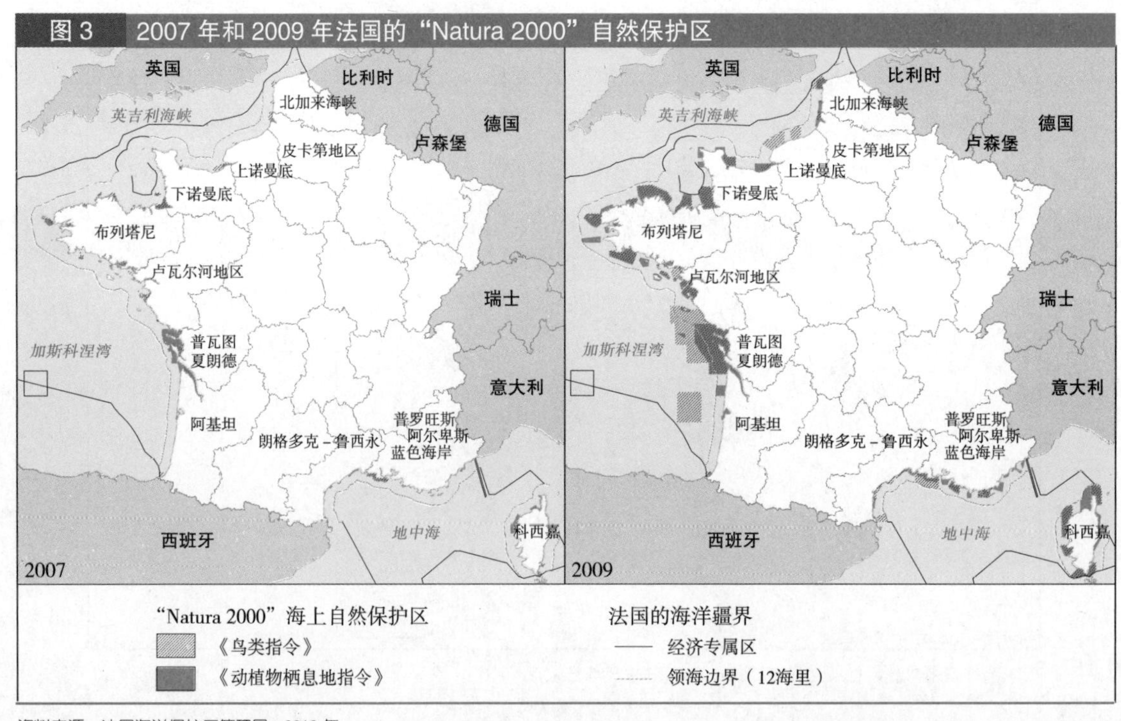

资料来源：法国海洋保护区管理局，2010 年。

东非：陆地源污染防控

阿孔加·莫马尼（Akunga MOMANYI）
内罗毕大学，肯尼亚

海洋及沿海地区 80% 的污染及环境恶化，其源头都在陆地及陆地上的一些活动。这种污染对生物多样性、当地经济以及人类社会都造成了严重影响。本文所要探讨的正是此类污染所带来的治理问题并对应当从哪些层面采取措施加以分析。通过对西印度洋例子的剖析，我们将证明区域层面的措施似乎是最为有效的。

西印度洋的陆地源污染

由 10 个国家——包括索马里、南非、马达加斯加以及印度洋上一些小岛国等——所组成的西印度洋区域拥有十分丰富的海洋和沿海环境，这里既有一些小型的岛国，又拥有漫长海岸线的大国，既有热带气候区，也有亚热带气候区。该区域一向以重要的经济和生态价值而闻名，这里形成了一个独特的印度洋——太平洋热带区域，被称为全球最大的生物地理学区［联合国环境规划署/《内罗毕公约》秘书处以及西印度洋海洋科学协会（WIOMSA），2009 年］。这里的生物多样性非常丰富，其中鱼类就有 2200 多种、硬珊瑚 300 多种、红树林 10 多种、各类海草 12 种、藻类 1000 多种以及 3000 多种软体动物（联合国环境规划署/《内罗毕公约》秘书处以及西印度洋海洋科学协会，2009 年）。然而，严重的陆地源污染正在破坏这一独特的环境。

海洋所受到的污染大部分与以下 8 种活动有关：城市化、旅游、农业、工业、矿业、运输（包括港口）、能源生产和水产养殖。这些污染源和活动所产生的污染物通常就被堆放在沿海地带，从而对河口或靠近海岸水域等生产能力最强的海洋区域造成了重大破坏。此外，水流、洋流以及空气等还可以把这些污染物带到很远的地方，从而对人类和其他生物构成威胁。

在这一区域，沿海地区的城市化进程非常迅速，而且往往以无序的方式进行，与此同时这里的旅游业发展也十分迅猛。目前，生活在沿海地区的人口总数已经超过了 6000 万，其中大部分聚集在像蒙巴萨（肯尼亚）、达累斯萨拉姆（坦桑尼亚）、马普托（莫桑比克）和德班（南非）等大城市里：这些大城市的人口一般在 200 万~400 万。而在那些岛国，城市化同样也给路易港（毛里求斯）、莫罗尼（科摩罗）和维多利亚（塞舌尔）等城市带来了巨大的压力（联合国环境规划署/《内罗毕公约》秘书处以及西印度洋海洋科学协会，2009 年）。这些沿海地区通常也是经济活动的密集地，而且一般都拥有庞大的港口设施。这些变化使得污水和生活垃圾的数量大增，而且

海洋及沿海地区 80% 的污染，其源头都在陆地。

化石燃料的使用也使空气质量明显下降。对此，城市和企业应负主要责任，因为它们在垃圾处理方面的工作十分不力。

农业生产的因素同样也不应被忽视，而农业问题的复杂性在于，农业生产活动是分散在陆地的各个角落的。农业生产所产生的问题并不会仅仅局限于沿海地区。水流会把农业污染直接带到海洋，而沿海地带的农业生产则会通过地表水或地下水直接污染邻近的水源。在该地区的大多数国家，河流流域土壤所受到的侵蚀不仅导致大量悬浮颗粒物悬浮在空中，同时也会在某些地区形成淤积。更令人担心的是，因农药大量使用而造成的污染也日益严重。土壤侵蚀的影响在肯尼亚和马达加斯加的沿海地带尤为明显（联合国环境规划署 /《内罗毕公约》秘书处以及西印度洋海洋科学协会，2009 年）。

最好能用区域方法来对生态系统进行开发。

干预层级：全球、区域以及国家

目前尚不存在一个专门针对陆地源污染的全球性公约，在这方面最重要的法律文件便是 1982 年的《联合国海洋法公约》：它是区域层级制定相关法律文件提供了一个框架和基础。《联合国海洋法公约》在环境保护方面主要有两大目标：一是预防、减少和控制海洋污染；二是保护和管理海洋生物资源。1995 年，《联合国海洋法公约》通过了两个决定性的补充文件：一个是《保护海洋环境免受陆源污染华盛顿宣言》，另一个是《保护海洋环境免受陆源污

图 1　《内罗毕公约》成员国在陆地源方面的压力

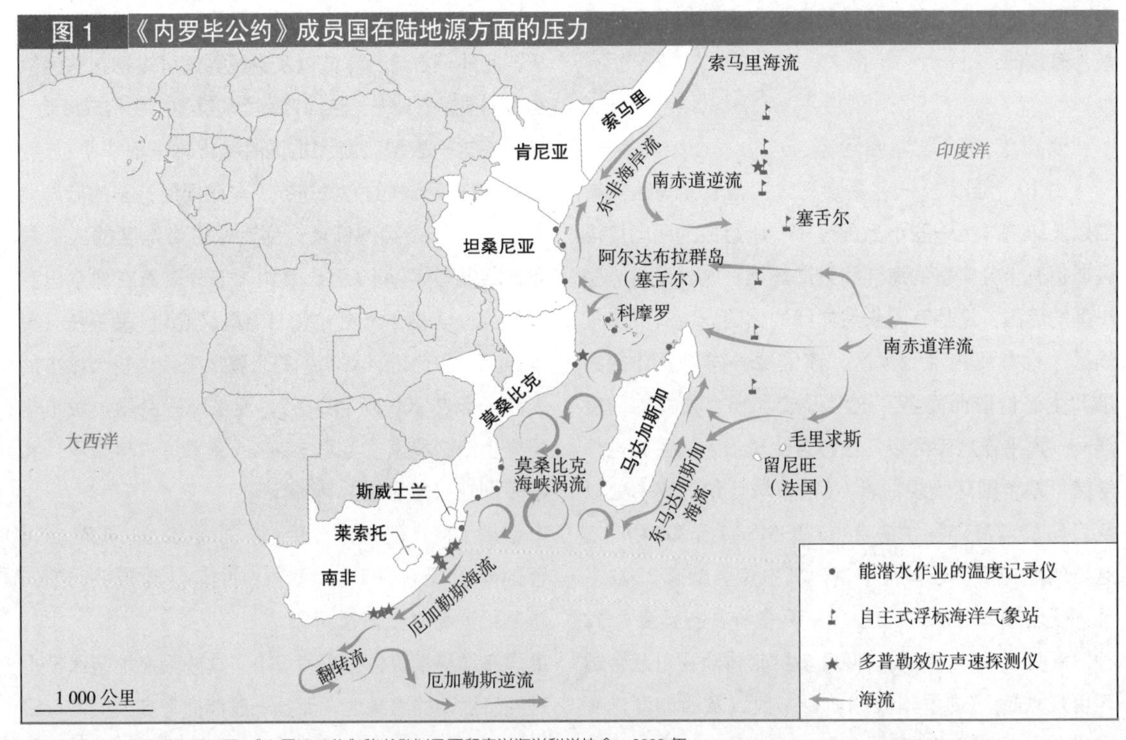

资料来源：联合国环境规划署 /《内罗毕公约》秘书处以及西印度洋海洋科学协会，2009 年。

染全球行动计划》(GPA)。这个不具约束力的协议体现了国际社会愿意对陆地源污染进行防控的决心(见表1)。

《保护海洋环境免受陆源污染全球行动计划》在西印度洋地区的陆地源污染防控过程中发挥着至关重要的作用。此外，该计划还与其他计划一起，参与了一些旨在加强该地区行动能力的项目：它与“印度洋陆地活动方案”(WIOLaB)一起，对本地区的教育需求进行了评估，从而确定了一些教育项目，并有针对性地展开了教育宣传活动［宇久(Uku)和弗朗西斯(Francis)，2007年］。然而，《保护海洋环境免受陆源污染全球行动计划》的影响仍然有限。《保护海洋环境免受陆源污染全球行动计划》虽然在世界各地全面开花，但其所肩负的使命过于宽泛，几乎涵盖了与陆源以及陆地活动有关的一切污染问题。

此外，它所采取的行动还必须依靠相关国家的大力支持，也离不开那些正在实施的“区域海洋计划”这样的框架，而且这一过程需要它们牺牲自己的影响力和知名度。

我们的立场是：最好能用区域方法来对生态系统进行保护、管理和开发。那些全球性的计划缺乏特性，难以达到预期的效果，而且区域方法还能够克服国家方法的局限性。无论是生物多样性、各种源头因素所产生的影响，还是陆地上的活动都不存在什么国界。这一点在西印度洋尤其明显：在这里，风、海流、河流和潮汐的影响都是跨国界的。区域方法在这里完全显示了它的意义，因为这一区域所发现的问题每一个国家几乎都存在，因而采取共同的战略显得尤为必要。

然而，在今天的西印度洋地区，区域行动并不是很发达。这些区域合作的主要目的是增加对基本情况的了解以及加强对海洋和沿海生态系统的治理。其中最具代表性的合作项目是1985年在联合国环境规划署的框架下签订的《内罗毕公约》行动计划以及得到西印度洋沿岸各国签订和批准，并于1996年生效的两个议定书，正是得益于《内罗毕公约》近年来所搭建的较为牢靠的框架，西印度洋沿岸各国在海洋和沿海的治理方面的合作才有所强化。也正因为如此，一系列得到捐助方资助的项目和计划得以在该地区展开。

表1 《保护海洋环境免受陆源污染全球行动计划》

《保护海洋环境免受陆源污染全球行动计划》是一个关注淡水与海岸地区之间相互作用的国际项目，它与联合国环境规划署的区域海洋项目有着密切的合作。《保护海洋环境免受陆源污染全球行动计划》的协调办公室就设在内罗毕的联合国环境规划署总部。在参与联合国环境规划署区域海洋计划的大部分海洋中，《保护海洋环境免受陆源污染全球行动计划》至少确认了至少9种污染物或污染源：污水、重金属、大型垃圾、营养物、石油污染、海岸的改造、栖息地的破坏、沉积物的流动以及持久性有机污染物(POP)。

《保护海洋环境免受陆源污染全球行动计划》帮助各国在其政策、优先目标以及可利用资源等所允许的范围内取得了一定的实际成果。相关的实施工作将主要则国家来承担，当然国家在这一过程中也会与各参与方展开密切合作，包括地方政府、公共机构、非政府组织以及私营部门等。《保护海洋环境免受陆源污染全球行动计划》还亲自组织或参与起草了一些区域性的“陆地源污染防控”议定书，包括地中海、东南太平洋、黑海、科威特地区、加勒比海、红海/亚丁湾和西印度洋等。在西印度洋地区，《保护海洋环境免受陆源污染全球行动计划》主要是通过2005~2010年实施的、一个名为“印度洋陆地活动方案”的示范项目来开展工作的。这一项目是在《内罗毕公约》的框架下展开的，并得到了全球环境基金(GEF)的资助。

资料来源：联合国环境规划署/《保护海洋环境免受陆源污染全球行动计划(GPA)》，2010年。

最近的事态发展表明了这一方法正在呈现一种良性循环的迹象，其重要性正日渐加强。2010 年 3 月 31 日 ~4 月 1 日，西印度洋沿岸国家在肯尼亚首都内罗毕对《内罗毕公约》(联合国环境规划署，2010 年)进行了修订，通过了《内罗毕公约有关保护西印度洋海洋和沿海环境免受陆源污染的议定书》[联合国环境规划署 /《内罗毕公约》秘书处，2010 年（A）] 以及《内罗毕公约有关保护西印度洋海洋和沿海环境免受陆源污染的战略行动方案》[联合国环境规划署 /《内罗毕公约》秘书处，2010 年（B）]。这些协定对于一些主要的行动——公共政策、法律工具和机构改革等——都做出了规定，也对跨界诊断分析（ADT）所确定的一些优先事项的投资做了安排［联合国环境规划署 /《内罗毕公约》秘书处以及西印度洋海洋科学协会（WIOMSA)]。尽管困难重重，但是该地区保护海洋和沿海环境的区域方法正在逐渐形成。

参考文献

CONVENTION DES NATIONS UNIES SUR LE DROIT DE LA MER (CNUDM), 1982, *Textes officiels de la Convention des Nations unies sur le droit de la mer du 10 décembre 1982 et de l'Accord relatif à l'application de la Partie XI de la Convention des Nations unies sur le droit de la mer du 10 décembre 1982*, publication E.97(10), New York, ONU.

PROGRAMME DES NATIONS UNIES POUR L'ENVIRONNEMENT (PNUE/GPA), 2010, *Programme d'action mondial pour la protection du milieu marin contre la pollution due aux activités terrestres (GPA)*, Nairobi (Kenya), PNUE.

PROGRAMME DES NATIONS UNIES POUR L'ENVIRONNEMENT (PNUE), 1985, *Action Plan for the Protection, Management and Development of the Marine and Coastal Environment of the Eastern African Region* [Convention de Nairobi], Nairobi (Kenya), PNUE.

PROGRAMME DES NATIONS UNIES POUR L'ENVIRONNEMENT et SECRÉTARIAT DE LA CONVENTION DE NAIROBI ET WESTERN INDIAN OCEAN MARINE SCIENCES ASSOCIATION (PNUE/Secrétariat de la Convention de Nairobi/WIOMSA), 2009, *Transboundary Diagnostic Analysis of Land based Sources and Activities Affecting the Western Indian Ocean Coastal and Marine Environment*, Nairobi (Kenya), PNUE.

PROGRAMME DES NATIONS UNIES POUR L'ENVIRONNEMENT (PNUE), 2010, *Convention amendée pour la Protection, la gestion et la mise en valeur du milieu marin et côtier de la région de l'océan Indien occidental [Convention de Nairobi]*, Nairobi (Kenya), PNUE.

PROGRAMME DES NATIONS UNIES POUR L'ENVIRONNEMENT et SECRÉTARIAT DE LA CONVENTION DE NAIROBI (PNUE/Secrétariat de la Convention de Nairobi), 2010a, *Protocole à la Convention de Nairobi relatif à la protection du milieu marin et côtier de la région de l'océan Indien occidental contre la pollution due aux sources et activités terrestres*, Nairobi (Kenya), PNUE.

PROGRAMME DES NATIONS UNIES POUR L'ENVIRONNEMENT et SECRÉTARIAT DE LA CONVENTION DE NAIROBI (PNUE/Secrétariat de la Convention et Nairobi), 2010b, *Programme d'action stratégique pour la protection du milieu marin et côtier de la région de l'océan Indien occidental contre la pollution due aux sources et activités terrestres*, Nairobi (Kenya), PNUE.

UKU J. et FRANCIS J., 2007, *Educational Needs Assessment for the Western Indian Ocean Region*, Zanzibar (Tanzanie), WIOMSA.

第八章

安托万·弗雷蒙（Antoine FRÉMONT）
巴黎第十二大学，法国

海上运输：经济与环境问题的交汇点

如果说海运市场强大的经济效益主要得益于其在组织上至今仍享有自由，那该行业如何承担保护环境方面的责任？港口是一切变化的真正杠杆之所在。不同的使用者都在觊觎海岸地区，而能够改善海岸这一脆弱环境的调节手段越来越多地集中了港口。

我们都在超市购买中国制造的产品。这些产品不仅曾经漂洋过海，而且它们都是一些大型跨国公司所研发设计的，其零部件则主要产自东亚的许多国家，而后在中国的深圳经济特区等一些地方装配而成。与这些贸易往来有关的金融和服务业务则涉及许多在香港的中间商，而且还有一个巨大的营销团队负责将它们推荐给全球各地的消费者。这些产品及其零部件，先是被装在纸箱里，而后又进入了一个个集装箱，在轮船和卡车的运送下，走过了几千公里的海路和陆路，从一家工厂到另一家工厂，从一个仓库直到被送上商店的货架。这一物流运送过程会按照生产和销售的需要从数量和时间上来加以管理。我们的全球化经济创造出了前所未有的物流需求和信息量。承担了 80%~90% 国际贸易量的海上运输无疑是其中的支柱。没有海上运输就没有全球化。如今，当人们开始思考全球化的可持续性之时，也就应当思考海上运输业的可持续发展问题。

海上运输：全球化的支柱

专业化、经济规模和可靠性

如果离开了船舶建造领域的创新，海上贸易的发展就将无从谈起。装载着原材料的大型铁壳帆船——快速帆船——使得殖民体系在整个 19 世纪里在全世界各地建立起来［佩特雷－格勒努约（Petre-Grenouilleau），1997 年］。快速帆船之后被蒸汽轮船所取代，而蒸汽轮船本身也在不断采取一些先进的技术设备：弗雷德里克·绍瓦热（Frédéric Sauvage）缩短了螺旋桨的长度，之后奥古斯丁·诺曼德（Augustin-Normand）发明了三叶螺旋桨，最后是柴油发动机在 1914 年问世。之后出现的大型远洋客轮在 20 世纪 50 年代之前一直占据着主导地位，它们把数以百万计的第三类移民运到了他们所向往的新世界，当然也包括那里已经率先步入全球化的上流商人们［弗雷蒙（Frémont），1998 年］。

飞机出现结束了远洋客轮的时代。船舶在 20 世纪出现了专门化分工：油轮用于装载“散装液体”，主要是原油；干散货船主要用于运载矿石、煤炭和粮食。在第二次世界大战之后出现的“辉煌三十年”间，这些船也达到了繁荣的顶峰。干散货船所奉行的是船期不固定的原则：船舶将按照货物运输的需求来安排航程。

20 世纪 60 年代中叶以来，其他一些商品开始集装箱船来运输［多万（Doovan）等，2006 年；莱文森（Levinson），2006 年］。货物被放置在长度统一为 20 或 40 英尺（6 米和 12 米）的集装箱里，而后这些集装箱又被整齐地堆放在船上，这些船则会按照固定的线路和时间开往目的地。集装箱船此类超级规范的船只能够运载各种各样的商品：大众消费品、中间产品，通过冷藏集装箱还可以运载保鲜产品，尺寸上也有着同样标准的罐式集装箱则可用来运载液体或其他化学品。集装箱的出现使承运商可以在不接触所载货品的情况下将其挨家挨户地运送，从生产厂家直送至销售地的仓库里，而且实现了与卡车、火车或者驳船的联运。因集装箱的使用而出现的多运输方式联运，大大促进了贸易往来［弗雷蒙（Frémont），2007年］。

海上运输已成为全球化的支柱。因为它的高效率，海上运输甚至能够促进世界贸易的新增长。

每种类型的船舶在港口都配有专门的码头，这就大大提高了装卸速度。尽管所需装卸的货物数量可能高达数千吨，甚至上万吨，但是船舶所停靠的时间一般只需几十个小时。加速旋转的船只会导致增加使用资金和人员的回报。高周转速度大大提高了资金和人员的回报率。

伴随着船舶专业化的同时，它们的运载也在不断提高。在“辉煌三十年”期间，油轮率先开始了向巨型化发展。这一进程随着1973年和1979年两次石油危机的冲击而突然停止，从此经济增长模式不再建立在重工业的高速发展这一基础之上。今天最大油轮或散货船的载重量一般都不会超过35万吨。

伴随着船舶巨型化的同时，也出现了集装箱船日益普及的势头。过去，由于受巴拿马运河船闸的限制，能够通行的船只最长不能超过32米。从20世纪80年代末开始，这一限制终于消失。目前，能通过巴拿马运河的船只的最大载重量可达1万个标准箱（EVP）①，也就是说超过了10万吨。

轮船运转量的扩大使得规模经济效应开始显现，单位重量的运输成本也因此而得以降低［斯托普福德（Stopford），2009年］。今天，航运成本在一个产品的价格所占的比重很低，大约只有几欧分或几十欧分，这其中还包括了装船前以及船后在陆地上的运输费用。

海上运输机制的可靠性得益于不同参与方之间的良好协调：经营船舶的船东、负责装船业务的货运代理、装卸工、海关以及所有与船舶直接有关的服务，如领航、拖拽、移泊、装卸以及船上的供给等。信息化系统也在其中发挥着重要的作用。国际运输产业链的可靠性和低成本使得制造商和分销商能够从全球的范围来设计它们的生产和销售体系。

增长与危机

海上运输的总量相当可观，2008年海上运输的总运量超过了80亿吨，而在1950年只有5.5亿吨。1979年，全球的海上运输有一半以上是石油。从那时起，集装箱运输开始迅猛发展。目前，集装箱运输已占了全球海上运输总量的40%以上。2008年，全球各个港口的装卸量超过了5亿个标准箱，而这一数字在1990年为8300万，1980年为3500万，1970年则刚刚超过了400万，也就是说平均每年的增幅超过了10%。

2009年的经济危机使得国际贸易经历了第二次世界大战结束以来最为严重的衰退，下降幅度达到了10%左右（联合国贸易和发展会议，2009年）。海上运输业也受到了冲击：运输价格暴跌、船舶停

① EVP为标准箱，即英文的“TEU”（Twenty feet Equivalent Units）。集装箱运量统计单位，以长20英尺的集装箱为标准。一个20英尺的集装箱为1标准箱，一个40英尺的集装箱为2标准箱。

运、船厂的订单中止，2009年港口的运输量减少了10%~20%。海上运输又加剧了危机的严重程度，因为由它所导致的供求失衡的滞后效应很难扭转。船东之间互相兼并成了预料之中的事。这场危机也可能会给造船业带来影响：近来年增长迅速的中国造船业，其实力有望进一步加强，而韩国和日本船厂的日子则越来越难过。韩日两国的造船厂未来很可能会向远洋客轮和汽车轮渡船建造领域进军，而这势必会对迄今主要从事此类专业船舶建造的欧洲造船厂带来冲击。

海上航线与中国的崛起

海上运输有着一些固定的首选航线。80%的石油进口运输都集中在北美、欧洲和东亚地区。东亚的原油供应80%来自波斯湾，而欧洲和美国对该地区的依赖程度只有25%。委内瑞拉的石油产量大部分出口到了北美，北非的石油则出口到了欧洲。而西非地区的石油，则各有1/3运往了北美东岸、欧洲和亚洲。在这些石油运输路线上存在着一些关键地带：霍尔木兹海峡、马六甲海峡、龙目海峡（对于载重吨位超过28万吨的大型油轮而言）、直布罗陀海峡、北加来海峡以及苏伊士运河[弗雷蒙（Frémont），2008年]。

中国大规模现身海上航线只是最近20多年来的事，但它使东亚地区的作用得到了加强：在20世纪70年代，亚洲一些工业化国家曾使该地区充满了活力①。自20世纪80年代中叶以来，东亚地区成了全球集装箱运输的核心地带。从日本到新加坡，构成了一个由南至北的海上大动脉。两个最大的跨洋航线——一条是跨太平洋航线，另一条是通往欧洲的航线——都是从该地区出发的。亚洲内部市场从数量上看也是世界上最多的，这也体现出了这里区域一体化的强劲动力[卡利南（Cullinane）等，2007年]。从19世纪到20世纪70年代一直主导着全球的北大西洋，与这两条线路一起构成了完整的环地球运输通道，但这里的运量要小得多。南北贸易往来虽然发展迅猛，但总量也只有全球总运量的约20%。

全球50个最大的港口中，有7个位于北美，6个位于欧洲，26个位于东亚，其中中国就占了11个。在北美，三面环海的辽阔面积决定了这里低密度的港口布局，这与北欧和日本大都市圈有着很大的不同。亚洲新兴工业化国家或地区的港口，如釜山、香港、高雄和新加坡港构成了亚洲海运动脉的骨干。中国长江三角洲的港口如上海和宁波、珠江三角洲的港口如广州和深圳等都以这条动脉为依托，而中国北方渤海湾的港口，如大连、秦皇岛、天津和青岛则与之相距较远。

在这些沿海的大港口之外，其他地方的港口则是按点状分布的。它们有的是某些发展中国家的沿海大城市，有的则是专门用来出口原材料的港口。此外，在那些专门运送集装箱的高速公路沿岸，也会出现一些转运港②，它们负责将邻近地区的运输任务集中起来。

在巴拿马运河两岸、地中海的苏伊士运河至直布罗陀海峡沿线（阿尔赫西拉斯、焦亚陶罗、比雷埃夫斯、达米埃塔等港口）以及从红海到新加坡（迪

---

① 中国在散装货物运输中的地位不断上升。作为全球第三大进口国，中国的进口中，石油和矿产进口约占总进口值的27%。2008年，中国的石油进口量约占世界石油进口总量（按价值计算）的6%，而2000年这一比例仅占了不到3%，1990年则为0.3%。目前，中国进口的铁矿石约占全球进口总量的53%。

② 转运是指通过一个集装箱码头，把集装箱从一艘船搬到另一艘船上。集装箱从第一艘船上卸下，然后再装上第二艘船。通常情况下，这些都是一些小型的集装箱船，人称支线船，它们通常将那些二线港口的货柜运送到转运港。套用航空用语来说，这些港口也可被称为枢纽港，货柜将从这里装运到那些在主航线上行驶的大船上。

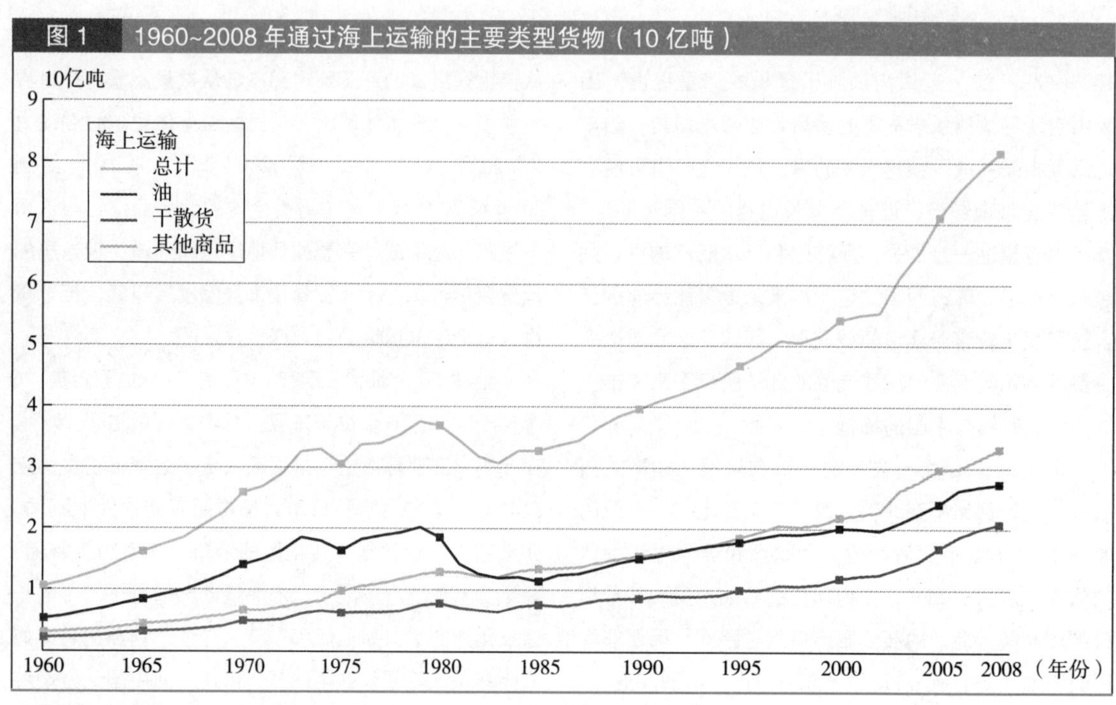

图 1　1960~2008 年通过海上运输的主要类型货物（10 亿吨）

资料来源：联合国统计年鉴、海运经济与物流研究所（ISL）、法国船东中央委员会（CCAF）、联合国贸发会议。

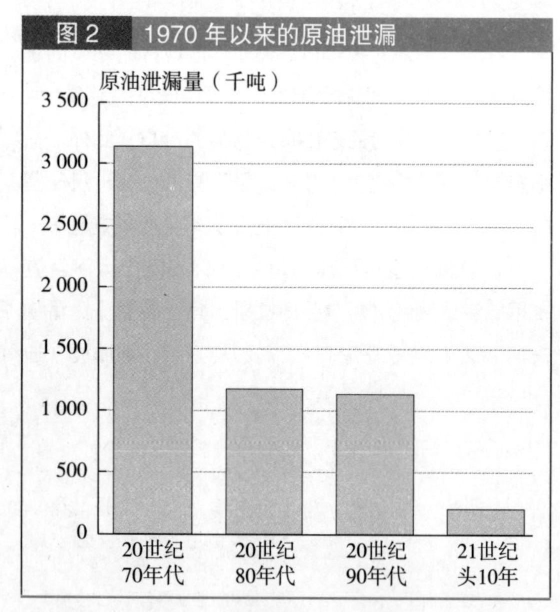

图 2　1970 年以来的原油泄漏

资料来源：国际油轮船东防污染联合会（ITOPF），2010 年，（www.itopf.com）。

拜、斯里兰卡的科伦坡港以及马来西亚的巴生港）等，随处可以见到此类转运港。

世界船队上了被告席：真诉讼还是假诉讼

上了被告席

“托利·堪庸号”（Torrey-Canon，1967 年）“阿莫科·加的斯”（Amoco Cadiz，1978 年）“埃克森·瓦尔迪兹号”（Exxon Valdez，1989 年）“埃里卡号”（Erika，1999 年 12 月）“耶沃利太阳号”（Ievoli Sun，2002 年 10 月）以及“威望号”（Prestige，2002 年 11 月）。与这些名字相联系的海洋灾难事故至今令人记忆犹新：原油泄漏、海岸受到破坏、漫长而复杂的诉讼始终难以分清真正的责任者、赔偿的数额与对象等。这些海上灾难事故就像一粒粒沙子，扰乱着国际海航这台原本运转良好的机器。通过这些灾难事故，发达国家那些一直蒙在鼓里又很容易被激怒的公众突然看到了这个使其天天能加上汽油的机制原来也存在着许多见不得人的东西。

此类灾难事故通常发生在出口国或进口国沿海地带，而且最容易发生在海峡或海角等运输繁忙、条件复杂的线路上。在欧洲，英吉利海峡和大西洋沿岸海区为此类灾难事故的多发地段。人为因素——船员的素质因此受到了质疑——是造成此类海上灾难事故的主要原因，当然船的质量问题——如“埃里卡号”事件——有时也会导致灾难的发生。

不过，大部分情况下原油的泄漏量都很少，一般不会超过 7 吨，而且往往发生在装船或卸船时。此外，此类泄漏情况正在稳步下降，而石油运输的繁忙程度从 2000 年开始已超过了 20 世纪 70 年代的水平。最后，最严重的海洋污染实际上是源于在排放压载、油舱清洗、船舱的污油和污水排放等过程中的一些主动性原油排泄。此类原油排泄几乎涉及所有类型的船只，而且它们出现的原因是某些船只为节省费用不愿使用港口的废物回收处理设施。这些非法的排放通常躲开人们的视线，在夜间和国际水域进行。此类行为凸显了海上航运业最恶劣的一面——一种为了追求利润而为所欲为的强盗行径。

船舶压载水也是另一个大问题，因为这种方式而被运往他地的水量估计在 30 亿 ~100 亿吨。它们很容易导致物种的入侵，如一种原产于欧洲的小型淡水软体动物——斑马贻贝，就是通过来自黑海的船舶压载水，于 1986 年左右被带到了大湖地区。如今，这个物种在美国东部的大部分航道上都可以见到，而且正在向西部蔓延。它会影响食物链和水体的生态平衡。此外，它还能阻塞水道或水闸，并且附着在船舶的船体上，影响到发动机的运行。它还会对浴场产生影响。1989~2000 年，美国为清理这种贻贝耗资超过了 10 亿美元。

图 3　1970 年以来的原油泄漏

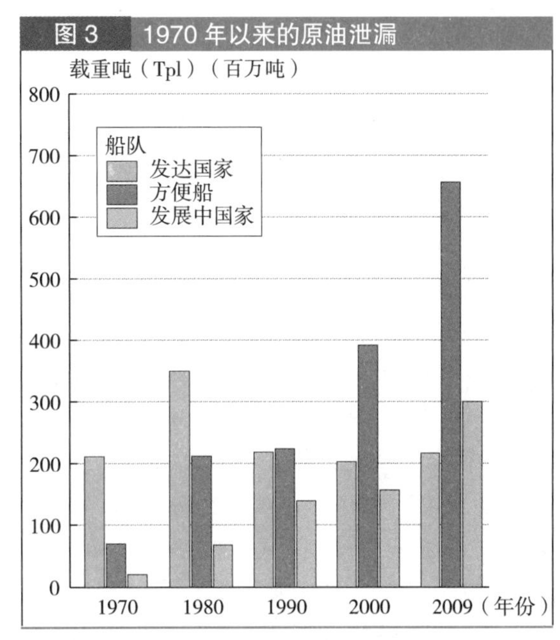

资料来源：国际油轮船东防污染联合会（ITOPF），2010 年，（www.itopf.com）。

随着全球气候变暖问题的出现，海上运输在全球二氧化碳排放中所占比例的问题也越来越受人们关注。海上运输的二氧化碳排放量约占总排放量的 1%~4%，大约与德国这样国家的排放量相当。更糟糕的是，船舶所使用的都是重油，而且没有任何过滤器，因此它们是氮氧化物（NOx）和硫氧化物（SOx）的主要排放量者。这些污染物主要集中在大型的港口城市、岛屿国家以及靠近主要海洋运输线又拥有漫长海岸线的国家。当然，按照单位运输重量及里程来计算，海运仍是能耗最低的运输方式。不过，随着海运未来的进一步发展，以及其他运输手段的技术进步，这一比例将来可能会有所提高。

或许只有在局部地区，即那些富裕国家的港口里，全球化的海运业可能会受到越来越严格的监管。

世界船队如何监管？

海洋是一个自由的空间。这种自由导致了海上运输行业的激烈竞争，对船东来说，逃避那些严苛的国家管理法规不仅成了一项基本原则，甚至也成了一种必要。

由于可以自由选择船籍国，船主们不仅可以享受税收优惠，而且能够以最低的社会成本招募到船员。他们为那些可自由登记注册船舶的国家提供了税收来源。而来自第三世界国家的船员们也得以获得比本国更高的收入，但他们的工作条件十分艰苦。他们成了全球化的“司炉工”。

“方便船”在20世纪70年代开始兴起。当时，美国的船东们开始大量使用这一武器来对付来自其效仿者的竞争。2/3的“方便船”掌握在发达国家的手里。发达国家如今所控制的船舶数量在世界船队中所占的比例几乎与1970年时相当。

船队的管理正在变得日益复杂和先进。自20世纪70年代末以来，各大石油公司不再拥有自己的船队，以防止出现原油泄漏时自己受到的直接冲击。一些独立的船东，主要是希腊人和斯堪的纳维亚半岛人，他们将公司的总部设在那些税收天堂，并以身份不同、分散在世界不同地区的法律实体来经营船只，以尽量降低风险。一些与船舶相关的服务，如船员的招募或船只的维修等则经常被外包下去，以便获得最佳的市场机会。而后，这些船只被石油公司短期或长期租用。海运市场已完全实现了放松管制和全球化，其效率高得惊人。

从理论上说，海洋运输业的监管应当通过国际海事组织等机构从国际层面来进行。该机构试图通过一系列的公约，在继续保留海洋自由航行这一原则的同时，又要能保证海上运输的安全，并尽量降低其对环境的风险。这方面的两个基础公约是《国际海上人命安全公约》（SOLAS）和《国际防止船舶造成污染公约》（MARPOL）。这两个《公约》在经过了数次更新之后，又得到其他一些公约的补充，如2004年的《国际船舶压载水和沉积物控制与管理公约》、有关旧船回收的公约草案以及在如何提高船员素质方面所展开的讨论。所有这些《公约》都是受海洋污染影响的国家与海洋产业界之间妥协的结果。这些《公约》将会得到实施或者说它们得到实施了吗？它们的批准需要得到30个成员国的签订同意，而且这30个国家所拥有的商船数量要达到全球船队总量的1/3。因此，《公约》的实施期限将是十分漫长的。不过，一旦这些规定得到通过，它们就必须得到所有成员国的遵守。

这种近乎瘫痪的状态促使各国开始通过本国的法律法规，尤其是在这些国家因发生重大海上事故而面临公众巨大压力之后。“埃克森·瓦尔迪兹号”沉船事故发生后，美国于1990年通过了《石油污染法》，试图在事故发生后确定各参与方（船东、石油公司和评级公司等）的责任，并逐步推广双壳油轮的使用。在这方面，欧洲存在着两种截然不同的情况：一些是那些拥有双重国籍船的自由国家（英国、荷兰、希腊、丹麦、马耳他和塞浦路斯），另一些国家则更重视国家干预。然而，经常出现的漏油事故最终使得欧盟在2003年通过了一揽子有关海上安全的指令（“埃里卡”一号和“埃里卡”二号）。这些指令加强了对船舶和评级公司的监管，开始逐步淘汰那些单壳油轮，建立起了一个覆盖欧盟全境的海上运输监测，控制和信息共同体系，建立起了一个对欧洲受原油污染的水域进行损害赔偿的基金。2003年正式投入运行的欧洲海事安全局负责执行这一政策。2012年，欧盟还将出台“埃里卡”三号指令。随着这一系列措施的落实，船东的责任将进一步加大。欧盟还要求每个成员国按照国际标准对悬挂本国国旗的船舶进行检查。

除了国家之外，大型石油公司则可以通过其租船审核部门的选择过程，在淘汰垃圾船只方面发挥积极作用。原油泄漏事件会令石油公司名誉扫地。在公众舆论以及立法部门的压力下，发达国家的这一市场最终得到了净化。同样可以设想的是，随着未来在船舶污染减排方面所取得的技术进步，设立排放许可证将成为一个强有力的激励因素，尽管此类许可证在国际层面的推行还存在着许多障碍。一个更有可能出现的情况是：能源价格的上涨将迫使船东们主动降低其船只的能耗。

然而，这些措施在很大程度上仍然是富国的专利。越是处于市场的外围地带，所承运的货物价值就越低、危险性就越大、所途径的航道就越不安全，这样的生意就越有可能交给那些可疑的公司：这些公司通常掌握在21世纪的海盗与骗子手里，它们所使用的是那些本应报废的垃圾船只，根本不顾船员的安危以及可能对环境造成的灾难，要么狠赚一笔，要么彻底赔光。2006年，一艘名为“普罗博·科阿拉”（Probo Koala）的油轮在科特迪瓦阿比让的垃圾填埋场弃置了大量有毒废物，造成17人死亡，数千人中毒。再有，随着当前危机的出现，许多船只和船员都被遗弃在博斯普鲁斯海峡一带，这些例子都表明对世界商业船队的监管是多么困难：它将直接遭遇世界不平等这一现实，而这种不平等正是国际海运业生机勃勃、能对全球化起促进作用的根本所在。

海港：经济、社会和环境挑战

运输链的整合

一个港口的运输量很大程度上取决于其内陆腹地地区的富裕程度及其相对于主要海上航线的位置［维加利埃（Vigarié），1979年］。例如，安特卫普和鹿特丹就是欧洲两个主要的门户港：它们服务于整个欧洲的经济中心，即由敦泰晤士河流域、德国的莱茵河流域以及意大利波河平原所构成的著名的“蓝色香蕉”地带。它们的成功不仅仅得益于独特的地理位置，也取决于它们能够将物流链进行整合的能力［詹姆斯·王（Wang）等，2007年］。

与浩瀚的海洋相比，这些大港口虽然看起来只是一个小点，但其占地面积可达数千公顷，并建有一系列码头和工业设施，形成了一个巨大的港口工业园区（ZIP）。尽管危机当前，但是为了使增长能够恢复到过去的水平，甚至希望海运行业能获得新的发展，因而几乎所有的大型港口都已建成或在计划兴建新的集装箱码头。这些项目的投资都达数亿欧元，而且主要是来自公共财政的投资。将物流运输的覆盖范围延伸到内陆地区也需要有巨大的基础设施投入。

散货运输与集装箱运输之间有着很大的不同。散货主要是在港口工业园区（ZIP）内直接处理，从而不必承担巨额的陆路运输费用，而海运的费用成本则十分低廉。这就是为什么在“辉煌三十年”期间，发达国家的重工业曾经出现了一场向沿海地区迁移的运动。此类运输大部分情况下是垄断经营的，因此能给相关的港口带来不少固定收益。相反，集装箱运输的流动性更大，它们主要往来于那些大城市之间［哈育（Hayuth），1981年］。在往内陆腹地运输的过程中，公路因其高度灵活性超过其他运输方式而获得了绝对优势地位。高速公路网络也因此而变得越来越密集。

不过，那些体积过于庞大的物品就必须通过河流与铁路来运输了。对于那些大港口而言，要想使自己的机制长期稳定运作，避开陆地上的拥堵至关重要。如今，莱茵河每年承运的集装箱高达200万只。在北美，以芝加哥为核心的东西铁路网上来回穿梭着几公里长的双货柜堆放集装箱列车。鹿特丹和洛杉矶/长滩都拥有专门的铁路货运走廊：前者由鹿特丹港通往与德国交界的贝蒂沃（Betuwe）港，后者则由长滩通往内陆分拣中心“阿拉米达走廊”。这方面的投资当然也相当可观。伴随着此类综合运输服务的兴起，内陆地区逐渐形成了一些物流中心，人们有时称它们为内陆港或前沿港。这样，就出现了一些具有双重功能的真正的港口走廊：一方面它们可以避开陆路的拥堵，另一方面又能通过降低运费使得内陆港的规模逐渐扩大［诺特布姆（Notteboom）等，2009 年］。

基础设施只有在有市场需求时才会发挥出作用。这种“门对门”运输产业链的组织和运营是以船东、装卸工和代理商等为基础的，他们按照托运人的需求构建起了覆盖全球的海运网络、码头以及代理公司。这些网络主要集中在三个全球性的经济中心，而在世界其他地区的部局则相对稀松。在陆地上，北美大陆的铁路网络遍布各个角落。为了使欧洲也能出现类似的运营商，欧盟委员会已对铁路运输业进行了全面开放［德布里（Debrie）等，2006 年］。由于公路运输行业过于分散，再加上欧洲各国立法上存在的差异，使得该行业的竞争空前激烈。而这种激烈的竞争反过来又成了对其进行调整，以提高行业效率的一个有效变量。经营者不断在编织新的网络，以寻求更多的运输机会。这些工作都是它们根据自身的实力独自完成的，但此举也使不同业者之间的竞争和协调关系变得更加复杂。作为多模式联运载体的集装箱，则为运输链的垂直整合打开了方便之门。

受其影响，“地主港”模式成了当今最为主流的港口经营模式。作港口基础设施、进港航道、船坞和码头的拥有者，港口管理当局的中心任务是发挥好监管职能以及港口所辖区域的土地管理，而无须参与航运网络的开发运营。海港码头则被那些货运公司长期租用。海上及陆地上相关运输服务的组织与协调则由那些国际运营商来承担。因此，大港口的未来在很大程度上要取决于这些国际运营商所制定的战略。港口成了一枚小棋子，只是这条日益复杂的、在某种程度上各环节可彼此互换的运输产业链上的一个小构件［斯莱克（Slack），1993 年］。港口在不断适应运输产业链上各运营商的各类需求，这就使得“地主港”模式得到了强化，在发展港口和内陆基础设施方面则出现了“永远需要更多”的趋势。对港口来说，最大的风险可能是对某个大型的运营商过于依赖。这正是公共管理部门的作用之所在：它必须借港口管理当局之手，确保公平竞争，而且在必要时——尤其是当各不同运营商之间发生利益冲突之时——还能够发挥仲裁作用。

满足社会和环境需求

港口是沿海领土这一复杂环境的一部分。除了港口和工业活动之外，这里还夹杂着城市活动，港口所相邻的往往是动辄价值数百万美元计的巨大的城市土地。港口还必须处理好与渔业、旅游业以及脆弱而丰富的生态系统的关系，因为它们通常位于湿地、河口或三角洲地带。

港口的活动越来越多地受到同一地区其他利益相关方的质疑，他们纷纷质疑港口的经济和社会效用［弗雷蒙（Frémont），2009 年］。事实上，自 20 世纪 70 年代所出现的后工业化产业调整以来，港口工业园区所能提供的就业岗位已经无法与过去相提并论。集装箱运输将为经济增长提供后劲，但前提是相关的物流运输或与国际贸易相关的业务都必须设置在港口区或其邻近地区。否则，港口只是一个简单的技术性走廊，它会被人们视为是一台用来为国际运输经营者赚钱的简单机器，而不能给港口本地的民众带来丝毫好处。

更糟糕的是，港口成了众多污染，甚至是危险的代名词，因为大量的石化设施都集中在这里，而这很容易使人联想起 1976 年意大利塞维索（Seveso）的化学反应堆爆炸事件。与此同时，随着来自许多协会甚至公共机构的环境压力不断上升，海岸地区的环保工作最终得到了加强。例如，欧洲的各主要港口如今都纳入了“Natura 2000”保护区网络的覆盖范围：塞纳河畔的勒阿弗尔、斯凯尔特河畔的安特卫普、默兹河和莱茵河河口的鹿特丹、威悉河畔的不来梅、易北河畔的汉堡以及卡马格（Camargue）湿地附近的福斯（Fos）等。

图 4　釜山港

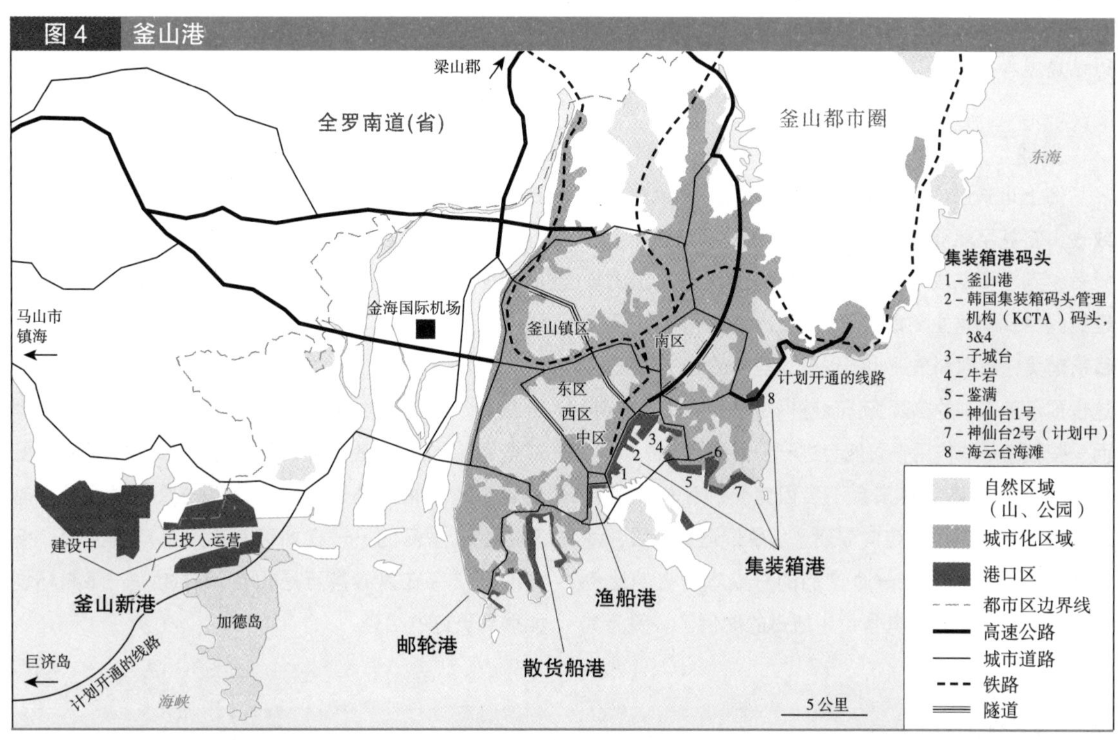

资料来源：弗雷蒙（Frémont A.）和迪克吕埃（C. Ducruet），2004 年，《港口城市的网状结构与土地思维：韩国港口城市釜山案例分析》，原载《地理空间》（*L'Espace géographique*）第 3 期，第 193~210 页。

因此，在运输产业链竞争这一基础之上建立起来的全球港口增长与经济、社会和环境约束之间的矛盾越来越大。如今，任何一个港口的扩建计划都会受到人们的质疑甚至是反对，这其中所折射的实际上是港口与城市、港口与内陆地区的争夺空间的问题。

由于空间不够，许多港口管理当局在条件许可的情况下，都在远离城市的地区开始了扩建计划。比如，韩国的釜山港就在距现有港口以西 10 公里处、一个完全远离城市的地方开辟了新港，再比如鹿特丹港则通过“马斯平原垦地二期规划”（Maasvlakte Ⅱ）来拓展港区的面积。但是，港口当局免不了要与当地的所有利益相关方展开对话。如今的港口项目都是一些与各方共享利益的项目，这与“辉煌三十年”时代有着很大的不同：那时候，只需浇灌混凝土就能扩大运量。如今港口的整治计划都需要中间机构的介入，以便使这些项目的获益者不是单独的个人，而是要顾及整个地方的利益。在一个民主国家，这一过程通常需要很长的时间，至少在十年以上。即使是中国这样一个商人短视行为十分得势的国家，这种丝毫不考虑当地民众利益、在短得创纪录的时间里能动工兴建新码头的现象未来也很难再现。

这正是港口管理当局在土地整治方面所必须发挥的一个主要作用。如今的港口管理当局正面临着这样一个双重考量：既要考虑到港口在运输产业链中的地位，又要考虑到港口在平衡其辖区内经济、社会和环境发展方面的作用。过去过于关注运输文化的港口管理当局必须进行一场文化革命，对自己的新使命进行认真思考。

结论

海上运输已成为全球化的支柱。得益于自身的高效性，它甚至能够推动世界贸易出现新的增长。而世界贸易则主要取决于全球经济的状况。全球物流的地理结构格局仍将主要取决于全球三大经济核心，尽管目前南美、非洲和东亚也出现了一些新的经济增长区。这也预示着未来的国际海洋运输网络将变得更加复杂，而一些枢纽港的作用很可能会进一步得到加强。

海上运输体制将来会不会因为受到诸如能源价格大幅上涨等原因而走向崩溃？从单位运量来看，海上运输的最终成本在一个产品的总成本所占的比例极低——更不用说在其售价中所占的比例了，因为其中规模经济的效应十分明显。不过，随着国际船舶碳排放税的设立以及一些旨在减少港口船舶对大气污染的严厉法规的出台，高油价将促使船东去设法降低船舶的能耗，也会促使造船厂使用更多的创新技术，甚至可能去制造一些所谓的“绿色船舶”。同样，海员社会条件的改善也必将减少海上事故。然而，即使人们拥有强烈的政治意愿，哪一个国际组织、政府机构或非政府组织能设想出一套真正能对这一国际性行业——这一行业至今仍享受着极端的自由——进行监管的办法？或许只有在局部地区，即那些富裕国家的港口里，全球化的海运业可能会受到越来越严格的监管，以便使那些原本脆弱的、越来越令人垂涎的——在如何利用海岸环境方面，各方的利益存在差异甚至是相互矛盾的——海岸环境能得到更好的治理。

参考文献

BAUCHET P., 1998, *Les Transports mondiaux, instruments de domination dans l'économie mondiale*, Paris, Economica.

CNUCED, 2009, *Review of Maritime Transport 2009*, Genève.

CULLINANE K. et SONG D. W. (éd.), 2007, *Asian Container Ports. Development, Competition and Cooperation*, New York, Palgrave Macmillan.

DEBRIE J. et GOUVERNAL E., 2006, "Intermodal rail in western europe: actors and services in a new regulatory environment", *Growth and Change*, 37, 3, p. 444-459.

DOOVAN A. et BONNEY J., 2006, "The box that changed the world", *The Journal of Commerce*, East Windsor, New Jersey, Commonwealth Business Media.

FRÉMONT A., 1998, *La French Line face à la mondialisation de l'espace maritime*, Paris, Anthropos, coll. « Géographie ».

FRÉMONT A., 2007, *Le Monde en boîtes. Conteneurisation et mondialisation*, Synthèse n° 53, Paris, Lavoisier, Les Collections de l'INRETS.

FRÉMONT A., 2008, « Les routes maritimes : nouvel enjeu des relations internationales ? », *La Revue internationale et stratégique*, 69, p. 17-28.

FRÉMONT A., 2009, « L'avenir des ports maritimes », *Futuribles*, n° 358, p. 49-69.

HAYUTH Y., 1981, "Containerization and the load center concept", *Economic Geography*, 57, 2, p. 160-176.

LEVINSON M., 2006, *The box. How the Shipping Container Made the World Smaller and the World Economy Bigger*, Princeton et Oxford, Princeton University Press.

NOTTEBOOM T., DUCRUET C. et DE LANGEN (éd.), 2009, *Ports in Proximity. Competition and Coordination among Adjacent Seaports*, Aldershot, Ashgate.

PÉTRÉ-GRENOUILLEAU O., 1997, *Les Négoces maritimes français, XVII-XX siècles*, Paris, Belin, coll. « Belin sup histoire ».

SLACK B., 1993, "Pawns in the game: ports in a global transportation system", *Growth and Change*, 24.

STOPFORD M., 2009, *Maritime Economics*, 3e edition, Londres, Routledge.

VELTZ P., 1996, *Mondialisation, villes et territoires*, Paris, PUF.

VIGARIÉ A., 1979, *Ports de commerce et vie littorale*, Paris, Hachette.

WANG J., OLIVIER D., NOTTEBOOM et T., SLACK B. (éd.), 2007, *Ports, Cities and Global Supply Chains*, Aldershot, Ashgate.

第九章

戈登·蒙罗（Gordon R. MUNRO）
朴次茅斯大学，英国

拉希德·苏迈拉（U. Rashid SUMAILA）
不列颠哥伦比亚大学，加拿大

打击非法捕捞

对渔业法规的规避行为破坏了人们在水产资源管理方面的努力。为解决这一问题，各国和区域渔业组织之间必须加强合作。这就需要对有关捕捞资料实现系统化管理，加强信息交流甚至建立一个与国际刑警组织相类似的海洋刑警机构。

多项研究表明，世界各地的海洋渔业资源正在遭受浩劫［保利（Pauly）等，1998 年；联合国粮农组织，2007 年］。联合国粮农组织提供的数字显示，全世界只有大约 25% 的商业鱼类种群——其中主要是那些低价品种——处于未被充分捕捞状态。联合国粮农组织强调，“全球渔业行业所存在的非法、不报告和不管制（INN）捕捞的问题正引起人们的担忧，而且将来还可能越来越严重”（联合国粮农组织，2007 年）。联合国粮农组织（FAO）还认为，非法、不报告和不管制的捕捞行为破坏了全球渔业捕捞管理方面的努力，从而给全球范围的粮食安全和保护环境带来不利影响。根据最新的估计，非法、不报告和不管制的海上捕捞行为每年的捕捞总量超过了 1200 万吨，总价值在 100 亿~110 亿美元［阿格纽（Agnew）等，2009 年］。为了使人们对这些数字有更好的认识，我们根据联合国粮农组织、世界银行和其他一些研究人员的研究结果，对每年全球已报告的捕捞总量进行了大致测算，总量为 8500 万吨，总价值在 800 亿~850 亿美元[①]［苏迈拉（Sumaila）等，2007 年；联合国粮农组织，2009 年；凯莱赫（Kelleher）等，2009 年］。

何谓非法、不报告和不管制捕捞？2001 年联合国粮农组织通过的《关于预防、制止和消除非法、不报告和不管制的国际行动计划》曾经对非法、不报告和不管制捕捞行为有过明确的定义。其中，非法捕捞是指本国或外国渔船未经一国许可或违反其法律和条例在该国管辖的水域内进行的捕捞活动。它所指的主要是那些悬挂有关区域渔业管理组织[②]成员国的船旗的渔船进行的，但违反该组织通过的而且该国家受其约束的养护和管理措施的，或违反适用的国际法有关规定的捕捞活动。此外，它还包括那些违反国家法律或国际义务的捕捞活动，包括由有关区域渔业管理组织的合作国进行的捕捞活动。

不管制捕捞系指无国籍渔船或悬挂有关区域渔业管理组织非成员国船旗的渔船或捕鱼实体，在该组织适用水域进行的，不符合或违反该组织的养护和管理措施的远洋捕捞活动[③]。如果相关国家已经签订了 1995 年

① 联合国粮农组织对渔业总产量以及海洋捕捞的总量分别作出估计，但只对渔业捕捞的产量（包括海洋渔业与内陆渔业）进行价值评估。

② 如今十分普遍的区域渔业管理组织机制，其设想既源于 1982 年的《联合国海洋法公约》，也源自于联合国 1995 年通过的《联合国鱼类种群协定》（联合国，1995）。类似于北大西洋渔业组织（Opano）和中西太平洋渔业委员会（WCPFC）的区域渔业管理组织，其成员国都是沿海国家以及从事远洋捕捞的国家。

③ 我们对属于沿海国家的海洋资源和远洋资源（公海）进行了区分，其中沿海国家的海洋资源是指位于沿海国 200 海里范围专属经济区（ZEE）范围内的资源。此外，人们也对属于区域渔业管理组织管辖范围之内的远洋资源与其他资源进行了区分。

的《联合国鱼类种群协定》，它就必须禁止本国的渔船只进入区域渔业管理组织所管辖的公海海域进行捕捞作业，除非它是该区域渔业管理组织的成员国或者已经接受了该组织所制定的相关渔业养护和管理措施［蒙罗（Munro）等，2004年］。然而，如果这个国家不是1995年协定的缔约国，那么其义务就要模糊得多。对于在无适用的养护或管理措施的水域或针对有关鱼类资源开展的而其捕捞方式又不符合各国按照国际法应承担的海洋生物资源养护责任的捕捞活动（联合国粮农组织，2001年，第3.3.2段），它将适用1982年《联合国海洋法公约》第七部分中有关公海的相关规定。《联合国海洋法公约》第87条虽然明确了公海可自由捕捞的原则，但在第116~120条，特别是第117条又规定在公海捕捞的国家必须与其他已采取保护措施的国家合作，以确保渔业资源的保护（联合国，1982年，第七部分）。《公约》第七部分被视为形成国际习惯法的一个组成部分［洛奇（Lodge）等，2007年］。

最后，不报告捕捞系指违反国家法规未向国家有关当局报告或误报的捕捞活动，或在有关区域渔业管理组织管辖水域开展的违反该组织报告程序未予报告或误报的捕捞活动（联合国粮农组织，2001年，第3.2段）。不报告捕捞与不管制捕捞系或非法捕捞之间很难做出区分。人们可能会认为，那些从事非法和（或）不管制捕捞作业的渔船都不会报告或者误报自己的捕捞行为。

打击非法、不报告和不管制捕捞的典型例子

纳米比亚在打击非法、不报告和不管制捕捞方面的成功经验

纳米比亚的海岸线很长，拥有北本格拉（Benguela）洋流所形成的高产生态系统，生活在这里的主要是一些远洋鱼类（生活在公海、浅水层水域），尤其以沙丁鱼、凤尾鱼和马鲭鱼为主。底层生态系统（更深的水域）则生活着大量珍贵的鳕鱼。纳米比亚外海的食物链上最具代表性的生物包括海豹（顶级捕食者）、鳕鱼、鱿鱼、梭鱼、马鲛鱼（食鱼类）、马鲭鱼、圆鲱鱼、刀鱼、沙丁鱼和凤尾鱼（主要的远洋捕捞物）和发光鱼、灯笼鱼和虾虎鱼（主要的底栖捕捞物）［谢尔顿（Shelton），1992年；帕洛马尔（Palomares）和保利（Pauly），2004年］。

1990年独立之前，纳米比亚并没有自己的专属经济区（ZEE）。在其海域从事远洋捕捞的国家所受到的约束只是《联合国海洋法公约》中有关公海的规定（《联合国海洋法公约》，1982年，第七部分）。这些规定被证明根本无力阻止那些不管制的捕捞行为，因此不管制捕捞在这一区域日益盛行。据估计，在20世纪80年代中期，有16个国家在此进行着不管制捕捞作业。苏迈拉（sumaila）和巴斯孔塞洛斯（Vasconcellos）2000年曾经对这些有害影响有过详细的阐述，其中首当其冲的便是那些大型渔船对资源的过渡捕捞。纳米比亚独立后，摆在它面前的是一个退化了的生态系统，其生产潜力明显下降［威廉斯（Willemse）和保利（Pauly），2004年］。此外，远洋捕捞国家的作业活动给此时纳米比亚的社会和经济带来了严重的负面影响。

在此期间，纳米比亚水域捕捞活动未能得到有效监管，尤其是在捕获量的报告方面存在漏洞。所有导致非法、不报告和不管制捕捞的直接诱因在这里都存在着：缺乏监管、捕获量的报告存在漏洞等。人们很容易通过从事非法、不报告和不管制捕捞作业而迅速致富，而在这一过程中不存在被抓捕的风险。由于不存在任何制裁手段，因此违法者可以在不用付出任何代价的情况下获得最大利润。

随着专属经济区的设立，过去这里无管制的捕捞作业成了一种非法的捕捞行为。纳米比亚也很快树立起了自己的权威：1990~1991年，一些拖网渔船因为从事非法捕捞而被拦截并受到了处罚，其中大部分被没收。世界自然基金会［世界自然基金会（WWF），1998年］

的一份报告显示，自独立后的纳米比亚宣布设立专属经济区以来，没有许可证而在该海域从事捕捞作业的外国渔船数量减少了 90% 以上。

纳米比亚很快完成了建立渔业管理系统这一壮举，其中包括一些负责追踪、控制和监控的强有力机制［贝格（Bergh）和戴维斯（Davies），2004 年］。这一行动的首要目标是将渔业交给那些有资质的经营者，并确保其遵守现行的法律和行政规定（纳米比亚渔业和海洋资源部，1994 年）。在很短的时间里，纳米比亚当局便把纳米比亚这个“非法、不报告和不管制捕捞的天堂”转变成了“非法、不报告和不管制捕捞的地狱”。

纳米比亚之所以能够赢得这场打击非法、不报告和不管制捕捞的战斗，其中有着多方面的原因。这些原因中有的是纳米比亚所独有的，而有的则在别的国家也同样存在。其中的一个关键因素是渔业对于国家财富的重要贡献。事实上，渔业收入在纳米比亚国内生产总值中所占的比例超过了 10%［兰格（Lange），2003 年］。如此重要的份额使渔业成了纳米比亚的一个优先行业，也使得纳米比亚渔业和海洋资源部能够花巨资投入，建立起了一套有效的追踪、控制和监控机制。此外，作为一个刚刚获得独立的国家，纳米比亚可以从世界各地许多负面的例子中获得借鉴，包括学到了在渔业领域“哪些是不应该做的”。该国的宪法中就提到了自然资源可持续利用的原则，而其法律体系也赋予了法院对非法捕鱼行为的管辖权。

纳米比亚的地理结构也起着重要作用。纳米比亚的海岸地区是一个人们很难进入的沙漠荒芜地带，这里只有两个较大的渔港和一些小型的渔村社区。因此，这里无须去安抚那些声称长期以来一直拥有捕捞权的沿海民众。

地中海蓝鳍金枪鱼的棘手问题

国际资源是指不同国家（或实体）都可以捕捞的共享资源。据联合国粮农组织估计，此类资源大约占了全球捕获总量的 1/3［蒙罗（Munro）等，2004 年］。其中主要由两大类构成：一是越区种群，即至少在两个专属经济区之间来回游走的鱼类种群；二是跨界鱼类种群，即在专属经济区和邻近的深海水域都同时存在、被沿岸国家和其他远洋捕捞国家同时捕捞的鱼类种群（蒙罗等，2004 年）。1995 年联合国通过的《联合国鱼类种群协定》呼吁区域渔业管理组织和沿岸国家以及其他远洋捕捞国家一道，加强对跨界鱼类种群（广义上而言）的管理，因为此类或者说这些资源对它们来说代表着“实实在在的利益”（蒙罗等，2004 年）。在这一过程中，区域渔业管理组织也可以将那些所谓的“非会员合作方”纳入其中。被许多国家当做捕捞对象的地中海蓝鳍金枪鱼种群正是这种共享资源的一个最典型例子。

非法、不报告和不管制捕捞是地中海和大西洋蓝鳍金枪鱼管理过程中所存在的一个主要问题。世界自然基金会 2006 年就已经注意到各国所提交的蓝鳍金枪鱼贸易报告与国际大西洋金枪鱼类保护委员会（ICCAT）有关蓝鳍金枪鱼捕获量的报告之间存在着很大的差异，这表明该地区存在着大量的非法、不报告和不管制捕捞行为。这一研究报告估计，在 2004 年和 2005 年，地中海和大西洋的蓝鳍金枪鱼捕获量约 45000 吨，超过了总可捕量（TAC）的 40%：国际大西洋金枪鱼类保护委员会所设定的总可捕量为 32000 吨。如果把西班牙、法国和意大利等国的船只所捕获的、专供各自国内市场的蓝鳍金枪鱼也计算在内的话，那么这一总数每年将超过 50000 吨（世界自然基金会，2006 年）。

根据在地中海从事捕捞作业的船只数量及其捕获率，国际大西洋金枪鱼类保护委员会曾在 2006 年测算认为，在 21 世纪初蓝鳍金枪鱼的捕获量大约为每年 43000 吨。到了 2008 年做出的最新估算认为，地中海的蓝鳍金枪鱼捕获量为每年 47800 吨，大西洋东部为 13200 吨。这些数字是根据金枪鱼名录、捕获率以及国际大西洋金枪鱼类保护委员会所提供的鱼类种群数量相关信息等测算出来的。根据这一新的估算数，地中海和大西洋的蓝鳍金枪鱼捕获量为61000吨，这一数字要高于世界自然基金会的估算数。此外，各方所报告的数字与市场上各类销售数据所反馈的信息之间的差距，也证实了国际大西洋金枪鱼类保护委员会对于非法、不报告和不管制捕获量的预估（国际大西洋金枪鱼类保护委员会，2008年）。蓝鳍金枪鱼在地中海是一种共享资源，因此在这里打击非法、不报告和不管制捕捞要比在纳米比亚要困难得多。

共享资源：深受非法、不报告和不管制捕捞之害

由几个国家共享的水产资源都具有这样一个基本特性：对这些资源进行共同开发利用的各个国之间几乎无一例外地存在着战略互动。举一个最简单的例子，假设有两个沿海国家共享一种越区鱼类种群。一个国家所进行的捕捞作业势必对另一个国家的收成产生影响，于是战略互动自然就出现了。然而，在经济学家们看来，用战略互动的理论来解释这些资源的经济管理是行不通的。这种战略互动理论就是人们通常所说的“博弈论”[贝利（Bailey）等，2010年]。这一理论主要有两个分支：一种是不合作博弈，另一种是合作博弈。

不合作博弈理论可以用来解释那些共享水产资源的各国因为缺乏合作而产生的一系列问题。这种情况之所以存在，是因为每个国家都认为自己能在资源管理方面做到最好。人们最熟悉的不合作博弈理论可能就是囚徒困境了[①]。每个“玩家”都会制定自己的行为准则，即不合作的“战略”——众所周知，此类战略并不是最理想的，甚至是有害的。一个很危险的后果是，各国的政策会压缩渔业行业的经济收益并对资源造成伤害［贝利等，2010年；蒙罗（Munro）等，2004年］。跨界鱼类种群的情况最能说明问题。1982年《联合国海洋法公约》第七部分对于公海跨界鱼类种群并没有明确的规定，尤其是沿海国的权利和义务方面的规定十分模糊，这与对远洋捕捞国的规定形成了鲜明对比。人们将很难针对这些资源建立起稳定的合作管理制度。渔业领域的不合作博弈所造成的破坏性后果是如此之严重，以至于联合国专门组织召开了有关跨界鱼类种群和高洄游性鱼类种群的会议（纽约，1993~1995年）。正是这些会议最终导致了区域渔业管理组织机制的问世，并指明了合作的必要性。

合作博弈理论，实际上就是谈判理论。它所注重的是为日后这些博弈的稳步展开创造条件。如果合作机制是不稳定的，“玩家”将会回到竞争状态（不合作状态），并将承受由此带来的一切后果。显然，这一切必须具备这样一个基本条件：每个“玩家”必须相信这种合作能给其带来的经济回报，至少不会低于他们相互竞争状态下的预期[②]。尽管这种基本条件是显而易见的，但在实际情况中常常被人们所忽视（联合国粮农组织，2002年）。但是，如果每个“玩家”都觉得经济收益的分配是公平的，那么光有这一条件就不够了。无论是跨界鱼类种群还是越区鱼类种群的管理，如果区域渔业管理组织的成员国不按照规章制度办事——也就是说它们从事了联合国粮农组织所说的非法捕捞活动，那么合作机制就将崩溃。

---

① 囚徒困境表明，两个囚徒有时很难展开合作，尽管这种合作对双方都很有利。

② 在这种不合作博弈的理论中，人们把此称作个人理性的约束。

跨界鱼类种群的管理

跨界鱼类种群的管理与越区鱼类种群的管理至少有着两点不同。

首先，合作博弈理论认为，随着“玩家”数量的增加，维持机制稳定的困难也会成倍增加，因为监督这些“玩家”的行为将变得越来越复杂。通常情况下，在一个严格意义上的跨界鱼类种群管理机制内，“玩家”的数量十分有限，多数情况下不会超过两个。相反，典型的区域渔业管理组织所拥有的成员则要多得多，包括那些沿岸国家以及远洋捕捞国。

其次，博弈论理论表明，那些不管制捕捞行为所产生的问题会因为“新成员”的加入而变得更加复杂。不管制捕捞行为或者那些非成员国所进行的捕捞作业，与博弈论所说的“搭便车者”的行为是一致的，其对渔业管理合作机制稳定性的影响与成员国不遵守规章制度的后果完全相同。在这方面，如果要想合作机制长期稳定地维持下去，也必须满足这样一个基本的条件：每一个“玩家”都必须相信合作的好处会大于不合作。

最近的一项研究将合作博弈理论用于对跨界鱼类种群管理的分析。研究首先表明，如果“玩家”之间存在异质性，而且愿意承担各类不同的捕捞成本，那么它们之间的合作就能稳固。其次，该研究还表明，即使各类“玩家”之间存在异质性，但是如果跨界鱼类种群管理的潜在合作方数量超过了 7 个，而且不管制的捕捞行为得不到控制，那么这种合作博弈就无法达到稳定状态。不管在渔业经济利益分配方式的起草过程显示出了多大的灵活性和想象力，这一结论同样有效［平塔西尔戈（Pintassilgo）等，2010 年；菲纽斯（Finus）等，2010 年］。顺便提一句，那些只拥有 7 个“玩家”的区域渔业管理组织只是一个很小的区域渔业管理组织。

把区域渔业管理组织的扩大作为打击非法捕捞的工具？

人们所说的“新成员”问题之所以产生，是因为 1995 年《联合国鱼类种群协定》要求各区域渔业管理组织考虑接纳新成员的问题[①]。除非出现例外的情况，否则在通常情况下，这个潜在的新成员应当是一个远洋捕捞国，而不是该区域渔业管理组织的创始成员，但它对该区域的渔业“真正”有兴趣，并希望加入其中。当然，其中也隐含着其申请遭到否决的风险。届时，这个远洋捕捞国便违反了 1995 年联合国有关跨界鱼类种群协定，其相关作业便是不管制的捕捞。

有关新成员的问题至今还没有找到令人满意的解决方法。在一份有关区域渔业管理组织具体做法的研究报告中，威洛克（Willock）和拉克（Lack）总结出了两种主要的方法。首先是欢迎新成员的加入，并以牺牲创始成员的利益为代价，向新成员分配一个总可捕量的额度。而这种做法在那些创始成员看来与那些“搭便车者”的行为无异［凯塔拉（Kaitala）和蒙罗（Munro），1997 年］。一些选择了这一方式的区域渔业管理组织会想法尽力平息那些创始成员的不快，比如它们会在保持原有总可捕量不变的基础上，向新成员分配新的总可捕量，而这样一来通常情况下又会导致过度捕捞现象的出现，有悖于资源可持续管理的初衷。另一种方法是吸引新的成员，但同时明确告诉它们现有渔场的总可捕量已经分配完毕，它们只能从那些“新设的”渔场获得一些捕捞额度。这种做法实际上是“向新成员关闭了大门”（威洛克和拉克，2006 年）。很容易理解的是，这种“关门”政策势必导致非法、不报告和不管制捕捞的泛滥。在非法、不报告和不管制捕捞的预期好处这一计算公式中，道德

① Organisation des Nations unies, 1995, articles 8, 10 et 11.

与公平这一变量应当是正面的，因为这一体制未能体现出公平的原则。

另外一种方法目前仍在讨论之中，它是把所有的水产资源作为一种集体财产交给各创始成员，而每个成员拥有多少捕捞配额则由各方自行商定。有关这些配额分配的谈判不仅在创始成员之间展开，而且也要在创始成员与未来的成员之间展开。新成员可以通过购买或租借的方式来获得捕捞配额。这一方法由联合国粮农组织在2002年首度推出，2007年得到了英国皇家国际问题研究所（查塔姆研究所）的一个独立小组的认可（联合国粮农组织，2002年；洛奇等，2007年）。据经合组织介绍，目前至少有一个区域渔业管理组织，即南方蓝鳍金枪鱼委员会（CCSBT）就这一方法展开谈判（经合组织，2009年）。

船东自然会试图通过对非法捕捞物进行“漂白”的方式来规避贸易限制。

我们注意到，一般情况下，要想对非法、不报告和不管制捕捞进行打击，必须具备以下两个条件。第一个条件与区域渔业管理组织有关：1995年《联合国鱼类种群协定》的各项规定必须成为国际习惯法。区域渔业管理组织要想把公海纳入自己的管理范畴，这一法律结构的变化是必不可少的。第二个一般性条件是：必须妥善解决问题好“新成员”的问题。否则，这个问题将成为人们进行非法、不报告和不管制捕捞的一个好借口。

具体而言，这种状况有可能诱发其他一些行动，而其中有的已经出现。人们之所以要推出非法、不报告和不管制捕捞的预期好处这一计算公式，就是为了能够强化那些惩戒因素，如加大制裁、提高被查获的概率以及（如果可能的话）加入耻辱感等。查塔姆研究所一份有关区域渔业管理组织治理行为的报告详细介绍了其可能——以及已经——采取的一些措施（洛奇等，2007年）。例如，区域渔业管理组织可以列出一份从事不管制捕捞行为的渔船的黑名单，而后要求成员国拒绝让这些船只进入其港口，并对用黑名单上渔船所捕捞鱼类所生产的产品实行贸易限制等。

查塔姆研究所在报告中提出的一条主要倡议是：区域渔业管理组织除了加强内部的合作之外，还应当加强彼此之间的相互合作（洛奇等，2007年）。有两个例子能充分说明这种合作的必要性。北大西洋渔业组织（Opano）曾经和东北大西洋渔业委员会（CPANE）就制定共同的黑名单达成了一个合作协议。如果北大西洋渔业组织把某艘渔船列入黑名单，东北大西洋渔业委员会（CPANE）也必须这样做，反之亦然（洛奇等，2007年）①。第二个例子是针对非法、不报告和不管制捕捞物所实行的贸易限制。船东自然会试图通过对非法捕捞物进行“漂白”的方式来规避贸易限制。然而，只要对所有的捕捞行为实行建档制度，那么相关的“漂白”工作将无法进行。不过，这方面要想取得成功，光靠一个区域渔业管理组织内部的合作是远远不够的。

南极海洋生物资源养护委员会（CCAMLR）是这些区域组织能在困难条件下有所作为的另一个例子。它所重点关注的是一种利润十分丰厚的巴塔哥尼亚齿鱼捕捞问题。这是一种生长缓慢的底栖物种，其捕捞地主要是在南极海域，而且大部分被销往了

① 见苏迈拉（Sumaila）等人提出的第7个计算公式。将相关渔船列入一个共同的黑名单会增加其被抓住以及接受惩处（包括经济及非经济惩处）的可能性。

北半球的市场，尤其是日本、美国和欧洲［奥斯特布卢姆（Österblom）和苏迈拉（Sumaila），2010 年］。20 世纪 90 年代末，南极海洋生物资源养护委员会就已意识到对巴塔哥尼亚齿鱼的非法、不报告和不管制捕捞（约占总捕捞量的 75%）已经引发了危机，它不仅威胁到了这一鱼类的生存，而且影响到了整个区域渔业管理组织的声誉（奥斯特布卢姆和苏迈拉，2010 年）。于是，南极海洋生物资源养护委员会的成员，尤其是那些非国家行为体（非政府组织以及那些合法对这些资源进行捕捞的渔业公司）组织起了反击[①]：从 2000 年起，南极海洋生物资源养护委员会开始实行对捕捞量进行登记备案的制度。那些并不属于南极海洋生物资源养护委员会创始成员的国家也被要求参与合作：毛里求斯和纳米比亚受邀成了南极海洋生物资源养护委员会的观察员，此后又成为正式成员，而中国香港和新加坡则停止了对那些通过非法、不报告和不管制而捕捞的南极美露鳕的“漂白”行动。这场斗争还需要各国之间的合作，通过联合的军事行动来追查那些从事非法、不报告和不管制捕捞作业的渔船。尽管目前还难以给出十分精确的数字，但是阿格纽（Agnew）等人（2009 年）在对全球非法、不报告和不管制捕捞的规模与趋势进行研究后发现，南极美露鳕的非法捕捞在 20 世纪 90 年代末达到高峰，此后开始呈现下降趋势（阿格纽等，2009 年）。这方面的经验使我们开始重新关注区域渔业管理组织内部的合作。这种合作不仅对捕获量的登记备案和制定黑名单十分重要，而且也有助于实现经验的共享。比如说，将南极海洋生物资源养护委员会的经验推广到所有的区域渔业管理组织就会有很大的好处。

结论

非法、不报告和不管制捕捞行为仍然是世界渔业资源可持续管理所面临的第一大威胁。这种威胁尤其会影响到那些正在形成的区域渔业管理组织的稳定性。虽然说我们永远无法将非法、不报告和不管制捕捞行为彻底清除，但我们仍然有可能将其降低到一个可以容忍的程度。要做到这一点，首先必须将 1995 年《联合国鱼类种群协定》变成一种国际习惯法。事实上，不管制捕捞活动应当被归入非法捕捞的范畴。同样，合作必须成为一种标准——一种不仅仅局限于区域渔业管理组织内部的标准，而且也应当成为全球范围内各不同区域渔业管理组织之间的标准。此外，还应当组建一个与国际刑警组织相类似的海洋刑警组织。尽管这一严重的威胁始终存在，但这不应当成为人们悲观的理由。纳米比亚以及南极海洋生物资源养护委员会的经验表明，人们可以对非法、不报告和不管制捕捞行为采取行动，即使在十分困难的情况之下。

致谢

作者衷心感谢位于加拿大温哥华的不列颠哥伦比亚大学渔业研究中心（Fisheries Centre）全球海洋经济项目组所提供的帮助。该项目得到了位于美国费城的皮尤慈善信托基金会（The Pew Charitable Trusts）的资金支持。

① 有关对南极海洋生物资源养护委员会采取的措施所展开的具体和详细的讨论，请参阅奥斯特布卢姆和苏迈拉，2010 年的相关文章。

参考文献

Agnew D. J., Pearce J., Pramod G., Peatman T., Watson R., Beddington J. R. et Pitcher T. J., 2009, "Estimating the worldwide extent of illegal fishing", *PLoS ONE*, 4(2), p. 1-8.

Bailey M., Sumaila U. R. et Lindroos M., 2010, "Application of game theory to fisheries over three decades", *Fisheries Research*, 102, p. 1-8.

Bergh P. E. et Davies S. L., 2004, "Against all odds: taking control of Namibian fisheries", *in* Sumaila U. R., Steinshamn S. I., Skogen M. D. et Boyer D. (éd.), *Namibian Fisheries: Ecological, Economic and Social Aspects*, Amsterdam, Eburon Deft, p. 289-318.

Commission internationale pour la conservation des thonidés de l'Atlantique (CICTA), 2008, *Report of the 2008 Atlantic Bluefin Tuna Stock Assessment Session*, Madrid, CICTA.

Kaitala V. et Munro G., 1997, "The conservation and management of high seas fishery resources under the New Law of the Sea", *Natural Resource Modeling*, 10, p. 87-108.

Kelleher K., Willmann R. et Arnason R., 2009, *The Sunken Billions, the Economic Justification for Fisheries Reform*, Washington D. C., Publications de la Banque mondiale.

Lange G. M., 2003, "Fisheries accounting in Namibia", *in* Perrings G. et Vincent J. (éd.), *Natural Resource Accounting and Economic Development: Theory and Practice*, Cheltenham, Edward Elgar Publishing, p. 214-233.

Lodge M., Anderson D., Løbach T., Munro G., Sainsbury K. et Willock A., 2007, *Recommended Best Practices for Regional Fisheries Management Organizations: Report of an Independent Panel to Develop a Model for Improved Governance by Regional Fisheries Management Organizations*, Londres, Chatham House.

Ministère des Pêcheries et des Ressources marines, 1994, *Namibia Brief. Focus on Fisheries and Research*, Windhoek, ministère des Pêcheries et des Ressources marines.

Munro G., Van Houtte A. et Willmann R., 2004, *The Conservation and Management of Shared Fish Stocks: Legal and Economic Aspects*, document technique sur les pêches n° 465, Rome, FAO.

Organisation de coopération et de développement économiques, 2009, *Strengthening Regional Fisheries Management Organizations*, Paris, OCDE.

Organisation des Nations unies pour l'alimentation et l'agriculture, 2001, *Plan d'action international visant à prévenir, à contrecarrer et à éliminer la pêche illicite, non déclarée et non réglementée*, Rome, FAO.

Organisation des Nations unies pour l'alimentation et l'agriculture, 2007, *The State of World Fisheries and Aquaculture 2006*, document de travail, Rome, FAO.

Organisation des Nations unies pour l'alimentation et l'agriculture, 2009, *The State of World Fisheries and Aquaculture 2008*, Rome, FAO.

Organisation des Nations unies, 1995, *Conférence des Nations unies sur les stocks chevauchants et les stocks de poissons grands migrateurs. Accord aux fins de l'application des dispositions de la convention des Nations unies sur le droit de la mer*, UN Doc. A/Conf./ 164/37.

Organisation des Nations unies, 2010, *Oceans and the Law of the Sea, Division des affaires maritimes et du droit de la mer*. Disponible sur : www.un.org/Depts/los/index.htm.

Österblom H. et Sumaila U. R., 2010, *Toothfish, Crises and the Emergence of International Cooperation*, Vancouver, Fisheries Centre Working Paper, université de Colombie-Britannique.

Palomares M. L. et Pauly D., "Fish biodiversity of Namibian waters: a review of currently available information", *in* Sumaila U. R., Steinshamn S. I., Skogen M. D. et Boyer D. (éd.), *Namibian Fisheries: Ecological, Economic and Social Aspects*, Amsterdam, Eburon Deft.

Pauly D., Christensen V., Dalsgaard J., Froese R. et Torres F., 1998, "Fishing down marine food webs", *Science*, n° 279, p. 860-863.

Pintassilgo P., Finus M., Lindroos M. et Munro G., 2010, "Stability and success of Regional Fisheries Management Organizations", *Environmental and Resource Economics*, n° 46, p. 377-402.

Shelton P. A., 1992, "Detecting and incorporating multispecies effects into fisheries management in the North-West and South-East Atlantic", *in* Payne A. I. L. et Brink K. H. (éd.), 2001, *Statistique Canada, Imports of Patagonian Toothfish 1999 and 2000*, Ottawa, Statistique Canada.

Sumaila U. R., Marsden A. D., Watson R. et Pauly D., 2007, "A global ex-vessel fish price database: construction and applications", *Journal of Bioeconomics*, 9(1), p. 39-51.

Sumaila U. R. et Vasconcellos M., 2000, "Simulation of ecological and economic impacts of distant water fleets on Namibian fisheries", *Ecological Economics*, n° 32, p. 457-464.

Sumaila U. R., Alder J. et Keith H., 2006, "Global scope and economics of illegal fishing", *Marine Policy*, n° 30, p. 696-703.

Willemse N. E. et Pauly D., 1950 to 2000, "Reconstruction and interpretation of marine fisheries, catches from Namibian waters", *in* Sumaila U. R., Steinshamn S. I., Skogen M. D. et Boyer D. (éd.), 2004, *Namibia's Fisheries: Ecological, Economic and Social Aspects*, Amsterdam, Eburon Deft, p. 99-112.

Willock A. et Lack M., 2006, *Follow the Leader: Learning from Experience and Best Practice in Regional Fisheries Management Organizations*, Sydney, WWF International et TRAFFIC International.

World Wildlife Fund (WWF), 1998, *The Footprints of Distant Water Fleet on World Fisheries*, Godalming, Endangered Seas Campaign, WWF.

World Wildlife Fund (WWF), 2006, *The Plunder of Bluefin Tuna in the Mediterranean and East Atlantic in 2004 and 2005*, Rome, WWF, Bureau du Programme Méditerranée.

聚 焦

渔业码头：陆地与海洋之间的纽带

弗朗索瓦·亨利（François HENRY）
法国开发署，法国

迪迪埃·西蒙（Didier SIMON）
法国开发署，法国

作为联结陆地和海洋的纽带，渔业捕捞物的卸货场——渔业码头对于经济和社会发展来说是一个战略要地。正因为如此，在捐助国援助沿海国家的政策中，它们通常会成为优先考虑的对象。这一点从法国开发署（AFD）出资为塞内加尔兴建渔业码头就可以得到证明。

塞内加尔的领海与摩洛哥、毛里塔尼亚和几内亚比绍一道，是世界渔业捕捞最丰富的水域之一：每年的捕捞量约为 250 万吨，相当于整个欧盟捕捞量的一半。在塞内加尔，渔业行业的劳动者占了全国劳动力人口的 15%，而且渔业行业对保障该国的粮食安全也起到了重要作用，因为它提供了 70% 的国内动物蛋白消费。

法国开发署资助的项目所针对的主要是手工渔业：过去 10 年间，该国年均 41.5 万吨捕获量中，有 88% 来自手工捕鱼业。该项目的目的是减少捕捞之后的损耗：如果直接将捕获物卸在沙滩上，这一损耗比例高达 10%。该项目的主要内容是建立起一些捕获物卸载和销售所需的基础设施，如码头或室内批发交易大厅、供鱼产品批发商使用的存储场所、放置设备用的仓库、为提高海员夜间安全的照明标志及其他设施等。这一项目还有着一个重大的创新之处：它同时考虑到了该行业其他环节的需求，如增设了加工设施。

该项目不仅减少民捕捞后的损耗量——这是其最初的目标，而且也提高了市场的运作效率。批发交易大厅成了供求双方直接见面之地，平衡了交易双方所处的位置：过去，渔民处于弱势地位，因为他们彼此分散在沿海各地。此外，这一行业的活力远远超出了渔业码头的范围。鱼类产品的批发商和交易商——妇女是其中的主力军——成了渔民和内陆

卸货场将有助于水产行业在制度上的监管与控制。

背景介绍：

1997~2007 年，法国开发署共在塞内加尔海岸进行过两个渔业码头的整治项目建设。第一个项目是在 1997~2002 年展开的大海岸项目，主要集中在圣路易（盖恩达尔和高库姆巴特）、法斯博瓦、卡亚尔、约夫、阿恩海滩等地，总投资为 340 万欧元。第二个项目被称为小海岸手工渔业资助计划（PAPASUD），在 2002~2007 年完成。该项目总投资为 310 万欧元，所建设的渔业码头主要集中在小海岸地区（姆布尔－姆巴林、若阿勒、吉费尔－帕尔马林、迪亚姆那迪奥、焦内瓦尔的加工区）、辛－萨卢姆区（丰久涅、恩丹加内桑布）和卡萨芒斯地区（济金绍尔、斯基灵角、津贝林、卡丰廷、埃林金）。塞内加尔其他一些地区的渔业码头项目则得到了欧盟和塞内加尔本国的资金支持。得到法国开发署资助的项目都是以斜体字的名称标出的。

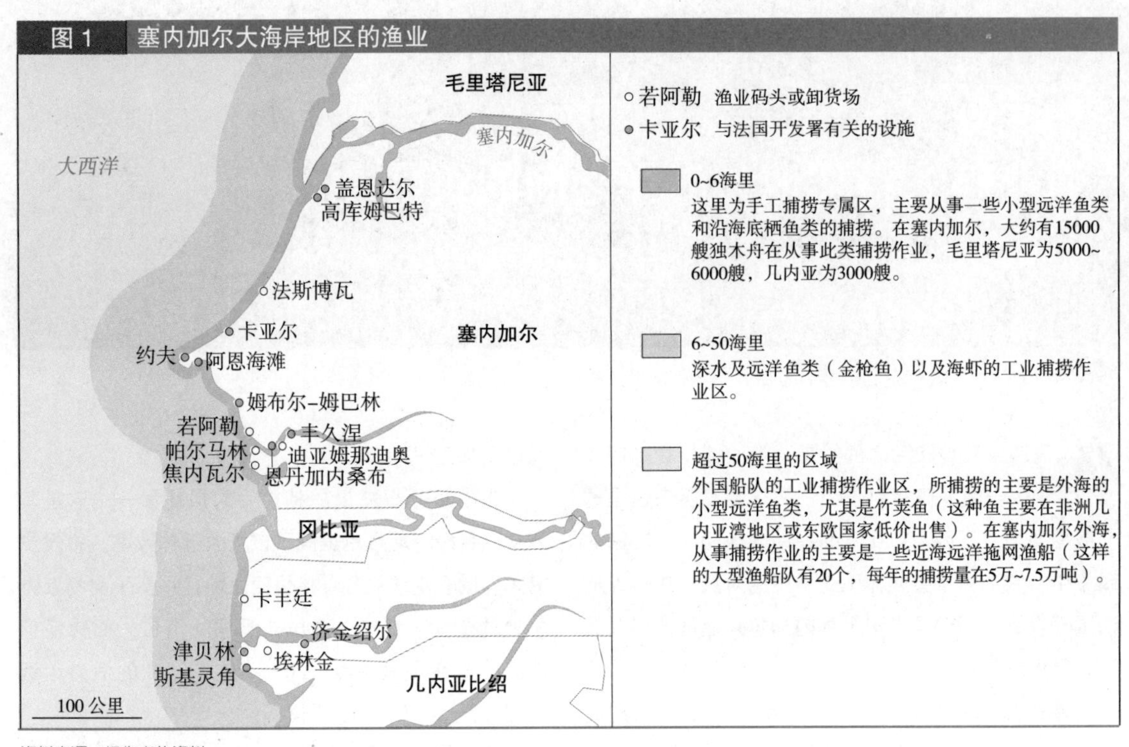

图 1　塞内加尔大海岸地区的渔业

资料来源：据作者的资料。

之间的第一道联系纽带，也是经济价值链上的第一个环节。通过对他们的经营活动进行整治所带来的好处，也将对该产业链的下游环节——处理、加工、出口和零售等——带来有利影响，从而提升了终端消费品的附加值。通过吸引那些正规和非正规的投资，渔业码头也有助于促进其他行业的发展，如加油站、制冰厂、商店和餐馆等。

从更广泛范围看，当地民众对于新市场规则的适应——这一切主要得益于那些新建的基础设施，也会对渔业部门的监督制度产生重大影响。例如，人们注意到新卸货场的出现为整个水产部门的监测和管理提供了便利。"渔业码头"所提供的设施将一切经营活动都集中在了一个点上，从而方便了渔业管理。它的便利性主要体现在以下几个方面：一是便于捕捞量和价格的登记；二是有利于执行渔业管理法规；三是有利于打击非法捕捞行为（对独木舟进行登记、核查以及发放捕捞许可等）。这些后续效应——它们在项目实施初期并不明显——如今成了这一经验在其他地区推广的一个助推器①。

除了项目所带来的期望之外，这一行动本身也改变了渔业行业经营业者的组织结构。事实上，20世纪90年代，这些行业组织的结构十分涣散，国内存在着众多或虚或实的渔民组织，这些组织主要是为购买渔具而筹集资金。此后，人们开始鼓励这些家庭型的行业组织向"经济和产业利益团体"（GIEI）转型，从而使整个渔业行业的运行得到优化。在外界的帮助之下，尤其是在培训方面的帮助下，一些利益团体逐步被组织起来，如今它们已经成了一支能向地方和国家当局提出建议、进行谈判的重要力量。这些团体的成员们如今已经有能力参与渔业码头等基础设施的会计与财务管理，也就是说在那些重要的渔业码头，它们能够收取数额可观的用户使用费（例如，姆布尔渔业码头每年的卸货量达4万吨，收取的费用超过10万欧元），因而它们有能力支付收费人员和码头设施维护和保养人员的工资，并支付相关税赋或增值税。

令人印象深刻的是，在塞内加尔进行的"渔业码头"整治工作不仅带来了重大的经济和社会影响，而且也对渔业行业的组织结构、经济格局乃至地方的发展都产生了积极的影响。这些后续效应通常是出资者事先未曾料及的，但它们为解决当前渔业行业所存在的一些问题——如鱼类种群的管理、打击非法捕捞等——提供了答案。渔业码头现已成为向渔业部门提供发展援助过程中一个无法绕过的环节。

---

① 例如，在摩洛哥，海产品的卸船和交易都是在批发交易大厅进行的：在这里买卖双方可以直接见面，从而使价格达到最佳［法国开发署和千年挑战公司（Millenium Challenge Corporation）提供了资金支持］。

聚焦

欧盟与西非的渔业协定评述

托马斯·比内（Thomas BINET）
朴次茅斯大学，英国

皮埃尔·法耶（Pierre FAILLER）
朴次茅斯大学，英国

欧盟与第三国缔结的渔业协定常常会受到非议。我们不妨来回顾这些协定产生的起源及其对于欧盟及签约第三国的重要性。这些渔业协定——这是自2004年以来的新叫法——并未能达到它们自己所声称的改善鱼类种群管理的目标，而是导致了一个与之完全相反结果：使鱼类种群管理更加恶化了。本文将通过渔业协定对第三国所造成的影响进行总结，以此来说明最初设想的意图与实际造成的结果之间所存在的差距。

欧盟的共同渔业协定（APC）源自于欧洲经济共同体（欧共体）1976年11月3日通过的一项决议——该决议决定在北大西洋和北海沿岸200海里的范围内建立一个捕捞区。共同渔业协定主要有两种形式。第一种类型是与鱼类种群共享或捕捞区相邻的国家签订的、彼此拥有捕捞权的互惠协定。2010年，欧盟与挪威、冰岛和法罗群岛签订了此类协定。第二种类型是与那些非欧共体成员签订的、确定购买其主权所辖海域捕捞权的相关条件的协定。自1976年以来，欧共体成员与第三国签订的所有双边渔业协定都被共同渔业协定所取代，因此欧盟每吸纳一个新成员，此类共同渔业协定数量就会随之增加[①]。

自1977年与美国签订第一个共同渔业协定以来，欧盟总共已经签订了30个类似的协定，其中主要是与非洲和印度洋国家（16个）以及北大西洋国家（10个）。与拉丁美洲国家签订的只有一个，而另外3个新协定则是刚刚与太平洋国家签订的（见图1）。欧盟用于签订此类渔业协定的共同预算由1981年的500万欧元提高到了1990年的1.63亿欧元，1997年达到3亿欧元，2009年约为2亿欧元。船东所支付的捕捞许可费约占第三国总协议收入的20%。随着欧盟共同渔业政策的改革，这一比例未来应该还会增加，因为欧盟委员会不久前做出决定，要将这些协定中的财政负担转移到船东身上。

大约有700艘欧盟渔船在向与欧盟签订了渔业

---

① 本章介绍了在英国国际发展部（DFID）所资助的“负责任渔业研究项目”这一框架下展开的一些有关渔业协定和贸易的研究成果。研究者们还得到了欧盟框架计划项目ECOST的资金支持（www.ecostproject.org）。不过，本章所介绍的内容既不代表英国国际发展部的立场，也不代表欧盟委员会的立场，也不会对其未来的政策做任何预测。

② 在欧元推出之前，所采用的是换算成欧元的数额。

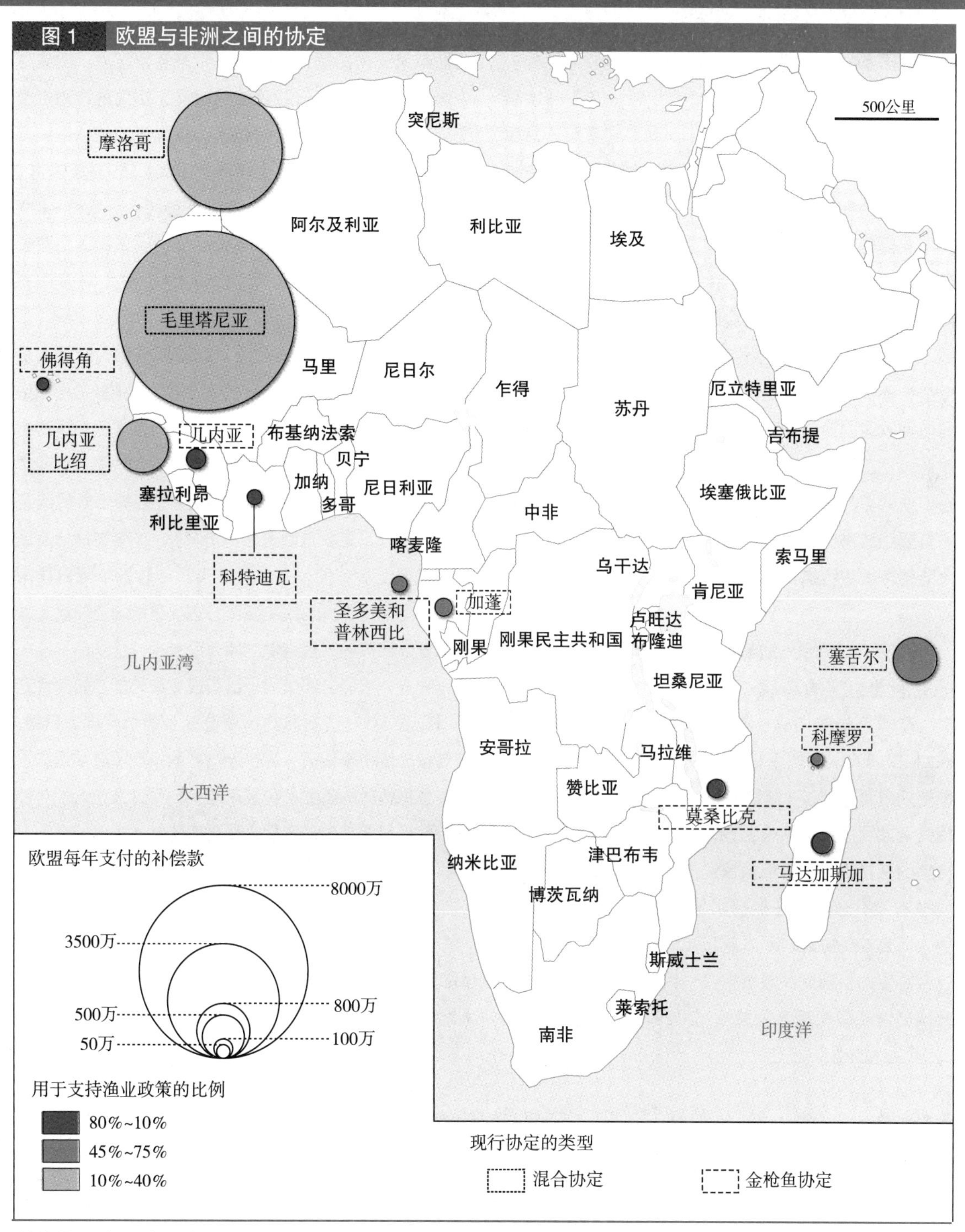

资料来源：据法国经济、社会和环境理事会，2010 年 4 月 6 日，《欧盟与非洲国家渔业协定之挑战》。

协定的国家支付长期或临时捕捞许可费[①]，而另外有1700艘渔船则在北大西洋海域的互惠协定下从事着捕捞作业[②]。欧盟共同市场每年500万吨鱼类产品供应中，大约有8%来自这些渔船[③]。欧盟的金枪鱼捕捞船每年的捕捞量约为40万吨，其中近80%来自那些与欧盟签订了渔业协定的国家的专属经济区（即约为32万吨）。金枪鱼鱼群每年都要进行长距离的迁徙，而且在迁徙途中往往会跨越多个国家的专属经济区。目前欧盟与印度洋和太平洋沿岸国家签订的11个金枪鱼捕捞协定都是一些“跨越边境”的协定，它们使得欧盟的渔船在金枪鱼捕捞过程中可以进行跨界作业（见图1）。而“混合协定”的作用则刚好相反：它们使欧盟的拖网渔船队——它们是远洋渔船队的另一重要组成部分——能够在第三国专属经济区之内的大陆架海域进行捕捞作业。

欧盟、非洲、加勒比和太平洋国家和西非国家渔业协定的现状

欧盟与这些国家所签订的渔业协定最初都是短期的（2~3年），如今相关协议议定书在谈判过程中都把期限延长到了4年或5年。根据协定类型的不同，相关延期程序在灵活性上也有所不同。例如，有关金枪鱼的捕捞协议一般能很快达成：这些国家本身很少或根本没有渔船能在捕捞水域与欧盟的渔船展开竞争，而且这些协定对于本国市场的影响几乎为零。而混合协定的谈判则要艰难得多，因为欧盟的渔船与第三国的渔船存在着竞争关系（见图2）。而当欧盟渔船队与第三国的手工捕捞船只带来竞争压力，或者这个国家的鱼类资源日益稀缺的时候，相关的谈判则会变得更加艰难。例如，在西非，鱼类资源的枯竭使得主要鱼类的捕获量都出现了严重下降。1997~2006年，头足类动物和贝壳类动物的捕获量减少了25%~40%（见表1）。所有的这些鱼类种群长期以来都面临着过度捕捞的问题，西非地区这方面竞争的激烈程度由此可见一斑[④]。

欧洲渔船在第三国的港口卸载捕捞物的问题则是另一个重要的谈判议题。除在毛里塔尼亚捕获的小型远洋鱼类被运往尼日利亚供人食用之外，欧盟渔船所捕捞的鱼类产品必须全部供应欧盟的市场。这些捕捞物通常会被卸载在拉斯帕尔马斯，之后通过各种方式转运至欧洲的港口（主要是西班牙的港口），或者在捕捞海域直接被装上冷冻船。在鱼类被当做一种廉价蛋白质来源（与肉类相比）的西非国家，鱼类被欧洲渔船运走就意味着当地市场的鱼类供应因此而减少。优质品种鱼类的稀缺——它们全部被用于出口或者被外国渔船捕捞走了（见表1）——对非洲市场造成了两个严重的后果：这些鱼的价格都很高，高得连当地的中产阶级都无法承受；可供选择的鱼类品种越来越少，而这又使人们对那些导致捕捞量减少的因素变得更加敏感[⑤]。

新协定可能带来的变化太少

第一批共同渔业协定所肩负的使命并不清晰，而新协定的使命则更加模糊。它们是一些不折不扣的伙伴关系协定，目的是促进协定签署国对渔业的发展

---

① 见以下网址：ec.europa.eu/fisheries/documentation/studies/study_external_ fleet/external_fleet_2008_en.pdf。

② 欧盟总共拥有的渔船数量大约为8万艘。

③ 在第三国专属经济区捕获的金枪鱼约为10万吨（其中8万吨是在《金枪鱼协定》的框架下捕捞的，2万吨是在《混合协定》的框架下捕获的），还有30万吨是其他各类鱼、虾和头足类动物。那些签订了互惠协定的渔船的捕捞量约占总捕捞量的2/3。

④ 更何况欧盟的渔船与本国的渔船相比拥有相当的技术优势。

⑤ 有关对塞内加尔、几内亚和几内亚比绍情况的详细分析，请参阅ECOST项目的网站：www.ecostproject.org。

图 2　每年捕捞的规模

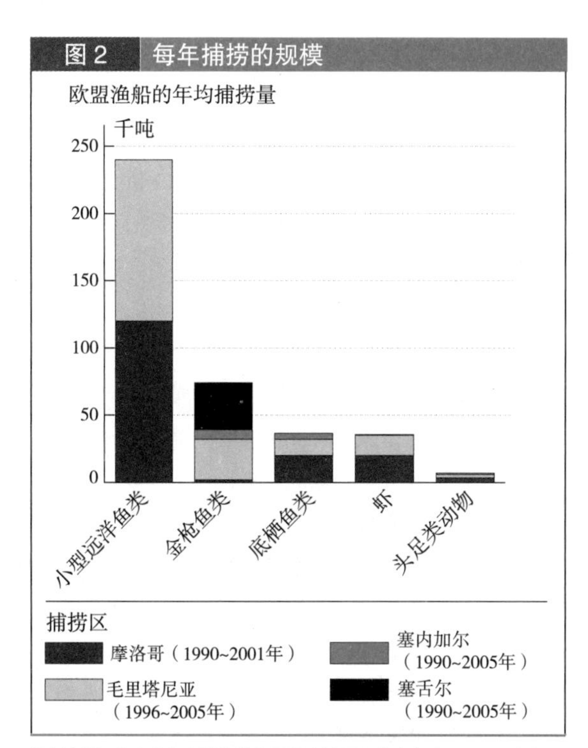

资料来源：朴次茅斯大学海洋资源经济管理研究中心（CEMARE）根据欧盟渔业总局和第三国所提供的资料整理。

表 1　对当地手工捕捞业带来的竞争

次区域渔业委员会成员 * 水域主要鱼类品种的捕捞量及开发利用状况的变化情况

鱼类品种	渔船	捕捞量变化情况（1997 至 2006 年）	开发利用状况
底栖鱼类（石斑鱼、黄花鱼和鲷鱼等）	CV－GUI MA–MO SEN－ES	－26 %	中度及高度过度捕捞状态
足类（鱿鱼、章鱼和墨鱼等）	MA－MO SEN－ES	－31 %	中度及高度过度捕捞状态
远洋鱼类（沙丁鱼、小沙丁鱼以及篩鲱鱼等）	CV－MO PB－SEN ES－UKR	－20 %	充分利用及中度过度捕捞状态
甲壳类（龙虾、蟹和虾等）	FR－IT MO－SEN ES	－38 %	充分利用

“CV”指佛得角；“FR”指法国；“GUI”指几内亚；“IT”指意大利；“MA”指毛里塔尼亚；“MO”指摩洛哥；“PB”指荷兰；“SEN”指塞内加尔；“ES”指西班牙；“UKR”指乌克兰

*：毛里塔尼亚、塞内加尔、佛得角、冈比亚、几内亚比绍、几内亚和塞拉利昂。

资料来源：法耶（Failler P.）和加斯屈埃尔（Gascuel D.），2008 年，《西非最富产水域的过度捕捞问题》，原载《非洲报告》（*African Report*），12（8）。

负责任，而此类协定的实施需要双方建立起长期而特殊的关系[①]——这种关系能够能使双方在鱼类种群管理方面展开合作，彼此分担责任。这些协定试图将相关谈判与沿海国家的水产资源管理以及对这些国家专属经济区内渔船作业活动的监管联系起来。

这一机制安排使得欧盟共同渔业政策（PCP）呈现出了两个重要特征：一是海洋资源能得到理性化管理的错觉；二是国家能对其进行有效监管的错觉。第一种错觉产生的原因与人们在戈登—谢弗（Gordon-Schaefer）理论模型基础之上建立起来的管理机制有关：这些机制虽然说起来头头是道，但在实践中是完全不可行的——北海海域许多采用了这一模型管理机制的渔场相继倒闭就证实了这一点。第二个错觉则源自于人们片面地相信，只要有了国家的监管，相关渔业管理机制能得到落实，过度捕捞、混获丢弃物以及其他一切欺诈行为就可以杜绝。

① 换言之，签署了渔业协定的沿海国家在排他性方面将比过去更加遵守其对欧盟的承诺：它不得与那些和欧盟存在利益冲突的国家或船东签订任何协定。

此外，欧盟海事管理总局在执行欧盟共同渔业政策的过程中都未能管理好欧盟的鱼类种群问题，我们又如何能指望它去帮助第三国实现渔业资源的可持续管理。欧盟委员会在有关《共同渔业政策改革的绿皮书》中不仅承认改革已经失败，而且也承认过度捕捞已成了一个普遍现象："欧盟水域88%鱼类物种的捕捞量超过了其自我繁殖的能力。许多渔场存在着未达到性成熟年龄的小鱼被捕捞的现象。"

欧盟海事管理总局充当第三国顾问的行为本身就存在问题。当欧盟的顾问为这些国家制订渔业政策和管理计划时，欧盟海事管理总局既是裁判员又是运动员，因为此时双方可能正在就共同渔业协定举行商谈。而当捕捞作业需要减少的时候，相关的决定又会以"一刀切"的方式来加以落实，并不会对渔船按不同的国籍旗进行区分。2008年在几内亚比绍以及2008和2009年在毛里塔尼亚均出现了此类情况：当时，欧盟海事管理总局要求这些国家和欧盟一起削减在这些国家海域捕捞作业的渔船数量，以便欧盟的渔船能维持收益率。捕捞能力过剩的问题就这样得到解决了，而捕捞量问题在一个国家向本国渔船发放捕捞量时十分关键，也会涉及沿海国家的行动自由权。最后，新的伙伴协定可以绕过《联合国海洋法公约》第62条第2款之规定，即"沿海国应决定其捕捞专属经济区内生物资源的能力"[①]。

新的渔业协定还可以使相关方逃避世界贸易组织（WTO）有关补贴的规定。那些会导致捕捞能力提高的补贴称为"红色补贴"，而那些有助于欧盟渔业行业结构调整的补贴则被称为"绿色补贴"。因此，那些鼓励欧盟渔船离开欧盟水域的补贴被认为是"绿色"的，因为它们将有助于欧盟渔业的结构调整。然而，当这些渔船到达第三国水域，如次区域一些国家的水域时，这些渔船将导致该地区捕捞能力的增加，从而可能引起过度捕捞。因此，渔业协定从欧盟的角度看是"绿色补贴"，从次区域国家的角度看却是"红色的"。不过，这一观点并未得到区域国家的一致认同。2007年12月，在世界贸易组织主持召开的一次有关取消欧盟渔业补贴的会议上，非洲、加勒比和太平洋（ACP）国家坚决反对将渔业协定列入补助名单。对这些国家来说，用渔业资源换取的经济补偿十分关键，对某些国家政府来说甚至是重要的收入来源[②]。无论在西非次区域还是在欧洲，公共决策者在思考财政政策时都未把渔业资源的养护纳入考量的范畴。然而，不能把矛头全部指向欧盟的渔船。在一个地区海域活动的所有渔船（包括本国的工业捕捞和手业捕捞船，也包括外国的工业捕捞船以及那些游动作业的渔船）都与本地区的过度捕捞脱不了干系，而它们未对当地国家产生任何附加值，因为这里国家并没有任何可供渔船靠岸卸货的设施（联合国环境规划署，2008年）。

应增强公共政策的一致性

目前，西非的渔业正以牺牲自身的利益为代价来支持着西非经济的增长。这一行业正处于一种经济和社会因素相互割裂的阶段，海洋生态系统的完整性也正在受到破坏。与欧盟所展开的渔业协定谈判恰恰是这种短视眼光的最佳体现，因为经济补偿在给政府带来大量财政收入的同时，又在严重地损害着本国的渔业船队。不同层级的公共政策所存在的不一致性在国际层面同样存在。欧盟与非（洲）加（勒比）和

---

① 例如，几内亚比绍所得到补偿款大约相当于其公共收入的1/3，而毛里塔尼亚这一比例为20%。

② 例如，几内亚比绍超过1/3的公共财政收入来自经济补偿，毛里塔尼亚为20%。

太（平洋）国家之间的渔业协定改善了西非国家与欧盟的贸易状况，但它们未能给相关国家带来任何附加值。此外，对欧盟发展基金（FED）长达十年的跟踪研究表明，渔业部门的投资主要用于改善码头、鱼类的保存、存放的卫生和技术标准等基础设施领域，真正用于当地鱼类加工的寥寥无几。

表 2　各种变化的、多形式的影响

渔业协定对西非国家的综合影响

		影响的程度					
		毛里塔尼亚	佛得角	塞内加尔	冈比亚 *	几内亚比绍	几内亚
受影响的行业	国家的附加值	–	–	–	–	–	–
	公共收入	+++	++	+++	–	+++	+++
	出口	+++	+	+++	+	–	+
	就业	+	++	+	+	+	+
	国内市场的供应	–––	○	–	–	––	––
	沿海底栖鱼类资源	–––	○	–––	○	–	––
	深海底栖鱼类资源	–	○	–	○	–	–
	小型远洋鱼类	––	○	○	○	○	○
	大型远洋鱼类	–	–	–	○	○	○
	生态系统	––	○	––	–	–	––

+ 微小的正面影响　　++ 偏正面影响　　+++ 重大的正面影响
– 微小的负面影响　　–– 偏负面影响　　––– 重大的负面影响
○无影响

*：与欧盟的渔业协定于 1996 年终结。

资料来源：法耶（Failler）等，2010 年。

参考文献

Failler P. *et alii*, 2010, *Le Poisson ouest-africain pris dans les mailles du commerce international*, Genève, Programme des Nations unies pour l'Environnement.

Programme des Nations unies pour l'Environnement (PNUE), 2008, « Évaluation de l'impact de la libéralisation du commerce. Une étude de cas sur le secteur des pêches de la République islamique de Mauritanie », *Pêche et environnement*, n° 5, Genève, Programme des Nations unies pour l'Environnement.

第十章

雷米·帕芒蒂埃（Rémi PARMENTIER）
皮尤环境组织，美国

森下助二（Joji MORISHITA）
日本水产厅，日本

有关捕鲸之争的观点交锋

全球商业捕鲸禁令使得某些鲸鱼种群得以重建。有人据此得出结论认为，捕鲸行为应当予以全面禁止；而另一些人则认为，可以在有效监管、控制数量的前提下展开捕鲸行为。尽管相关谈判一直陷入僵局，但是代表两个不同阵营的人士愿意就此展开讨论。双方一致认为，这种讨论应当是开放式的，而且人们还应关注导致鲸鱼死亡的其他一些原因，如化学污染和噪音污染等。

国际捕鲸委员会（CBI）有关全球商业捕鲸禁令于1986开始生效。国际社会当时是如何形成这一立场的？

森下助二（Joji MORISHITA）：1946年的《国际管制捕鲸公约》（英文为International Convention for the Regulation of Whaling，简称ICRW）在鲸鱼种群的养护和可持续的利用等方面确定了一些基本原则，这些原则在60多年后的今天依然有效。国际捕鲸委员会所采取的第一个真正有效的管理机制就是其推出的“蓝鲸单位”（英文缩写BWU，译注：国际上规定用蓝鲸产油量作换算单位，即1蓝鲸＝2长须鲸＝2.5座头鲸＝6大须鲸）。“蓝鲸单位”所对应的是蓝鲸的产油量，所有被捕捞的鲸鱼量都用这一统计单位来计算。这个机制的目的并不是要保护鲸鱼种群或对其进行管理，而是对产油量进行监管。而这必然存在着许多缺陷，其中包括忽视了生物因素的考量——这主要是因为鲸鱼的种类相对较多，而人们又没有对每一个物种进行细化管理。这最终导致鲸鱼种群数量的枯竭，其中首当其冲的便是蓝鲸。

雷米·帕芒蒂埃（Rémi PARMENTIER）：座头鲸和蓝鲸分别是从1967年和1965年开始受到人们保护的，而当时这些鲸类的数量已大大减少。然而，尽管科学家们在不断发出警告，但是“蓝鲸单位”直到20世纪70年代初仍未被人放弃。不过。人们仍在担心这一物种被过度捕捞的现象也会发生在其他类型的鲸鱼身上，特别是那些大型的抹香鲸：从17世纪开始，抹香鲸就成了远洋捕捞船队过度捕捞的对象，人们用它来生产灯油及其他工业用产品。长须鲸以及其他类型的鲸鱼（如塞鲸和布氏鲸）也存在类似的情况。

1972年在斯德哥尔摩举行联合国人类环境会议（CNUEH）之后，国际捕鲸委员会加大了施压的力度，要求暂停10年商业捕鲸活动。3/4以上的成员国投票同意对国际捕鲸委员会的规则进行重新修订。直到十几年之后，也就是到了1982年，有关无限期暂停商业捕鲸活动的禁令才得以通过。这一禁令在1985~1986年得以正式生效。然而，在此期间通过的一系列临时措施已经在国际捕鲸委员会内发生了一种积极的变化。国际捕鲸委员会科学委员会起草了一项旨在取代“蓝鲸单位”——它曾带来灾难性的后果——的新的管理方法。这一“新管理程序”（NMP）在20世纪70年代中期开始实施，并迅速将许多类型的鲸鱼及其种群纳入了保护范围，包括南极的长须鲸和塞鲸。

森下助二：从理论上讲，“新管理程序”是一种能够防止鲸鱼过度捕捞的有效方法。然而，这个机制需要在生物参数方面提供一系列详细的科学数据，如自然死亡率等，而这一切在当时并不存在，或者说并不确切。由于缺乏科学数据以及由此而导致的不确定性，“新管理程序”为人们掀起一场全面禁捕运动提供了很好的依据。在“新管理程序”达到其最初所确立的目标前，国际捕鲸委员会已于1982年通过了商业捕鲸禁令。

雷米·帕芒蒂埃：事实上，这一禁令的确是谨慎原则的表现之一。我还记得我们当时说过，要把因疑虑而产生的好处让给鲸鱼，而不是鲸鱼捕捞者。

今天，世界上仍有三个主要捕鲸国：日本、挪威和冰岛。这种情况历来都是这样的吗？

雷米·帕芒蒂埃：我想，助二一定会对我们说，在国际捕鲸委员会成立之初，日本捕鲸船的规模远远无法与英国、荷兰和挪威相比，尤其是在南极的那些大型捕捞区内。然而，过去那些捕鲸国家如今也可以成为此类物种的保护者，甚至可以说这是它们的权力所在。20世纪60年代，日本与苏联相继成为世界上主要的捕鲸国，而且当时的日本国内拥有一个巨大的鲸鱼肉市场。日本还支撑着国际捕鲸委员会以外的鲸鱼工业的发展。巴西、秘鲁、智利、西班牙、南非和韩国都建有鲸鱼地面加工厂：捕鲸船将猎物存放在这里，并在切割和包装后出口到日本市场。日本也是冰岛鲸鱼肉出口的第一市场，而且在某种程度上也可以说是挪威的最大出口市场。在那个时候，还没有提出非法、不报告和不管制捕捞行为的概念，但是这一切在鲸鱼身上确确实实发生了，而日本深深地卷入了其中。

日本和南非共同成立的一个财团经营着至少两艘捕鲸与加工一体的渔船，就是这方面最有力的证明。这些渔船多年来一直在西非海岸游弋，通过拉斯帕尔马斯和波尔图港来向日本的货船转运冰冻鲸鱼肉。这种对鲸鱼进行非法、不报告和不管制捕捞的行为在20世纪70年代末的欧洲仍继续进行，这充分说明在当时的捕鲸业界乃至全球的渔业系统内，人们普遍缺乏相关意愿及必要的监控手段。

日本在非法、不报告和不管制捕鲸中的作用在1979年得到证实并大白于天下，这使得日本之后通过立法，禁止从国际捕鲸委员会成员以外的地区进口鲸类产品。美国还通过了一项法律，可以对那些在国际捕鲸委员会成员以外地区的捕鲸行为做出制裁。这些措施使得那些一度“逍遥法外”的捕鲸国（西班牙、巴西、秘鲁、韩国和智利）迅速加入了国际捕鲸委员会。日本也因此而得以在短暂的几年里在国际捕鲸委员会内形成有否决权的关键少数，但这些国家的捕鲸行为从此也受到了控制。1979年，人们开始禁止使用捕鲸与加工一体的渔船来捕捞除小须鲸以外的所有鲸类。这是多种有利因素综合作用的结果：许多支持禁止捕鲸的代表通过了一种积极“主动”的方法，而此时的日本则因为非法、不报告和不管制捕鲸的丑闻而处于被动的守势，根本没有时间与刚刚加入国际捕鲸委员会五个捕鲸国协调立场。最后，在刚刚获得独立的年轻国家塞舌尔的建议下，印度洋在同年被宣布为鲸鱼禁捕区。此外，在20世纪70年代末和80年代初，《濒危野生动植物种国际贸易公约》（Cites）将所有的大型鲸鱼都列入了附一的名单中，禁止与此类物种有关的

日本主张以一种可管理、可控制的方式对那些现存量较多的鲸鱼种类加以利用，并支持对那些濒危的鲸鱼物种进行保护。（森下助二）

任何衍生产品的贸易（《濒危野生动植物种国际贸易公约》，1973 年）。

为什么日本要反对禁捕令？

森下助二：日本反对禁捕令是因为它是在未得到科学委员会一致推荐的情况下通过的。需要明确指出的是，日本并不希望对鲸鱼进行无管制和不受限制的捕杀。与对待所有其他海洋生物资源一样，我们也赞同在科学数据的基础上对其进行合理的养护和管理。换句话说，日本主张以一种可管理、可控制的方式对那些现存量较多的鲸鱼种类（如小须鲸）加以利用，而对那些濒危的鲸鱼物种（如过去曾遭到大肆捕杀的蓝鲸和脊美鲸）则应当进行保护。因此，这不是在对所有鲸鱼进行保护或对所有鲸鱼进行捕杀之间做出的简单选择。

与人们通常所设想的不同，商业捕鲸禁令并不是永久地禁止捕鲸，而且也不会将捕杀行为界定为灾害或错误。该禁令只是规定在对所有鲸鱼种群做出全面的科学评估之前暂停一切捕杀行动。之所以会做出这样一个决定是因为在 20 世纪 80 年代，捕鲸管理所需的科学数据仍十分粗略，而那个时候评价的时间表已经确定。做出暂停捕杀决定的措辞十分明确："自 1986 年近海季和 1985~1986 年远洋季以及此后的时间内，所有类型鲸鱼的商用捕杀最高限量为零。本规定今后将在更好科学建议的基础上进行定期审议。最迟到 1990 年，国际捕鲸委员会将对这一措施对于鲸鱼种群数量的影响进行一次全面的评估，如果有必要的话，则要对这一规定进行修改，重新核定用于科研目的的允许捕鲸数量。"（国际捕鲸委员会，1982 年）

图 1　被捕杀的不同种类鲸鱼及其现存量

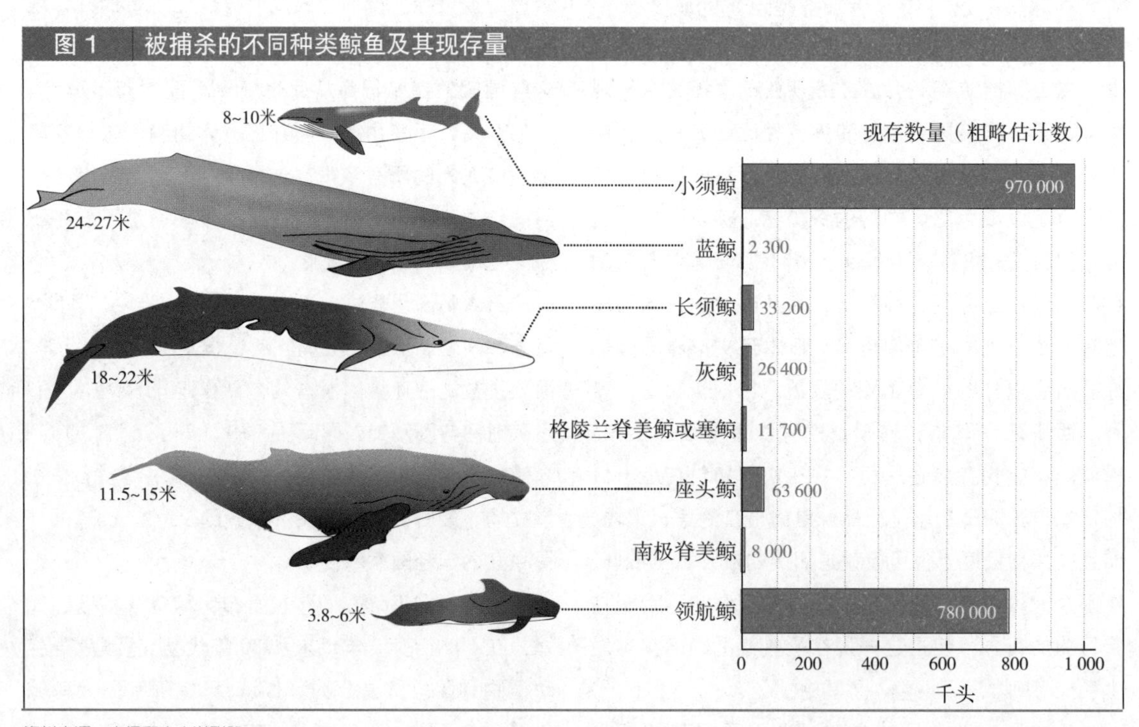

资料来源：南极和南大洋联盟。

日本在继续进行着科研捕鲸行为，目的就是给这一全面评估提供资料。以科研为目的的捕鲸，其法律依据是十分明确的。《国际捕鲸管制公约》第八条允许缔约方政府对本国国民为科学研究的目的而对鲸进行捕获、击杀和加工处理，可按该政府认为适当的限制数量，发给特别许可证（国际捕鲸委员会，1946年）。这个为了获得必要的统计和科学数据而颁发的限制数量必须限定在一个可持续的范围之内。这些研究的目的、样本规模的统计资料以及所有的结果都会报告到国际捕鲸委员会并且会公之于众（日本政府，2004年、2005年和2010年；国际捕鲸委员会，2010年）——而这一切又与人们的印象完全相反。数百篇科研文章已被提交给国际捕鲸委员会的科学委员会，而且其中一些已经在相关科学杂志上发表，以供同行审阅（日本政府，2010年）。在相关科研工作、资料收集完成之后，这些鲸鱼的肉将被出售到日本的商业市场。而这一做法是完全符合第八条第二款之规定的："根据上述特别许可证而捕获的鲸，应按实际可能尽量予以加工……"（国际捕鲸委员会，1946年）。对残余部分加以利用不仅是合法的，也是《公约》所强制的。

雷米·帕芒蒂埃：助二刚刚所作的解释很有意思，因为它充分说明了公共政策对科学意见的影响以及那些受到政治操控或者说带有政治考量的价值判断所能发挥的作用。科学委员会内部意见不一也就不足为奇了。我们必须尊重谨慎的原则，分歧不应导致瘫痪，决策者应对其进行评估，并最终做出裁定。

自从这一禁令生效后，目前鲸鱼种群的存量是一种怎样的状态？

森下助二：如今，许多种类的鲸鱼种群存量都很丰富，其数量都在上升，并正从过去过度捕杀的状态中恢复过来。国际捕鲸委员会的网站（iwcoffice.org）会公布一些得到其科学委员会认可的数字。1990年，科学委员会估计南极地区大约有76万头小须鲸。这个预估数字如今正在被重新评估。不过，即使新的评估结果显示小须鲸的种群数量有所减少，但人们仍可以以一种可持续的方式对其加以捕杀。科学委员会还认同，座头鲸的数量目前正以每年约10%的幅度增加。这些估计数字清楚地表明，捕鲸是可持续的，前提是要对捕杀的数量进行严格的限制。

过去的商业捕捞造成了鲸鱼的过度捕杀。然而，在过去的这段时间里，我们已经积累许多有关鲸鱼学以及如何管理这一资源等方面的知识。国际捕鲸委员会科学委员会制定了一种对鲸鱼捕杀配额进行保守计算的方式，而且这一方法已于1994年获得国际捕鲸委员会的批准通过。这一"修订管理程序"（RMP），再加上一系列监测和检查手段，将能够确保鲸鱼捕杀的可持续性，也使得相关的法规能够得到执行。此外，过去商业捕鲸的数量与当时全球鱼油市场的需求是一致的：当时人们普遍把鲸鱼油作为一种工业原料，正是为了支持工业的发展才导致了鲸鱼的过度捕杀。相反，今天人们捕杀鲸鱼主要是把它当做一种食材，这一市场需求显然要小得多。今后不可能再会出现过度捕杀的情况。国际捕鲸委员会在其网站上对于不同种类鲸鱼的数量情况作了一个很好的汇总。

> **"在此期间，国际社会在这方面不存在任何形式的检查。这就是我所说的捕鲸悖论"。（雷米·帕芒蒂埃）**

禁捕令的实施大大减少鲸鱼的捕杀量。事实上，在20世纪50年代和60年代，南极海域每年大约有4万头鲸鱼被捕杀，而如今日本为了科研目的而进行的捕鲸作业每年只捕杀约几百头。此外，《纽约时报》最近的报道［布罗德（Broder），2010 年］也证实鲸鱼的捕杀数量正在减少，由 1985 年的 6000 多头下降到了 2009 年的不到 2000 头。此外，尤其重要的是，今天人们所捕杀的主要是那些数量丰富的小须鲸。因此，拿目前的捕杀数量与过去过度捕捞时的数量相比是没有任何意义的。

雷米·帕芒蒂埃：不幸的是，目前的情况是这样的：禁捕令虽然始终存在，但有三个国家——日本、冰岛和挪威——仍然出于商业目的每年在捕杀大约 4000 头鲸鱼，而这一捕杀配额是它们自己给自己发放的（虽然近年来，这一捕杀量出于各种原因减少了大约一半）。在此期间，国际社会在这方面不存在任何形式的检查。这就是我所说的捕鲸悖论。

据日本方面估计，目前南大洋海域小须鲸的数量较为可观，但是至今人们还没有有关此类鲸鱼数量令人信服的数据，尽管国际捕鲸委员会科学委员会多年来一直在做着这方面的工作。其他类型的鲸鱼，如长须鲸、塞鲸和抹香鲸也成了捕杀对象，尽管它们早已被世界自然保护联盟（UICN）列入濒危物种红色名单，而国际捕鲸委员会也将其列入数量正在减少、应当受到保护的物种（国际捕鲸委员会，2010A）。即使是在日本海，日本和韩国的渔船所捕获的小须鲸数量也越来越少（皮尤中心，2009 年，国际捕鲸委员会，2010A）。然而，正如助二刚刚所说的那样，某些种类鲸鱼的种群数量正呈现出恢复的迹象，其中以座头鲸最为明显。从这一物种的缓慢恢复过程中可以得以两点结论：国际社会所展开的养护行动和努力绝非毫无用处，而且这些努力与行动必须长期坚持（国际捕鲸委员会从 1965 年起便开始了保护座头鲸的行动）。

最后，国际捕鲸委员会科学委员会并未按照

图 2　鲸鱼的捕杀情况

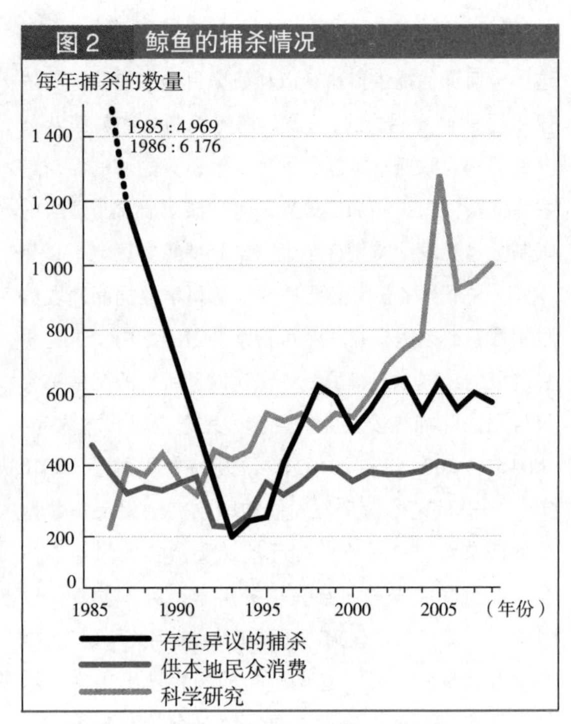

资料来源：国际捕鲸委员会的估计数，相关资料来自以下网站：iwcoffice.org。

1982 年相关决定的要求，在 1990 年就该禁捕令对鲸鱼种群数量的影响进行评估。它以相关数据不足来为自己的不作为辩解，同时强调禁捕令实施的时间还太短，还难产生明显的效果。今天虽然有证据表明，某些鲸鱼的种群正在开始恢复，但这些物种（灰鲸和座头鲸）早在禁捕令实施之前就已经得到了国际捕鲸委员会的保护。这也说明要想此类繁殖周期较长的物种得到恢复，至少需要几十年的时间。

另外，禁捕令的主要作用是遏制了人们对于鲸鱼的食欲——这里的“食欲”既包括字面上的含义，也包括其中的引申含义。所谓的引申含义，是指在禁捕令通过之时仍在捕杀鲸鱼的国家，如今大多数已经停止了捕杀鲸鱼的行动，如苏联/俄罗斯、西班牙、秘鲁、智利、巴西和韩国[①]。所谓字面上的含义，是指鲸肉在日本的消费量已明显下降，尽管日本水产厅付出了不少努力。日本水产厅一直在强调，只要禁捕令被放开，日本的鲸鱼肉消费就会增加，而这显然是它的一相情愿：事实上，相关民意调查显示，喜欢吃鲸鱼肉的日本年轻人并不多，而且日本至今还拥有大量的冷冻鲸鱼肉库存。以日本东北大学专门研究日本捕杀和养护鲸鱼态度的专家石井淳为代表的一些研究人员认为，如果禁捕令今天解禁，有关“科研”捕鲸的补贴就将取消，私营部门也就会最终撤出捕鲸业。

由于当年导致鲸鱼禁捕令问世的环境已经发生巨变，今天一些国家准备放弃这一禁捕令了

雷米·帕芒蒂埃：多年来，在一些双边渔业论坛和组织里，国际捕鲸委员会一直只是一个非典型的实体。在捕鲸禁令起草期间，将其付诸投票是必须遵守的一个规则，而不是什么特例。在 1982 年禁令获得通过之后的一段时间里，有两方面的形势出现了变化：一方面，捕鲸国的数量大幅下降（拉丁美洲和西班牙等过去的一些捕鲸国摇身一变，成了禁捕令的积极支持者）；另一方面，在日本自 1987 年起加大科研捕鲸的力度之后，紧张局势进一步升级：日本开始鼓动一些发展中国家加入国际捕鲸委员会，以期在投票中能获得多数。这种趋势在 2006 年达到高峰：这一年在圣基茨和尼维斯举行的国际捕鲸委员会年会上，支持捕鲸的国家在投票中获得了简单多数的支持，这种情况自 1981 年以来是第一次出现。由日本所倡导并以简单多数获得投票通过的《圣基茨和尼维斯岛宣言》要求“国际捕鲸委员会恢复其正常职能”。而与此同时，日本也宣布了加大科研捕鲸行动的计划，决定每年在南大洋捕杀 50 头座头鲸（国际捕鲸委员会，2006 年）。这一宣言也向那些支持禁捕令的国家发出了警示，它们加紧努力，以便恢复多数地位（一些欧盟和拉美国家先后加入国际捕鲸委员会）。在下一届年会［2007 年在阿拉斯加的安克雷奇（Anchorage）举行］上，国际捕鲸委员会再度陷入了僵局，而此时担任委员会轮值主席的美国则要求各方采取更具建设性的态度。一个被称为“国际捕鲸委员会之未来”的进程由此展开，与此同时日本宣布它将推迟（但不是放弃）捕杀 50 头座头鲸的计划。

森下助二：具体地说，“国际捕鲸委员会之未来”的进程就是将禁捕令的期限再临时维持 10 年。公众可能会产生这样一个印象：协议草案将把禁捕令彻底废止，从而为不管制、无限制捕杀鲸鱼打开了方便之门。而实际上，这一协议所起的作用完全相反，它将一切与捕杀鲸鱼的所有活动都纳入了国际捕鲸委员会（CBI）监管的范畴，包括设定严格的配额、通过严格的约束措施来防止过度捕杀的出现等。因此，在维持禁捕令的前提下对鲸鱼进行有管制、有限度的捕杀完全是合情合理的，因为正如我此前所说的那样，该禁捕令从来就没有说过永久性禁捕。

> **“与其因为全面禁捕而导致局面彻底失控，不如承认这些活动的存在，从而更好地对其进行监管。”（森下助二）**

① 不过，人们注意到被韩国渔网所捕获的小须鲸的数量有所增加，而且这很难令人相信只是巧合而已［皮尤环境组织（Pew Environment Group），2009 年］。

一些反对捕鲸业的国家是可以接受对鲸鱼进行有管制、有限度捕杀的，至少捕杀10年它们是可以接受的，因为它们知道不管怎么样，一些人将来总是对鲸鱼进行捕杀的。然而，与其因为全面禁捕而导致局面彻底失控，不如承认这些活动的存在，从而更好地对其进行监管。在那些拒绝接受捕鲸的国家看来，有关"国际捕鲸委员会之未来"进程的建议并不完美，但这总比当前的现状更好。事实上，始终反对商业捕鲸的美国和新西兰也已开始支持这一做法。

从日本的角度看，这一妥协方案有着许多不足之处。但是，一贯主张在科学数据的基础上对海洋生物资源进行养护和管理的日本，也看到了其中的一些好处。我们认为，如果国际捕鲸委员会同意在维持禁捕令的前提下允许对鲸鱼进行有管制、有限度的捕杀，那么它就能按照《国际管制捕鲸公约》（ICRW）的规定，在资源管理方面重新发挥组织运营的功能。为了这一进程能够得以实现，日本已经递交了多个重要的妥协方案：包括减少配额、在渔船上派驻国际观察员、通过卫星对渔船进行实时监控（VMS）、建立注册登记制、通过遗传生物印记等对市场进行监管以及实施养护计划等。其中关键之处在于所有国家都应当做出让步。唯此，一个公平、公正的结果才有可能出现。

"基本教义派"在阿加迪尔（Agadir）会议上占了上风，但没有人知道未来会发生什么。（雷米·帕芒蒂埃）

在阿加迪尔会议上，那些反对捕鲸业的国家面临着两种选择：

（一）维持现状：没有达成任何协议，禁捕令仍将维持，但目前的捕杀行动将得不到任何监管。

（二）接受主席的建议：禁捕令仍然维持——但它与公众和媒体所理解的完全不同。所有的捕鲸行为将受到国际捕鲸委员会的监控，但这很可能会引起人们无端的愤慨："禁捕令遭到废止！"以及"捕鲸将重新出现！"，等等。

显然，在舆论的压力下，许多反对捕鲸的国家都不会接受第二个选项。除非形势出现变化，否则国际捕鲸委员会通过这一方案将是非常困难的，甚至可以说是不可能的。

雷米·帕芒蒂埃：确切地说，这其中还存在着可供支持和反对捕鲸国选择的第三个选项：协商修订主席国所提出的建议。

在上一次国际捕鲸委员会会议上，我们目睹了环保团体的分裂，形成了"务实派"和"基本教义派"两大阵营。经过三年的谈判，在有关最佳战略的问题上人们的分歧仍然存在：在字面上不对禁捕令做任何改动，但内心十分清楚哪三个捕鲸国会继续钻空子（以科研的名义继续捕杀，同时又对禁捕令提出反对），而它们的捕杀行动可能比过去更少受到监控；要么就禁捕令的例外情况达成新协议，从而使所有捕杀鲸鱼的行动受到国际捕鲸委员会的监控。"基本教义派"在阿加迪尔会议上占了上风，但没有人知道未来会发生什么。

至少有三方面的原因决定了人们必须打破现有的僵局：（一）目前的情况对于鲸鱼的养护并没有好处；（二）它为日本向"科研捕杀"提供补贴提供了借口；（三）它未能成为国际治理的好榜样。如果我们无法打破目前这种利益博弈程度相对不高的僵局，解决海洋资源保护领域众多挑战——更不用说气候变化领域的挑战了——的政治意愿又将从何谈起？

在我看来，日本出席阿加迪尔会议就好像是来参加一场柔道赛：日本人真的是想找到一种折中办法。但是其他国家认为自己所处的位置是拳击赛的擂台，而不是柔道赛的榻榻米。在谈判过程中，没有人会为了达成妥协而不惜一切代价，因此要想达成公正的平衡并不是件容易的事。日本所做的让步太少，而且来得太迟，因而无法赢得那些支持禁捕令国家的足够支持。一些非政府组织以及澳大利亚对阿加迪尔谈判的失败表示欢迎。过去一直坚持以下三方面基本要求（取消以科研为目的的捕杀、禁止在南极海域捕杀和禁止鲸鱼产品的国际贸易）的另外一些参与方，如新西兰、美国、刚刚成立不久的皮尤环境组织、绿色和平组织以及世界自然基金会（WWF）等，在此次会议期间都表现得十分谨慎（皮尤环境组织等，2010年）。在紧张局势出现缓和之后，我们再来看一看相关谈判能否得到恢复。这在很大程度上将取决于日本的态度。

禁捕令还是发放捕杀配额，如何走出阿加迪尔困境？

雷米·帕芒蒂埃：首先，从严格意义上讲，禁捕令所能发放的配额（或者说能捕杀的最高上限量）为零。这一点在《国际管制捕鲸公约》附则第10（e）条中有着明确规定："自1986年近海季和1985~1986年远洋季以及此后的时间内，所有类型鲸鱼的商用捕杀最高限量为零"（国际捕鲸委员会，1982年）。现在需要知道的是以下两种情况哪一种更有利：是继续维持商业禁捕令，但同时又清楚地知道日本、冰岛和挪威将继续可以在不受控制的情况下捕杀鲸鱼；还是说通过与三个捕捞国商定豁免协议，把它们的捕杀活动置于国际捕鲸委员会的监管之下，这样做会对鲸鱼种群以及相关保护机制更为有利。在阿加迪尔，来自澳大利亚和拉丁美洲的一些代表认为，选择第二种方案等于是在鼓励它们的"坏行为"。而另外一些代表（尤其是来自美国、新西兰和瑞典等国的代表）则认为，尽管第二个方案违背了他们的初衷，但是只要能找到一种合适的办法来对其进行约束，这仍不失是一种务实的解决方式。

森下助二：将禁捕令与发放配额对立起来的做法是不正确的，尽管我承认这是公众的普遍看法。雷米刚才提到的《国际管制捕鲸公约》附则第10（e）条同时还这样规定："本规定今后将在更好的科学建议的基础上进行定期审议"（国际捕鲸委员会，1982年）。对这一条款很容易做出解读：当全面的科学评估认定鲸鱼种群数量能够支撑一个可持续的捕捞额度之后，人们就可以规定一个不为零的最高捕杀限量。因此，发放配额与禁捕令的逻辑完全是不矛盾的。《国际管制捕鲸公约》附则第10（e）条从未说过要永久禁止商业捕鲸，也未对这一产业发表任何价值评判：既未说它有害，也未说它非法。附则第10（e）条的谈判历史证实了这一论据。不过，在公众的印象中，禁捕令仍然意味着永久禁止商业捕鲸，甚至要对商业捕鲸行为课以罚款，而这正是导致"国际捕鲸委员会之未来"这一进程失败的原因。日本农林水产大臣政务官舟山康江（Yasue Funayama）女士在阿加迪尔举行的国际捕鲸委员会第62次大会发言时曾经表示，"有人认为'任何捕杀鲸鱼的行为都是不可接受的，除非是为了用来维持土著居民的生计'，也有人认为'一头鲸鱼都不应被捕杀'……然而，对于这些观点的坚守以及不断重申的全面禁捕要求使得人们在'国际捕鲸委员会之未来'进程中所付出的那些有远见的努力全部化为乌有。"（国际捕鲸委员会，2010B）

"将禁捕令与发放配额对立起来的做法是不正确的，尽管我承认这是公众的普遍看法。"（森下助二）

雷米·帕芒蒂埃：在阿加迪尔会议结束时，曾有报道说，日本私下已经同意将其在南大洋捕杀小须鲸的数量减少到150头。如果那些鲸鱼的捍卫者能够结成统一战线，我认为这个数字可能还可以再减，甚至可以减至零。然而实际情况完全相反，由于阿加迪尔会议未能达成任何协议，日本、冰岛和挪威的代表团在回国后还得以继续为所欲为地、在没有任何国际监督的情况下捕杀鲸鱼。在我看来，阿加迪尔没有任何赢家。没有什么可值得庆祝的。相反，我们所失去的东西是很明确的：国际捕鲸委员会的鲸鱼养护机制在阿加迪尔会议上受到了打压，甚至有所削弱，与会者再次错过了将商业捕鲸置于国际监管之下的机会。这并不是什么好兆头。成立国际捕鲸委员会的目的就是要对所有的捕鲸活动进行规范和控制。如果做不到这一点，这就意味着它已陷入了僵局。如今，它所能监管的只有北极和圣文森特和格林纳丁斯群岛当地居民的捕鲸活动。这一治理的失败是显而易见的。在此期间，国际捕鲸委员会的科学委员会以及养护委员会仍在很好地履行着自己的职责。然而，在有关捕鲸争议得不到解决的情况下，这些工作的成果将十分有限，其作用也不明显。

除围绕“禁捕令和配额分配”引发的争论外，许多专家认为，国际捕鲸委员会对造成鲸鱼死亡的其他原因（如碰撞、化学污染和噪声污染以及渔网等）并未予以足够的重视

雷米·帕芒蒂埃：这正是我们在提出国际捕鲸委员会应进入21世纪这一口号时所想要表达的内容。商业捕鲸业已属于过去，尽管仍有三个国家坚持认为这一行业是有未来的。目前鲸鱼正面临着多种威胁。它们在承受着气候变化的影响，尤其是在极地地区；它们还可能误入渔民的渔网当中，因为过度捕捞使得它们的食物来源锐减，鲸类在寻找食物过程中很可能被渔民所投放的诱饵所吸引，从而被渔网困住；它们还可能与轮船发生碰撞，因为在这个全球化的世界里，随着国际贸易的发展，轮船变得越来越大，海洋上往来船只的数量也越来越多；它们还可能遭受在近海石油和天然气勘探过程中所使用的地震勘测、军事行动以及海上航行等所造成的噪声污染的影响；最后，高浓度的有机物质和重金属很可能在它们体内累积，从而危害到它们的健康和生殖能力。未来，国际捕鲸委员会还应当关注到捕鲸以外的其他问题。

森下助二：我们当然也应当关注造成鲸鱼死亡的其他原因，因为捕鲸业要想得以生存，就必须拥有大量的、健康的鲸鱼种群。然而，在目前的争论中，人们经常可以听到类似的说法，即由于鲸鱼面临着污染和气候变化等多种威胁，因此对鲸鱼的捕杀应当全面禁止。这是一种令人遗憾的态度。那些主张对鲸鱼资源进行可持续利用的国家以及那些反对捕鲸的国家能够在这些问题上展开合作，努力实现促进健康鲸鱼种群出现这一共同的目标。如果阿加迪尔会议能达成协议，在国际捕鲸委员会成员国的合作下，那些导致鲸鱼死亡的其他原因就有可能得到妥善处理。不幸的是，围绕着捕鲸问题所产生的对抗使得国际捕鲸委员会无力关注其他方面的重要问题。正因为如此，推动“国际捕鲸委员会之未来”这一进程就显得尤为必要。

参考文献

BRODER J. M. "U.S. leads new bid to phase out whale hunting", *New York Times (Environment)*, 14 avril 2010. Disponible sur : www.nytimes.com/2010/04/15/science/earth/15whale.html?scp=23&sq=whaling&st=nyt

COMMISSION BALEINIÈRE INTERNATIONALE (CBI), 2010a, *Status of whales*, Cambridge, Royaume-Uni, CBI, 2010b. Disponible sur : www.iwcoffice.org/conservation/status.htm

COMMISSION BALEINIÈRE INTERNATIONALE (CBI), 2010b, *Déclaration de Mme Yasue Funayama, ministre déléguée de l'Agriculture, des Forêts et de la Pêche du Japon*, 62/28, point 3 de l'ordre du jour, 62e Conférence de la CBI à Agadir, Maroc, 30 mai-11 juin, Cambridge, Royaume-Uni, CBI. Disponible sur : iwcoffice.org/_documents/commission/IWC62docs/62-28.pdf et retraduit.

COMMISSION BALEINIÈRE INTERNATIONALE (CBI), 18 juin 2006, *Normalizing the International Whaling Commission – Japan* et point 16 de la déclaration de Saint-Kitts-et-Nevis lors de la 53e Assemblée annuelle à Saint-Kitts-et-Nevis, Cambridge, Royaume-Uni, CBI. Disponible sur : www.iwcoffice.org/_documents/commission/IWC58docs/iwc58docs.htm

COMMISSION BALEINIÈRE INTERNATIONALE (CBI), 23 juillet 1982, *Convention internationale pour la réglementation de la chasse à la baleine*, Annexe de 1946, point 10(e), telle qu'amendée par la Commission lors de la 34e Assemblée annuelle à Cambridge, Cambridge, Royaume-Uni, CBI.

COMMISSION BALEINIÈRE INTERNATIONALE (CBI), 2 décembre 1946, *Convention internationale pour la réglementation de la chasse à la baleine*, article III, Cambridge, Royaume-Uni, CBI.

CONVENTION SUR LE COMMERCE INTERNATIONAL DES ESPÈCES DE FAUNE ET DE FLORE SAUVAGES MENACÉES D'EXTINCTION (Cites), 1973, texte de la Convention signé par les Parties à Washington D.C. le 3 mars 1973 et amendé à Bonn le 22 juin 1979, Genève, secrétariat de la Cites. Disponible sur : www.cites.org/fra/disc/text.shtml

GOUVERNEMENT DU JAPON (GOJ), 2010, contributions scientifiques de JARPA/JARPA II et JARPN/JARPN II soumises par le Japon, IWC/62/20, présentées lors de la 62e Assemblée annuelle de la CBI à Agadir, Maroc.

GOUVERNEMENT DU JAPON (GOJ), 2005, *Plan for the Second Phase of the Japanese Whale Research Program under Special Permit in the Antarctic (JARPA II) – Monitoring of the Antarctic Ecosystem and Development of New Management Objectives for Whale Resources*, présenté lors de la 57e Assemblée annuelle de la CBI à Ulsan, République de Corée.

GOUVERNEMENT DU JAPON (GOJ), 2004, *Revised Research Plan for Cetacean Studies in the Western North Pacific under Special Permit (JARPN II)*, présenté lors de la 56e Assemblée annuelle de la CBI à Sorrente, Italie.

INSTITUTE OF CETACEAN RESEARCH (ICR), 2010, *Research results: JARPA/JARPA II*. Tokyo, ICR. Disponible sur : www.icrwhale.org/JARPAResults.htm

PEW ENVIRONMENT GROUP, GREENPEACE et WWF, 2010, *Six Fundamental Elements for the Proposed IWC Consensus Decision*, Washington, D.C., Pew Trusts. Disponible sur : pewwhales.org/iwc-agadir/JointStatementNGO.html

PEW ENVIRONMENT GROUP, 2009, *Policy Guide for the Pew Whales Commission, Bycatch and Infractions*, Washington, D. C., Pew Trusts. Disponible sur : www.pewwhales.org/pewwhalescommission/policyguide-twelveelements.html

第十一章

戴维·利里（David LEARY）
新南威尔士大学，澳大利亚

海洋遗传资源，活体专利申请权和生物多样性保护

虽然说海洋生物多样性为生物技术提供了广阔的前景，但是与资源获取以及生物勘探收益的分享等相关的监管问题始终悬而未决。虽然澳大利亚和挪威等国在对领海的生物资源管理方面堪称典范，但是公海生物多样性的问题始终存在。

“生物技术”一词最早是1919年由一位名叫卡尔·艾里基（Karl Ereky）的匈牙利工程师创造的，用来指“凡是以生物机体为原料，不论其用何种生产方法进行产品生产的技术”［萨松（Sasson），2005年］。从根本上说，生物技术“是在可利用的生物学研究和发现基础上发展起来的”［布尔（Bull）等，2000年］。从现今的实际操作看，生物技术与生物多样性之间存在着紧密联系。搜索发现天然物质，从自然界的天然物质中寻求新的特性——这通常被称为生物勘探——以及对这些物质进行工业化开发利用，只是在过去50年间才开始出现的事，但在这一过程中，人们主要将重点放在了海洋生物多样性的潜力开发上。

海洋动植物资源是药品开发领域新型合成物的重要来源。

从20世纪50年代初起，人们开始系统调查海洋环境在生物技术方面的潜力。第一批海洋生物活性化合物——海绵尿核苷（spongouridine）和海绵胸腺定（spongothymidine）都是从一种名为“Cryptotheca Crypta”的加勒比海海绵中分离出来的。到了20世纪60年代中期，这些物质被证明具有抗病毒和抗癌的特性［利里（Leary）等，2009年］。这两种药物都是用佛罗里达州沿海的海绵衍生化合物所研制而成的［海洋规划小组（Foresight Marine Panel），2005年］。20世纪70年代，在生物化学、生物学、生态学、有机化学和药理学获得快速发展的同时，现代海洋生物技术开始出现（利里等，2009年）。到了70年代末，寻找新型生物活性制剂获得了长足发展［克拉格（Cragg）等，1997年］。

本章将对海洋生物多样性和导致海洋生物技术发展的海洋生物勘探之间的关系进行探讨。其中主要关注以下一些基本问题：什么是生物技术？海洋生物勘探的重要性何在？企业的利益是什么？商业活动的规模有多大？根据海洋生物多样性所开发出来的产品能申请专利吗？这一活动对环境有什么影响？它是本着可持续发展的精神来管理的吗？

生物信息学和海洋生物技术的全方位发展

海洋里所发现的天然物产的清单名录在逐年增加。通过对最近公开发表的文献的统计整理，布朗特（Blunt）等人发现，2008年所发表的371篇科学论文共提到了1065种新型合成物（布朗特等，2010年）。而新近对相关专利数据分析（见表2）表明了类似的趋势。海洋动植物资源是药品开发领域新型合成物的重要来源，其中52%的合成物来自海绵（布朗特等，2010年）。

对生物勘探进行的更为详细研究的表明，用海洋天然物产来进行生物技术开发在许多领域都有应用前景（利里等，2009 年）。例如，围绕着一些具有抗癌和抗肿瘤作用物质以及一些能用来治疗艾滋病毒和艾滋病的物质所展开的医学研究。此外，我们还可以列举出在其他传染病研究方面的应用，如真菌感染和疟疾，以及其他医疗应用，如作为抗凝血剂等。人们还可将它们用于新的 DNA 聚合酶的开发、用于工业和制造工艺的新型酶的开发、用于废物和工业废水的处理、生物修复、生物采矿和生物浸矿等（利里，2007 年）。这方面的研究还包括利用海洋提供的原材料，特别是从贝类废物中提取甲壳素和相关化合物，从鱼油中提取欧米加 -3 脂肪酸及其他脂肪酸、类胡萝卜素、色素和调味品、藻蛋白酸盐和卡拉胶等以及从海藻中提取衍生合成物以及其他营养添加剂等（利里，2008 年）。

虽然说天然物产始终在生物技术的进步中处于最前沿的位置，但是随着最近 10 年来基因组学的应用越来越广，生物技术的研发领域出现了一种范式的转变[①]。这一转变也得益于新的研究方法（布尔等，2000 年）。到目前为止，“传统生物学”方法一直占据着上风。这一研究策略的特点是注重个体标本的采集，而后各自在实验室进行试验。最近，相关研究越来越依赖于生物信息学所催生的一些新方法：对计算机里大量样本的数据进行分析、筛选和评估，以确定某些可能很有前途的新物质，并对其进行深入研究（布尔等，2000 年）。对所收集到的数据进行全面分析将成为生物技术领域一种十分普遍的研发战略。许多企业都在建立自己的微和其他生物生物群——尤其是海洋资源的生物群——的资源库［费雷尔（Ferrer）等，2005 年］。这些资料之后将被认真筛选，从而确定那些能够合成具有药理活性的、可能存在多种用途的代谢产物的候选资源（费雷尔等，2005 年）。

海洋环境中的商业利益

显然，海洋生物技术所蕴涵的商业利益不可小视，尽管迄今为止，由于在海洋生物技术的全球市场价值方面缺乏透明的数据，人们还很难对其商业价值做出准确的判断（利里等，2009 年）。尽管目前有多个研究项目在对其商业价值进行评估，但人们始终很难给出准确的数字，因为各方所采用的计算方法存在着巨大差别。有些研究项目试图从全球角度对海洋生物技术进行评估。比如，2004 年进行的一项研究认为，全球海洋生物技术的总价值约为 22 亿欧元，这其中还不包括水产养殖、海藻和相关的加工工业（欧盟委员会，2005 年）。另一些研究则关注的是某些特定行业的市场价值，如海洋遗传资源的价值以及某些海洋特产预计的年销售额等（利里等，2009 年）。例如，一种从海洋资源中提取出来的抗癌药仅 2005 年在美国的销售额就超过了 10 亿美元（利里等，2009 年）。

不管其确切的商业价值究竟有多大，海洋生物技术毫无疑问是一个巨大的市场。这一价值从制药行业的一些具体例子中便可见一斑：2005 年，一种从海绵中提取的、用于治疗疱疹的药物，其销售额大约在 5000 万至 1 亿美元之间（利里等，2009 年）。另一个例子更加惊人：一种从海洋资源中提取出来的抗癌药 2005 年的销售额就超过了 10 亿美元（利里等，2009 年）。然而，正因为目前缺乏明确的数据来判定海洋

① 基因组学是通过生物体的基因图谱对其进行生物学研究。

表1 一些海洋生物技术公司的例子

A / F 蛋白公司及 A / F 蛋白加拿大公司

美国和加拿大

该公司利用北极和南极的鱼类开发抗冻蛋白，一些能修复因冷冻受到的伤害的医疗产品、食品和化妆品。公司网址：www.afprotein.com

Aquapharm-Biodiscovery 生技公司

总部设在苏格兰（英国）

该公司收集了大量生活在极端和多样的海洋生物栖息地——主要是北极和深水海洋——的细菌和真菌的资料库，并用它们来开发一些能够在药物、保健品和工业等领域应用的新型天然生物活性物。该公司主要的研发领域包括抗感染药（开发新的抗生素和抗真菌类药物）、类胡萝卜素（高产率发酵新技术）、新型酶（生物转换）和功能分子等。此外，该公司的海洋细菌库还可供第三方研究和开发之用。公司网址：www.aquapharm.co.uk

Biotec 生物技术药剂公司

挪威

Biotec 生物技术药剂公司依靠自己对免疫学和海洋生物学的研究，开发生产和销售免疫调节和生物酶方面的制剂。公司网址：www.biotec.no

麦哲伦生物科技集团股份有限公司

美国

该公司的经营业务的范围主要包括：通过微生物提取来发现新的药物、酶制剂、农用化学品以及某些化学特性的研究。麦哲伦公司拥有来自北极和南极地区以及浅水珊瑚礁、海洋洞穴、深水（超过1000米）海洋沉积物、热带和温带水域的13000种海洋微生物以及60000种真菌菌株的资料库。公司网址：www.magellanbioscience.com

New England Biolabs 公司

美国

New England Biolabs 公司主要生产从深海热液喷口生态系统中分离出来的酶和聚合酶。公司网址：www.neb.com

PharmaMar 公司

西班牙和美国

PharmaMar 公司成立于1986年，是西班牙一家生物制药公司，其业务主要是开发海洋作为药物的潜力，为更好地治疗癌症寻找新的药源。公司拥有一个特殊的海洋生物资源库，收藏的标本超过85000件。

公司下设的研究、开发和创新部门已发现700个新化学实体，并确定了30个新化合物族。这些工作使 PharmaMar 公司得以提出了1800多项专利申请（其中有的已获批准，有的正在审批之中）。

PharmaMar 公司研制的抗癌药 yondelis® 于2007年获得了欧盟委员会颁发的首个入市许可，用于治疗软组织恶性肿瘤，2009年又被批准用于复发性卵巢癌的治疗。这种药物正是首批在海洋化合物基础上研发出来的新一代抗癌药物。自其问世以来，Yondelis® 至今已获得亚洲、中美洲和南美洲以及瑞士和俄罗斯等21个国家的销售许可。PharmaMar 公司研制的其他化合药物，如 Aplidin®、Irvalec®、Zalypsis® 和 PM01183 等，如今正处于不同阶段的临床检测之中。公司网址：www.pharmamar.com

Pronova 生物制药（原 Pronova Biocare 公司）

挪威和丹麦

Pronova 生物制药公司主要从事源自海洋的与欧米加-3脂肪酸相关的药品的研发和制造，其关注重点是心血管疾病的治疗。公司网址：www.pronova.com

联合利华

这是一家全球性公司

这家大型农业食品集团从北极绵鳚鱼身上提取抗冻蛋白，用于制造防冻霜。公司网址：www.unilever.com

Verenium 公司（原 Diversa 公司）

这是一家全球性公司

Verenium 公司开发纤维素生物燃料和酶。Verenium 公司拥有一个巨大的特种酶资源库，可用于商业开发，而且这些酶主要来自一些极端环境，如包括北极、南极、火山、热带雨林和深海热液口微生物群落。Verenium 也参与了抗生素和其他药物的研究。公司网址：www.verenium.com

Zymetech 公司

冰岛

Zymetech 公司研究的领域主要集中在酶及其在药品与化妆品开发和生产领域的应用。该公司主要从事的是海洋酶及其衍生产品的开发、生产和销售。目前它销售的主要是一款名为 PENZIM 的产品，该产品含有纯化的酶，能够减轻皮肤病、风湿病或关节炎、肌肉肿胀或酸痛等病人的病症。公司网址：www.zymetech.is

资料来源：相关资料由利里收集整理，2008年。

生物技术的市场价值，这就使得对海洋遗传资源的金融价值及其商业用途进行权威性的评估变得尤为必要［皮苏帕蒂（Pisupati）等，2008 年］。

不过，应当牢记的是，从一种标本样品变成药物或某一种能赢利的产品，往往需要数年的时间以及巨额的投资：投资额通常会超过数亿美元，而且谁也无法保证研究出来的必定是一个受欢迎的产品。正如该领域的一位专家所说的那样："只有当一个人能够通过出售某个制成品赚到了钱，我们才能说（海洋生物技术）取得了成功。要想开发出一个有销路的产品，光有良好的科研是不够的：还必须有一个能够销售产品的市场，而且这个市场愿意出钱购买这一产品，产品的售价又足以收回在研究、开发、生产、运输、市场营销和销售等各环节所投入的费用……大部分产品都以失败而告终，因此仅仅依靠技术的公司最终很可能难逃破产的命运"［麦肯齐（McKenzie），2003 年］。

在产品开发过程中，首先是要找到合适的生物材料，其次是寻找所需的特性——这就意味着要在众多预选的好结果中做出最佳选择，并最终决定将其开发成一个产品或开始商业化进程（布尔等，2000 年）。然而，在这个过程中，产品的开发很可能由于多种原因而宣告失败。正如菲恩（Firn）在 2003 年所指出的那样，一种新药的开发，除了科研这一简单的问题之外，还包括了其他方面的许多问题，尤其是：

——"这种药能够安全地使用吗？（例如，在该产品的众多作用中，会不会有一些是可能引发危险的副作用？）

——这种药物能在临床使用吗？在实验室中看到的作用会不会在病患身上也同样显现？

——这种化学物质能否通过发酵的方式进行提取、合成或以一种合乎经济原则的方式进行工业规模化生产？

——是否可以通过申请专利的方式对这一药物及其衍生产品进行充分保护？

——这一市场是否广阔到能够支撑开发一种药物通常所需花费的约 5 亿美元开发成本？"（菲恩，2003 年）

尽管存在着种种障碍，但是目前仍有很多企业在从事着海洋生物技术的研究、开发或销售。表 1（相关的描述主要基于这些公司本身所提供的宣传材料）列举了这一行业内不同类型的一些实体。

目前正在进行的讨论

应当如何来定位由海洋生物衍生出来的生物技术，目前国际舞台上正围绕着这一问题展开讨论。从国际法的角度看，这将是一个涉及谁有权获取海洋多样性并用于生物技术的开发，以及谁有权享受这些技术所创造的好处的问题。这是通常所说的"获取和收益分享"的问题。

这场讨论主要围绕着两大国际条约的相互作用而展开，即 1992 年的《生物多样性公约》和 1982 年的《联合国海洋法公约》。《生物多样性公约》有三个主要目标：保护生物多样性、生物多样性组成成分的可持续利用、以公平合理的方式共享遗传资源的商业利益和其他形式的利用。这一个框架性条约为实现上述目标规定了许多义务。《联合国海洋法公约》所确立的海洋制度则以划分海洋区域并在此基础上建立海洋权利制度为主要特征。《联合国海洋法公约》的条文规定，沿海国家对那些明确界定的海洋空间拥有管辖权，包括 12 海里范围内的领海（这被视为主权领土的组成部分）以及 200 海里范围内的专属经济区（国家对其拥有一定的主权权利，包括对获取海洋生物多样性的管理权（《联合国海洋法公约》，1982 年，第五部分）。

海洋遗传资源问题是相关国际谈判中分歧最多的议题之一。

在领海和专属经济区（从某种程度上，也包括大陆架，至少包括那些属于定居物种的生物资源）内，相关资源的获取和利益的分享应当遵照《生物多样性公约》的相关规定，而该条约承认，沿海国家有权在其国家管辖范围内确定自己的管理法规（《生物多样性公约》，1992 年，第 4 条）。

自有关《生物多样性公约》谈判启动以来，许多国家在海洋资源获取和利益分享方面制定了本国的法律和政策，其中有一些也涵盖了对海洋环境的生物勘探。例如，在澳大利亚，6 个州和两个领地的政府对沿海至 3 海里范围内的资源都享有获取权和利益分离权，而这个边界范围以外到专属经济区边界范围内的资源则属于英联邦的《环境保护和生物多样性法》（澳大利亚 EPDA，1999 年）及其他一些相关法规来管理。根据这一管理机制，对澳大利亚遗传资源或生化物质进行以研发为目的原生生物资源取样，必须事先获得许可。随后，澳大利亚政府根据这一管理机制出台了一个有关资源获取和利益分享的协议模型，澳大利亚联邦法律下所达成的大部分协议也都是以这一机制为基础的。这一机制总体上适用于所有的海洋环境，尽管不同的监管部门会为某些特定区域颁发特别许可——如大堡礁海洋公园和澳大利亚的南极领地。

与澳大利亚一样，挪威最近也通过一项有关资源获取和利益分享的国家法律。《海洋资源法》（2008 年 6 月 6 日通过的第 37 号法律，即海洋野生生物资源管理法）旨在对海洋野生生物资源及其遗传物质实现可持续的、能创造经济效益的管理，并能够促进沿海居民的就业与安置（第一部分）。这部法律同时承认，海洋野生生物资源属于挪威全社会所有（《海洋资源法》，第二部分）。正如挪威研究理事会所注意到的那样，当挪威的海洋遗传物质被用于商业开发之后，这部新法律将使挪威国家拥有了求偿权——包括经济和其他方面的赔偿（挪威研究理事会，2010 年，见该理事会网站）。

澳大利亚和挪威等国将海洋资源获取和利益分享纳入本国法律监管范畴的做法并不会引起过多的争议，因为此举并不会与《生物多样性公约》和《联合国海洋法公约》所赋予它们的权利相违背。相反，在那些国家法律管辖权范围以外的地区，最近却因为生物勘探而引发了一场有关海洋生物多样性地位的争议。《联合国海洋法公约》和《生物多样性公约》对于这些水域所展开的生物勘探并没有明确的规定。正因为如此，一场激烈的争论正在出现：现有的国际组织，如国际海底管理局（AIFM）究竟应当在多大程度上对于海底、海床上覆水域或者公海所展开的生物勘探加以管理。

今后，国际海底管理局将对在国家法律监管范畴以外的公海海域，也就是《联合国海洋法公约》所说的“区域”所进行的矿产开采活动进行管理。在一些学者观察家的支持下［阿马斯·普菲尔特尔（Armas Pfirter），2006 年］，由发展中国家所组成的“七十七国集团”（包括阿根廷、印度、南非、印度尼西亚和中国等成员）近年来强调，应当把资源获取和利益分享纳入自己的使命当中。这一立场是用一种有争议的方式在解读国际法：这一法律将“人类共同财产”[①]的范围扩大到了“区域”内的海洋遗传资源上，从而超出了国际海底管理局在海底矿产管理方面所肩负的使命。当前所出现争论的焦点在于：“人类共同财

① 《联合国海洋法公约》中所提到的“人类共同财产”主要与以下三个核心要素有关：1）国家管辖权范围以外的海底不存在任何占有权；2）国家管辖权范围以外的海底矿产资源的共同管理权归国际海底管理局；3）公海矿产开采所可能产生的利益将实行利益共享的原则。

产”这个概念（包括由此所引起的法律后果以及出现《联合国海洋法公约》中所说的“设施”等）是否应该适用于海洋遗传资源。联合国大会为此成立了一个不限成员名额的非正式特设工作组，旨在解决这个问题（以及与国家法律管辖权以外海域的生物多样性有关的其他一些问题）：其使命是深入研究一切与国家法律管辖权以外海域的生物多样性的保护和可持续开发有关的问题。

这个问题也成了联合国海洋和海洋法问题不限成员名额非正式协商进程最近所召开会议的一个重要讨论议题［有关这一进程的详细讨论，请参阅里奇韦（Ridgeway），2009 年］。与其他地方的情况一样，在这一论坛上所展开的讨论表明，有关这些资源的法律地位问题远未得到解决。没有一个国际协议能明确共同财产的概念是否适用于这些资源，也没有一个国际协议能明确国际海底管理局是否可以在国家法律监管范畴以外的公海海域的资源获取和利益分享等问题上发挥监管作用。

与知识产权法的关系

“共同财产”这一论点存在着一个根本的缺陷：它忽视了专利在生物技术发展过程中至关重要的作用。如上所述，生物技术的研发是一个需要巨大投入、耗时漫长的过程，而且获得成功的概率也很低。专利权通过授予一项发明的开发利用垄断权以换取其公开披露发明；专利权是对发明人为某项发明所花费时间、精力和开支的奖励。

《与贸易有关的知识产权协定》（ADPIC）第 27 条（1）规定，专利应可授予所有技术领域的任何发明，无论是产品还是方法，只要它们具有新颖性、涉及发明性的步骤，并可进行工业应用（世界贸易组织，1994 年）。该协定第 27 条（2）则规定，“各成员可不授予下述发明专利权，如果在其境内阻止对这些发明的商业性利用对维护公共秩序或道德，包括保护人类、动物或植物的生命或健康或避免严重损害环境是必要的，只要此举并不仅仅因为这种利用为其法律所禁止。”

由此可以看出，在给予源自海洋生物多样性的产品以专利权问题上是存在争议的。正如萨尔皮尼（Salpin）和格尔马尼（Germani）最近所指出的那样：“目前，公众在许多不同的问题上展开讨论：那些在自然界中存在的生物体以及从自然环境中分离出来的物质，它们应当被视为发明还是发现？它们是否符合工业应用所需的相关标准？向遗传物质颁发专利保护在道德上是可能接受的吗？允许专利申请人提出如此广泛的保护又会产生怎样的影响？”（萨尔皮尼和格尔马尼，2009 年，第 18 页）。尽管存在着诸多争议，但是世界各地仍然批准了许多此类专利，而且到目前为止，此类发明的专利权申请似乎并未受到任何质疑。最近进行的几次调查都表明，这一趋势正变得越来越明显。例如，在 2007 年的一项研究中，本文作者对与深海生态系统（如热液喷口）的物种分离相关的技术发明进行统计后发现，其中至少有 37 项被授予了专利权。它们所涉及的应用范围非常广，包括生物学的研究、医学以及诊断等（利里，2007 年）。同样，阿里科（Arico）和萨尔皮尼（2005 年）曾指出，授予的专利权涉及多个领域（尤其是医药学、农业学和化妆品），而且其中的活性成分均来自不同的海洋生物，如细菌、真菌、藻类、海绵、腔肠动物、棘皮动物、软体动物和被囊动物（萨尔皮尼和格尔马尼，2009 年引述阿里科和萨尔皮尼在 2007 年所发表的内容）。另一项更新的研究也发现，1973~ 2007 年至少有 135 项专利被授予与海洋生物多样性有关的发明，其应用领域涉及化学、医药学、化妆品、食品和农业（利里等，2009 年）。根据这一研究项目所提供的数据，表 2 编制出了此类专利方面的一些实例。

表 2　源自海洋生物多样性专利的几个例子

行　业	专　利　号	说明与应用
化　学	WO2006127823	描述了如何将 Silibacter sp. 菌株用于海洋藻类的遗传转化以及用于抗生素制剂的生产。
	US5089481	从海洋藻类中提取多糖以及从海藻中提取含有多糖抗活性物的抗病毒药物。
	JP10120563	描述了如何培育一种旨在生产灵菌红素（cycloprodigiosine）的海洋细菌，这是一种能够诱导细胞凋亡，用于治疗白血病的新型免疫抑制剂。
医药学	JP2000080024	从海藻中提取抗炎成分。
	JP2000229977	抑制癌细胞繁殖的新化合物。
	US2006234920	Kahalalide F，一种从夏威夷海参中分离出来的抗癌药物，目前正在进行二期临床试验当中，用于治疗肝癌、非小细胞肺癌和黑色素瘤。
食　物	JP2004065152	描述了如何用南极磷虾生产出产品，用于添加到以淀粉或面粉为原料的食物当中。
	US7041788	用南极绵鳚鱼分离出抗冻蛋白，它可用于食品保鲜。
	JP10084988	描述如何用从南极洲念珠菌身上提取的脂肪酶来生成一种化合物（D）-3（2H）- 呋喃酮：它具有水果香味，可用于食品调味。
农　业	WO03081199	描述了如何用色氨酸卤化残基的衍生物来生产防污剂。
	JP2005145923	显示了如何利用海洋附着性细菌获取具有可持续抗菌功能的优异抗菌剂。

资料来源：利里等人根据公开发表的资料收集整理，2009 年。

《与贸易有关的知识产权协定》第 28 条规定了专利所有人所享有的一些专有权以及对第三方做出的限制。在一专利的客体是产品时，阻止第三方未经其同意而进行制造、使用、兜售、销售或为这些目的而进口该产品；在一专利的客体是一项工艺时，阻止第三方未经其同意而使用该工艺，或使用、兜售、销售或为这些目的而进口至少是以此工艺直接获得的产品。

一旦获得了专利权，此时再来提出某种特殊天然品的获取是否符合资源获取和利益分享方面的法规就显得不合时宜了。专利本身就是一种垄断性权利，这是一种绝对的权利！显然，应该出台一部能将《生物多样性公约》和《与贸易有关的知识产权协定》协调统一起来的法规。

生物多样性保护与活体专利申请权能相互兼容吗？

抛开资源获取和利益分享问题以及有关知识产权问题不说，海洋生物技术本身所出现的进步也会对环境产生重大的潜在影响。许多新产品，尤其是药品，将主要取决于供其生产的天然品的供应是否有保障。

海洋生物技术行业的领军企业、西班牙PharmaMar公司的一位代表在最近发表的一篇文章中[德拉卡勒（De la Calle），2009年]清楚地描述了环境所可能受到的影响："大多数海洋天然物的全面开发会遇到一个巨大的障碍：如何保障供应的问题。大部分海洋无脊椎动物中的高活性化合物的浓度往往很低，有时占其湿重的不到10%的负六次方（10^{-6}%）。例如，要想获得约1克Yondelis©——一种十分有前途的抗癌药物——必须收集约1吨的Ecteinascidia turbinate棒状海鞘（湿重），而后从中加以提取。又比如，halichondrin B——一种从海绵中分离出来的功能强大的低温聚酮，其从生物质提取成终端产品的比例更低：一吨Lissodendoryx sp.海绵才可能提取出300毫克的两种halichondrins混合物。其他一些抗癌化合物，如dolastatin主要是从一种名为D. Auriculata的海兔身上提取的，其中的含量低于每公斤（湿重）1毫克。类似的例子在相关文中还有很多。"（德拉卡勒，2009年）。

源于生物群落的药物或其他产品的生产需求越大，其对环境的影响也就越大。如果一种产品源自某种微生物，那么通过化学合成或实验室培养的方式可能会在一定程度上减轻这种影响。不过，相关研究和开发在最初阶段也需要采集一定量——即使是很小的量——的样本，但是"即使你只需要采集少量的（组织）样本，这并不能保证你不会带来大面积的破坏"[海明斯（Hemmings），2009年]。对于许多新产品，尤其是那些系列药物的候选化合物而言，当务之急就是要关注生物勘探对环境的影响。

在一个国家法律管辖权范围内的地区，一切问题都可以由这个国家的环境法来加以管理。正如我们在本章前面所讲过的那样，在澳大利亚，对那些以研发为目的生物样品采集行为所可能造成的环境影响进行评估，成了颁发生物勘探许可证的先决条件。

在那些国家法律管辖权以外的地区，目前还没有任何有关生物勘探的环境影响的国际法。令人惊讶的是，即使是那些专门讨论生物勘探的国际论坛也很少关注这一问题。在未来任何国际法或治理机制中，有关生物勘探对环境影响方面的管理将占据重要位置。到目前为止，这些环境问题的性质及其影响程度始终未进行过详细研究，而在未来的解决方案中，它们显然应当得到优先处理（利里等，2009年）。此外，一些有着明确定义的概念，如环境影响的评估与管理、风险预防原则以及生态系统管理等，应当在未来的机制中发挥核心作用（利里等，2009年）。

然而，鉴于海洋研究与海洋勘探之间存在的十分紧密的关系，要想确立这一机制并不是件容易的事。到目前为止，两者之间的差别并未做出明确的界定，而人们若想继续保留公海的自由权或者展开科研活动的自由，界定这种差别至关重要。未来的海洋勘探需要在资源获取和利益分享方面出台独特的机制，从而使它与国际法赋予海洋科研的地位有着明显的区别。

结论

海洋生物多样性为生物技术未来的发展提供了广阔前景。海洋为我们提供了许多新的和令人兴奋的前景，包括癌症的治疗、各种可以在化学和工业领域应用的新型酶的开发等。不过，正如本文所阐述的那样，这些进步是在一个缺乏足够监管的环境下出现的：这种缺乏既表现在资源的获取和利益的公平分享上，也表现在对环境影响的管理上——人们对这些影响的认识并不明确。对于决策者而言，今后他们所面临的挑战是着手解决这些悬而未决的问题。

参考文献

ARICO S. et SALPIN C., 2005, *UNU-IAS Report. Bioprospecting of Genetic Resources in the Deep Seabed: Scientific, Legal and Policy Aspects*, Yokohama, Japon, université des Nations unies – Institute of Advanced Studies.

ARMAS PFIRTER F. M., 2006, "The management of seabed living resources in 'the area' under UNCLOS", *Revista Electronica De Estudios Internacionales*, n° 11, p. 1-29.

Australian Commonwealth's Environment Protection and Diversity Act 1999, Australia EPDA. Disponible sur : www.austlii.edu.au/au/legis/cth/consol_act/epabca1999588/

BLUNT J. W., COPP B. R., MUNRO M. H., NORTHCOTE P. T. et PRINSEP M. R., 2010, "Marine natural products", *Natural Products Reports*, n° 27, p. 165-237.

BULL A. T., WARD A. C. et GOODFELLOW M., 2000, "Search and discovery strategies for biotechnology: the paradigm shift", *Microbiology and Molecular Biology Reviews*, 64(3), p. 573-606.

COMMISSION EUROPÉENNE, 2005, *Background Paper N° 10 on Marine Biotechnology*. Disponible sur : ec.europa.eu/maritimeaffairs/suppdoc_en.html

CONSEIL NORVÉGIEN DE LA RECHERCHE, 2010, *Bioprospecting: A Biotechnological Treasure Hunt or Political Mirage?* Disponible sur : www.forskningsradet.no/en/Newsarticle/Bioprospecting_ A_ biotechnological _ treasure _ hunt _ or_ political _ mirage/1236685402413

CONVENTION DES NATIONS UNIES SUR LE DROIT DE LA MER (CNUDM), 10 décembre 1982, *International Legal Materials*, vol. 21, Montego Bay.

CONVENTION SUR LA DIVERSITÉ BIOLOGIQUE (CDB), 5 juin 1992, *International Legal Materials*, vol. 31. Rio de Janeiro.

CRAGG G. M., NEWMAN D. J. et WEISS R. B., 1997, "Coral reefs, forests and thermal vents: the worldwide exploration of nature for novel antitumor agents", *Seminars in Oncology*, 24(2), p. 156-163.

DE LA CALLE F., 2009, "Marine genetic resources. A source of new drugs. The experience of the biotechnology sector", *The International Journal of Marine and Coastal Law*, 24, p. 209-220.

FERRER M., MARTINEZ-ABARCA F. et GOLYSHIN P., 2005, "Mining genomes and 'metagenomes' for novel catalysts", *Current Opinion in Biotechnology*, 16, p. 588-593.

FIRN R. D., 2003, "Bioprospecting – why is it so unrewarding?", *Biodiversity and Conservation*, 12, p. 207-216.

FORESIGHT MARINE PANEL (MARINE BIOTECHNOLOGY GROUP), 2005, *A Study into the Prospects for Marine Biotechnology in the United Kingdom*, vol. 2., Londres, The Institute of Marine Engineering, Science and Technology. Disponible sur : www.berr.gov.uk/files/file10470.pdf

HEMMINGS A. D., 2009, "From the New Geopolitics of Resources to Nanotechnology: Emerging Challenges of Globalism in Antarctica", *Yearbook of Polar Law*, 1, p. 55-72.

LEARY D. K., 2007, *International Law and the Genetic Resources of the Deep Sea*, Boston et Leiden, Martinus Nijhoff.

LEARY D. K., 2008, *UNU-IAS Report. Bioprospecting in the Arctic*, Yokohama, Japon, université des Nations unies – Institute of Advanced Studies.

LEARY D., VIERROS M., GWENAELLE H., ARICO S. et MONAGLE C., 2009, "Marine genetic resources: A review of scientific and commercial interest", *Marine Policy*, 33, p. 183-194.

MCKENZIE J. D., 21-27 septembre 2003 "Commercialising marine biotechnology: road to riches or rocky path?", synthèse d'un document de conférence dans *Abstract book of the 6th International Marine Biotechnology Conference and 5th Asia Pacific Marine Biotechnology Conference*, Chiba, Japon.

NORWEGIAN MARINE RESOURCES ACT 2008 (NORWAY MRA), loi du 6 juin 2008 n° 37. Traduction anglaise non officielle disponible sur : www.fiskeridir.no/english/fisheries/regulations/acts/the-marine-resources-act

ORGANISATION MONDIALE DU COMMERCE (OMC), 1994, *Accord sur les aspects des droits de propriété intellectuelle qui touchent au commerce (ADPIC)*, Annexe 1c de l'Accord de Marrakech instituant l'Organisation mondiale du commerce, signé à Marrakech, au Maroc, le 15 avril 1994. Disponible sur : www.wto.org/french/tratop_f/trips_f/t_agmo_f.htm

PISUPATI B., LEARY D. et ARICO S., 2008, "Access and benefit sharing issues related to marine genetic resources", *Asian Biotechnology and Development Review*, 10(3), p. 49-68.

RIDGEWAY L., 2009, "Marine genetic resources: outcomes of the United Nations Informal Consultative Process (ICP)", *The International Journal of Marine and Coastal Law*, 24, p. 309-331.

SALPIN C. et GERMANI V., 2009, "Patenting of research results related to genetic resources from areas beyond national jurisdiction: the crossroads of the law of the sea and intellectual property law", *Review of European Community and International Environmental Law*, 16(1), p. 12-23.

SASSON A., 2005, *Medical Biotechnology. Achievements, Prospects and Perceptions*, Tokyo et New York, UNU Press.

聚 焦

公海生物多样性的地位问题：相关国际讨论详解 *

瓦伦丁娜·格尔马尼（Valentina GERMANI）
联合国，美国

夏洛特·萨尔皮尼（Charlotte SALPIN）
联合国，美国

虽然几个世纪以来，我们一直知道海床上覆水域蕴涵着丰富的生物资源，但是直到40多年前，我们才知道过去一直被认为是生物荒漠的公海也生活着许多人们所不认识的物种。事实上，近年来许多特有物种和生物体相继被发现，其发现速度甚至超过了公海探索技术的进步速度——这些技术使人们得以到达那些地球上最为偏僻的地区。这些发现吸引了众多与海洋相关的行为体的目光：公权机关、科学界、企业界、学术界和法学界。它们对于这些生物体兴趣的增加，一方面是因为这些生物体的多样性、独特性和可以直接加以利用的特性（例如，鱼类对于食品安全的重要性或者对于科研和工业的遗传资源价值等）；另一方面是因为其所具有的间接利用价值，如作为优质的海洋生态体系中的一个环节在碳素同化过程中所发挥的作用等。

本文所关注的是国家管辖权范围以外区域的海洋生物多样性问题，尤其是其中的一些法律问题以及在相关国际谈判中所遇到的问题。文章将重点关注联合国以及活跃在该领域的其他组织所面临的问题，并对目前正在进行的讨论做一梳理。

决策者和律师花了相当多的时间和资源来研究海洋生物多样性问题，尤其是国家管辖权范围以外区域的海洋生物多样性问题。决策者所关注的主要是如何维护政治、经济、社会、生态和道德等各种因素之间的平衡。在国际机构内，许多国家都主张海洋生物多样性和海洋遗传资源应当得到公平和可持续的开发利用。它们都主张对海洋生态环境进行保护，尤其要防止开发利用所带来的负面影响。要想达到这一目标，它要求的不仅是提高海洋科研的水平、建立透明的监管框架，而且要能够动用大量的财政资源和先进的技术，同时又要求明确资源的开发利用权和利益分享权。

而律师们则把重点放在了为国家管辖权范围以外区域海洋生物多样性的保护和可持续利用制定法律原则和规则上。事实上，有许多国际性的法规都可用于公海的管理，其中“首当其冲”的当然是《联合国海洋法公约》。但是国际上没有一部专门或直接管理公海问题的国际法。

在这方面，海洋遗传资源是国际讨论中分歧最大的症结之一。其中所涉及的一个根本问题是：这些

* 本文所阐述的只是作者个人的观点，并不一定都是联合国的观点。

资源究竟应当适用“人类共同财产”这一概念还是公海自由的原则。这个问题实际上涉及一个如何解读法律的问题，其中尤其需要明确的一点是：《联合国海洋法公约》第十一部分究竟只是适用于“区域”[①]内的矿产资源，还是适用于所有的生物资源。另一个问题则与一些保护工具（如海洋保护区）所可能牵涉到的法律问题有关——这些保护工具所采用的是国家管辖权范围以外的特别管辖权或制度环境。

近年来，国际机构成了各方激烈争辩的场所，争论的焦点集中在这些管理或保护工具的合理性、如何提高发展中国家的能力以及必须获取更多的科学信息等方面。2004 年，负责每年对《联合国海洋法公约》实施情况以及其他与海洋和海洋法有关问题进行评估的联合国大会委托一个不限成员名额的非正式特设工作组（简称“工作组”），专门研究国家管辖范围以外区域海洋生物多样性问题，尤其是其中的科学、技术、法律、生态和经济社会等方面的问题。此外，工作组还将对联合国及其他国际组织的相关活动展开调查，确定其所面临的主要挑战及未来有待进一步研究的问题，并提出（如果有需要的话）一些能够促进国际合作和协调的解决方案和方法。这一宽泛的任务表明各国对海洋遗传资源的兴趣越来越浓厚。

其他一些政府间组织和机构也在各自的专业领域内进行着讨论。例如，联合国粮农组织和区域渔业管理组织所关注的是那些破坏性捕捞行为对国家管辖权范围以外区域的海洋生物多样性和脆弱的海洋生态系统的影响。国际海底管理局[②]则通过了一项专门针对矿业开采对环境影响的法规。而联合国教科文组织（Unesco）及其下设的政府间海洋学委员会则通过起草《全球开阔洋和深海海底生物地理学分类法》（Global Open Oceans and Deep Seabed Biogeographic Classification）作出了自己的科学贡献。《生物多样性公约》以及联合国环境规划署所开展的科学和技术工作也对这场国际讨论起到了推动作用。最后，我们必须强调一些非政府组织所发挥的作用：它们不仅呼吁各国政府高度重视这一问题，而且自己也提出了不少建议。

在联大会议上，一些国家商讨找到一种协调的方式对这些机构所提出的措施和建议进行整合，并努力设法找到一些可行的解决方案。有些国家所关注的首先是那些能解决当前实施工作中存在的缺陷、能改善海洋遗传资源的保护和可持续利用等问题的具体行动。这些具体措施主要包括：提高海洋科研水平、起草相关行为准则以及对环境影响评估的方法、为不同的区域（尤其是那些保护区）制定管理工具等。此外，也可以考虑起草一些合作机制、信息和技术共享机制、就切实可行的利益分享方法展开讨论，并要考虑到国家管辖权范围以外区域的海洋遗传资源的知识产权问题。

而另外一些国家虽然愿意考虑采取具体措施，但是它们强调目前围绕着国家管辖范围外海洋遗传资源的法律机制而展开的相关谈判的重要性（联合国，2008 年）。在这方面，工作组已于 2010 年 2 月向联合国大会提出建议，建议其按照国际法的规定，就适用于国家管辖范围外海洋遗传资源的保护和可持续开

---

① 所谓“区域”是指国家管辖范围以外的海床和洋底及其底土（见《联合国海洋法公约》第一条，1982 年）。

② 国际海底管理局是《联合国海洋法公约》设立的一个国际机构，目的是组织和控制各国管辖范围以外的国际海底区域内的活动，包括对其中矿产资源的管理。

发的法律机制展开深入谈判。同时，谈判内容还应涉及各国在执行海洋资源管理法，尤其是《联合国海洋法公约》等方面所存在的参差不齐的情况，尤其应当考虑到各缔约国对《公约》第七和第十一部分所表达出来的不同意见（联合国，2010 年）。这一建议体现出了各国在有关公海海洋遗传资源的法律地位上所存在的意见分歧。事实上，虽然有许多国家承认《联合国海洋法公约》是一切海洋活动必须遵守的一个框架，但是在这些资源究竟应当适用哪一法律规定这一问题上，各国存在着意见分歧。发展中国家认为，《联合国海洋法公约》在第十一部分为“人类共同财产”所做出的定义，不仅适用于矿产资源，而且同样也适用于“区域”内的生物资源。相反，发达国家则普遍认为，《公约》的第十一部分只适用于矿产资源，而公海的海洋遗传资源应当遵照《公约》第七部分的相关规定。因此，这些资源的收集和利用应当用公海自由的原则来管理。总体上看，不同的国家集团都是根据自身获取和利用资源的能力来确定自己的立场的，尽管它们自己也知道，在同一集团内部，不同国家在这方面的能力也有所不同。工作组建议联合国大会 2011 年主持召开另一次会议，以使工作组能提出符合其要求的建议（联合国，2010 年）。

无论从短期还是长期来看，有一些问题一直在困扰着相关的国际谈判，也使得那些既能保证取得实际成效又能照顾到各国不同利益的措施迟迟得不到确定。鉴于其中所牵涉的问题和利益的范围十分广泛，一些国家更喜欢选择自己所“偏爱”的一些问题，如对“海洋保护区”和环境影响评估等区域管理工具进行深化；而另外一些国家则倾向于继续就海洋遗传资源的法律机制等问题展开谈判。如今，相关的谈判越来越成为不同“集团之间”的对抗——而不是对它们进行协调：一方是资源保护的支持者，另一方是主张开发利用和获取资源的人。这一描述并没有考虑到那些带着“维持现状”的主张来参与谈判的国家：它们很希望在这种没有资源保护和可持续利用监管法规的情况下继续进行那些不受管制的活动。

尽管各国在谈判过程中存在着不同的观点，但这些国家未来一定能够在这些问题上找到共同点。它们最终将决定是选择用全球性的方法还是用区域性的方法来定义公共政策和建议，是集中精力落实现有的制度和法律框架还是要另起炉灶，通过建立新框架来弥补现有法律和治理方面的不足。从国家层面看，各国必须显示出自己的领导能力并采取适当的后续行动，唯此才能保护好这个星球上大部分的生物多样性，并确保今天及子孙后代能对其进行可持续的开发利用。

参考文献

Census of Marine Life (COML), 2010, *Making Ocean Life Count*, Washington D.C., Consortium for Ocean Leadership. Disponible sur : www.coml.org

Organisation des Nations unies (ONU), 2010, *Lettre adressée au Président de l'Assemblée générale par les Coprésidents du Groupe de travail spécial informel à composition non limitée*, 16 mars, Nations unies, A/65/68. Disponible sur : www.un.org/depts/los/biodiversityworkinggroup/biodiversityworkinggroup.htm

Organisation des Nations unies (ONU), 15 mai 2008, *Lettre adressée au Président de l'Assemblée générale par les Coprésidents du Groupe de travail spécial officieux à composition non limitée, chargé d'étudier les questions relatives à la conservation et à l'exploitation durable de la biodiversité marine dans les zones situées au-delà de la juridiction nationale*, Nations unies, A/63/79. Disponible sur : www.un.org/depts/los/biodiversityworkinggroup/biodiversityworkinggroup.htm

Organisation des Nations unies, 1982, *Convention des Nations unies sur le droit de la mer* (CNUDM), *Treaty Series*, vol. 1833.

第十二章

赛义德·瓦吉赫·纳克维（Syed Wajih NAQVI）
国家海洋研究所，印度

阿尔弗雷德·韦格纳（Alfred Wegener）
极地与海洋研究所，德国

维克托·斯梅塔切克（Victor SMETACEK）
极地与海洋研究所，德国

海洋增铁“施肥”：2009 年德印联合科考行动

在 2009 年和 2010 年德国和印度进行的联合科学考察中，考察队将铁粉撒入大海，借此启动捕获大气中二氧化碳的“生物泵”。两名考察队员讲述了有关这个有争议项目的故事。除了引发地球工程学能否应用于气候变化这样的争议外，此次科考还搜集到了大量有关海洋生物地球化学的新信息。

海洋能够对大气中二氧化碳（CO_2）——它是导致全球变暖的温室气体之一——的浓度进行调节，因此它对全球气候有着决定性的影响。然而，化石燃料的使用完全破坏了自然界中的碳循环，地学科学家们现在必须面对这样一个挑战：改变这一自然过程，从而使海洋能够从大气中吸收更多的二氧化碳。海洋增铁“施肥”（OIF）就是此类技术中的一种，它是指在某些海域撒入微量的铁，以促进某些植物类型的微生物（浮游植物）的生长，而此类微生物随后会死去并沉到海底。这个十分关键的科学实验——其目的是要彻底了解这一过程及其潜力——引起了相当大的争议，而且它也因其潜在的风险而受到了一些环保团体的强烈批评。不过，这一试验使我们对浮游生物的生态学有了新发现，也使我们发现海洋增铁“施肥”技术对提高海洋二氧化碳的封存能力作用十分有限。本文介绍了作者在 2009 年初在西南大西洋进行科学试验时所遇到的困难，并对这一称为“LOHAFEX”项目的主要成果进行介绍。

用铁来启动“生物泵”

海洋在吸收二氧化碳方面发挥着独特的作用。目前，海洋所含的二氧化碳量大约是大气中的 50 倍。在 20 世纪，大气中二氧化碳——它是主要的温室气体——的浓度已提高了 100%，即增加了约 2000 亿吨，也就是相当于陆地植被中碳含量的 1/3。即使从现在开始进行大规模的植树造林——实际上这种情况不太可能出现，因为人们正在为了粮食和生物燃料的生产而大量开发土地——它对于今天过高的二氧化碳水平的影响也不会太大。为了应对全球变暖的问题，除了限制新排放这一简单的举措之外，我们认为还应对如何减少大气中的二氧化碳进行研究，因为仅靠人为因素（人类活动）的自然方式——主要是靠海洋来吸收——来清除二氧化碳至少需要数千年的时间。我们所要探求的是一些地球工程学方面的手段，包括用技术手段来为地球降温。英国皇家学会在最近一份报告中承认，光靠一种方法是不够的，而是需要采取多种手段，多管齐下来解决这一日益严重的问题（英国皇家学会，2009 年）。其中一种可能的解决方法是在食物丰富的水域进行增铁“施肥”，从而促进浮游植物的生长。当这些浮游植物大量繁殖之后，它们会在死亡之后下沉到海底，从而将海洋表面的碳转移到深海以及海底沉积物中。

图 1　德国“极地星”（POLARSTERN）科考船之行程（2009 年 1 月 7 日 ~ 3 月 17 日）

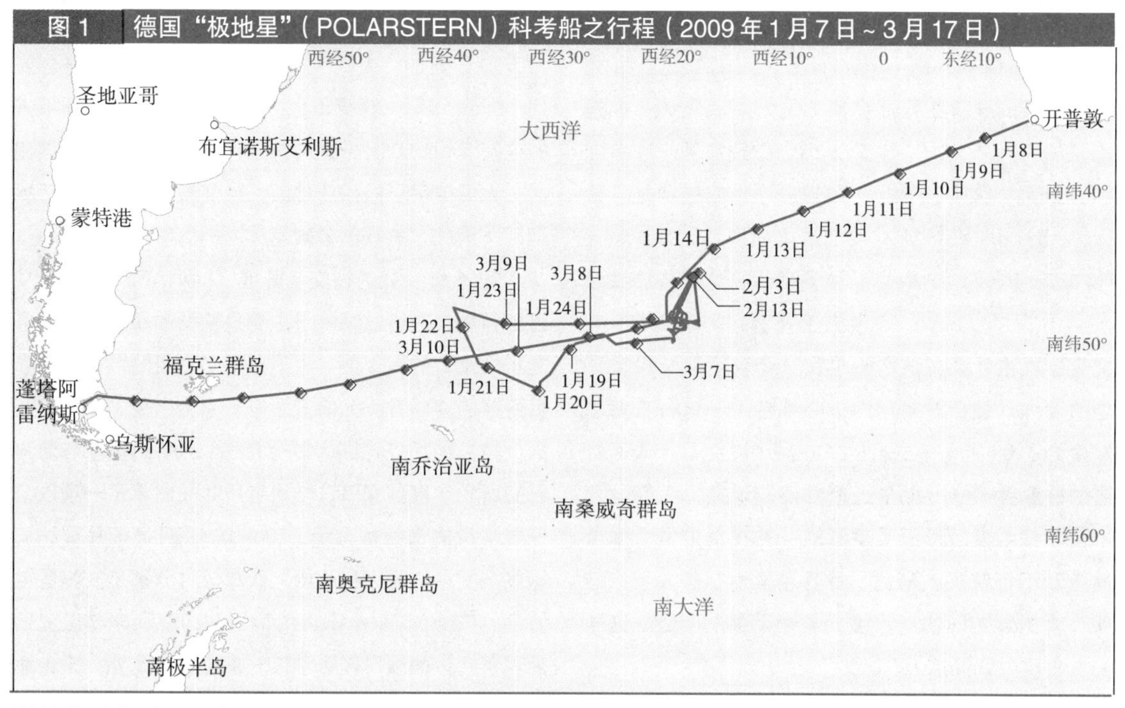

资料来源：印度国家海洋研究所和德国阿尔弗雷德·韦格纳极地与海洋研究所。

这就是人所说被称“生物碳泵”。

海洋铁“施肥”的试验是用来研究和量化海洋生态和海洋生物地球化学进程的一个新的强有力工具。这方面的实践最早始于 20 世纪 90 年代中期，而且通过这些试验逐渐发现这样一个悖论：在太平洋副极区、太平洋赤道区和南大洋这三个营养十分丰富的热带和极地区域，这里浮游植物的生产效率却十分低下。根据马丁（Martin，1990 年）的分析，在这三个地区，尤其是南大洋地区，浮游植物生长缓慢主要是来自陆地的铁质相对较少的缘故。这个假设包含着两个与气候有关的很有意思的因素：在距今大约 2 万年的最后一个冰河期的最盛期，北欧和北美地区曾被厚度达 3 公里的冰层所覆盖，当时的海平面比现在要低 100 米，大气中二氧化碳的浓度比一个世纪前至少低 100%。马丁据此得出结论认为，在寒冷而干燥的冰河期内，散落在这些地区的含铁量高的尘埃大大提高了这些区域浮游植物的生产效率，因而在此后炎热而潮湿的季节里，这些地区的洋底也截存了更多的二氧化碳。这一“铁假说”导致了这样一个推论：通过人为方式在海面上进行增铁“施肥”将提高这些海域吸收大气中二氧化碳的能力。

海洋铁施肥的试验是用来研究和量化海洋生态和海洋生物地球化学进程的一个新的强有力工具。

这一“铁假说”之后在一定程度上得到了在上述三大营养丰富但生产效率低下的海域所进行的十几次试验的证实。这些试验的研究重点是如何刺激浮游植物尤其是硅藻——一种常具胶质柄或者被包在胶质团或胶质管中的单细胞植物——的大量繁殖［博伊德（Boyd）等，2007 年］。人们知道，那些自然繁殖的硅藻在死后会集体沉入海底集体，但是人们仍必须展开一项单独的试验——它被称是“欧洲铁施肥项目”（Eifex），以便确认在这些依靠铁而人工繁殖起来的藻类身上究竟会发生什么。该实验是在一个直径达一百多公里的海洋涡流相对封闭的核心地带——这一带海水深度约 3500 米——进行的。在撒了铁之后，表面水层的硅藻大部分出现了迅速繁殖的现象。大部分浮游植物细胞随后形成了腐屑堆，并在涡流中心水流的带动下很快沉入海底。尽管这里生存着大量靠硅藻为食的浮游动物（小型无脊椎动物），但是这里的摄食压力低得惊人。

科学家们担心大规模、长期在海洋中进行增铁“施肥”会带来有害影响。

LOHAFEX，研究海洋生态和海洋生物地球化学进程的科考项目

以往的海洋增铁“施肥”试验都是在那些生产效率低下、与铁的自然来源地相距很远的海域进行的，以便生活在“海洋荒漠”中那些个体大、带刺以及厚壳的硅藻对铁的反应。由德国和印度两国于 2005 年联合发起的 LOHAFEX[①] 海洋增铁“施肥”科考项目则专注于一种与众不同的硅藻的反应：此类硅藻栖息在西南大西洋有南极环极流活动的高产区，这里会受到沿海那些富含铁的海水的影响。这些硅藻个头更小，壳更薄，而且生长速度要比那些生活在“海洋荒漠”地区的藻类要快：人们知道它们在迅速繁殖后会沉入海底。对该区域海底沉积物的详细研究已经弄清了这些硅藻的分布情况：那些近海硅藻一直向东延伸，大约到西经 10° 的地带［阿贝尔曼（belmann）等，2006 年］。最后一个冰河期遗留下来的这些沉积物则会一直向东延伸，横跨整个大西洋扇区。人们似乎可以由此推断，硅藻曾经帮助截存了冰河期“消失”的一部分碳。

2006 年，我们提交了开展“LOHAFEX”科考项目的计划。在经过同行（主要是德国和印度的几个著名科学家）的审查后，我们获得了登船的准许以及项目所需的 400 万美元的资金——它将由德国和印度两国分摊。随后，德国阿尔弗雷德·韦格纳极地与海洋研究所和印度国家海洋学研究所共同起草了一项联合开展科考的谅解备忘录。2007 年 10 月德国总理访问印度期间，这两个机构的上级单位［分别是亥姆霍兹协会（l’Association Helmholtz）和印度科学与工业研究理事会］的领导签署了这一备忘录。此外，来自意大利、西班牙、英国、法国和智利的五家机构的研究人员也同意加入到这一科考项目中。LOHAFEX 项目的跨学科团队共有 49 名科学家，其中的物理学家、化学家和生物学家的比例几乎相同。

在公海进行的试验将为人们提供一个独特的研究机会：它使人们得以用传统的科考手段无法提供的时间和空间尺度来研究这一进程——通常情况下，传统科考只能采取线性追踪（Transect）研究法。线性追踪是一种研究路径，通过抽取所研究的进程或现象的样本进行记录和观察：水团的混合率、不同化合物的周转率（包括浮游生物所产生的能对气候产生影响的气体）、组成浮游生物生态系统的各类生物体之间的互动模式……这些信息对于编制海洋生态系统复杂的运作模型至关重要。这些模型将有助于预测当前的

① “Loha”在印度语中指的是铁。

气候变化是如何影响海洋及其生物群的。负责测定此类进程的不同团队的组织，需要经过精心的规划和协调。为了实现这一目标，印度国家海洋研究所于 2008 年 1 月和 2 月在果阿（Goa）举办了为期两周的培训。此后，所有参训人员都参加了该机构于 2008 年 4 月主办的科学考察行前准备专题研讨会。

一个有争议的科考项目

在首批海洋增铁“施肥”试验在 20 世纪 90 年代中期取得成功之后不久，一些公司宣布它们打算利用这一技术来购买碳信用额度——这正是《京都议定书》所提出的要求。然而，正是这一点引起了科学家的担忧：他们担心大规模、长期在海洋中进行增铁“施肥”会带来有害影响。一些重要刊物相继发表文章，阐述这些针对商业企业的担忧［（奇泽姆（Chisholm）等，2001 年；劳伦斯（Lawrence），2002 年）］，而且这些文章引起了媒体广泛关注。然而，尽管媒体所报道的信息大多是准确的，但是它们并没有特别指出小规模的科学试验与大型商业项目之间存在的本质区别，这也成了受众普遍对海洋增铁“施肥”存在负面看法的原因。

此前的一些报告显示，沿海的水域经常会受到重金属的污染以及因水体富营养化而导致的藻类大量繁殖等现象（斯梅塔切克等，1991 年），因此公众十分关注人类活动对脆弱的海洋生态系统可能造成的伤害。水体富营养化是随水体中氮和磷等营养成分的增加而出现的，它会导致水生生物的快速成长：因人为因素而导致的过度施肥通常也会对动植物产生影响；它也会给水体质量和栖息地造成破坏。这些担心完全是有道理的：有毒金属的污染会给（陆地和）水生生物带来有害影响，而植物的过快生长（水面生物在过度繁殖之后又开始死亡腐化）会造成水体中耗氧量的增加，使得深层水中的生物体窒息而亡。有毒浮游植物大量繁殖导致的动物死亡，也是造成水体富营养化的一个原因。由于这个问题已经影响到了人类健康（如水质的恶化以及贻贝或鱼等水产养殖物受到污染等），因此大部分发达国家都通过立法的形式来应对污染和水体富营养化问题。这些法律在许多地区已发挥了减少有害影响的作用，但是由于一些人所不知的原因，人们至今未能明确水体富营养化之前浮游生物的年周期。这也说明我们对于影响浮游生物生态系统的因素及其进程的了解是多么贫乏［斯梅塔切克和克勒恩（Cloern），2008 年］。无论如何，将在深水区添加小剂量的铁与在富含磷和氮等元素的沿岸浅水区长期添加铁——这毫无疑问将导致环境污染和水体富营养化——进行类比完全是站不住脚的。

与沿海地区的过度施肥和污染有所不同，公海往往缺乏一些核心元素。然而，要想正常的新陈代谢顺利进行，所有的生物体都离不开微量元素，尤其是铁，而锌、铜、钴等元素以及氮和磷酸盐等营养素也不可缺少。铁在许多代谢途径中都起着至关重要的作用，尤其是在叶绿素合成、将硝酸盐还原成可用的形式以及能量转移等。然而，由于铁并不溶于海水，因此海水中溶解铁的浓度非常低，但土壤和沉积物中的铁含量非常丰富。在沿海水域，铁的浓度大致接近其最大溶解度甚至更高（几十至几百微克每立方米）。在这里，氮含量通常情况下是限制浮游植物生长的主要因素。相反，在铁含量很低的公海，富含各种营养成分的海底水会随着上升流而涌向表面，而正是溶解铁含量的不足导致这些营养物质无法得到利用。不妨用地面上的事例做个比喻：在这些区域施铁就相当于在因为干旱而影响植物生长的菜园里浇水。所有的试验结果表明，含有微量铁的浮游植物将大大提高叶绿素率（也就是说，就像地面上干旱的植物在浇水后会变绿一样），其光合作用的效率将大大提高——这也是其过去缺铁的证明。有趣的是，就像大气靠雨将水分输送到地面一样，雨水也会将富含铁的灰尘输送到海洋［卡萨尔（Cassar）等，2007年］，因为雨水通常会将灰尘输送到海面上。

正如实验室和公海上的试验所充分展现的那样，人工增铁将起到与自然界中的灰尘与海底沉积物类似的效果。增铁“施肥”不仅会刺激浮游植物的生长，而且也能促进那些靠藻类所生成的有机质为生的生物体的生长，如一些细菌和食藻类浮游动物，它们会由一些单细胞的原生动物变成如蚊子大小的甲壳类动物。这些生物体的活力［博伊德（Boyd）等，2007年］、摄食能力和产卵率都将大大提高。在公海增铁“施肥”就好比是旱地逢雨后给动物和浮游生物所带来的好处一样：只要铁的含量不太高而且分布零散，它就会模仿自然过程，也不会对环境带来伤害。

生态学家们的另一个忧虑是：增铁“施肥”会不会导致有毒物种——比如说那些导致沿海动物（尤其是鱼、鸟类和海洋哺乳动物）大量死亡的物种——的大量繁殖？在我们看来，这一风险应当从一个更广的环保角度来考虑。大多数有毒的浮游植物属于甲藻集合群。虽然海洋中有很多类型的甲藻，但其中的有毒类甲藻通常生活在浅水海域。为了能在恶劣的环境下生存下去，它们会产生厚壁休眠孢子，并在海底生存下来。这些物种在公海几乎是不存在的。不过，对于另一种十分普遍而且某些种类含有一定毒素的藻类——正拟菱形藻属（nitzschia），相关的试验则已证实，增铁“施肥”会促进其生长。阿尔弗雷德·韦格纳研究所2000年开展的一项研究表明，在大量繁殖的生物中，此类藻属的比例有时可达25%。但对冷冻浮游生物样品所进行的测量表明，这一藻类所含的毒素——软骨藻酸（l'acide domoïque）——在其中并不存在［阿斯米（Assmy）等，2007年］[①]。在沿海某些有上升流的海域，此类有毒物种经常会出现大量繁殖的现象。在美国西部和东部沿海地区以及加拿大东部爱德华王子岛沿岸，它们对甲壳类动物和海洋动物所带来的有害影响早已有所报告［华盛顿州鱼类与野生动物管理局（WDFW），2010年；海峡群岛海洋和野生动物研究所（CIMWI），2010年］。需要指出的是，在墨西哥湾和葡萄牙沿海等地出现的有毒藻类所引发的赤潮与鸟类和海洋哺乳动物所受到的不良影响无关。只有未来进行更多的试验方能证明增铁“施肥”会不会诱发有毒物种的大量繁殖。

还有另一种环境担心则与增铁“施肥”所可能导致的微量气体释放有关。有关这一现象，我们已经在其他文章中进行了更为详细的分析和研究（例如，请参阅斯梅塔切克和纳克维的另一些文章，2008年）。

2007年，国际舞台所发生的一些意外变化开始威胁到了增铁“施肥”研究的未来。前面提到过的、被媒体广泛报告的一些企业开展增铁“施肥”项目的宣传，引起了一些环保团体、政府机构和政府间组织的关注：它们开始注意这些过早展开的、没有任何监管的行为，并试图在增铁“施肥”技术上建立起一门地球工程学。面对各方的反对声，尤其是来自绿色和平组织等非政府组织、媒体以及相关国家公权机关的压力，有一家公司在2007年放弃了增铁“施肥”计划。正因为如此，2008年5月在波恩召开的《生物多样性公约》第九次缔约方大会在其通过的一项决定中，“促请其他国家政府谨守谨慎做法，确保在有足

① 这种毒素不可能通过冷冻（或蒸煮）来杀灭。

够科学基础证明其活动合理性之前，不进行海洋肥化活动，包括评估相关风险，为这些活动建立全球、透明和有效的控制和管理机制；在沿海水域进行的小规模科学研究活动除外。只有在需要收集具体科学数据时才可授权进行这种研究，在进行研究之前，还必须彻底评估研究活动对海洋环境的潜在影响，而且，研究活动应受到严格控制，不得用来制造和出售碳冲销，也不得用来实现任何其他商业目的”（《生物多样性公约》，2008年，第IX/16号）。

正如政府间海洋学委员会（COI）下设的海洋肥化活动特设咨询小组在2008年6月所指出的那样，这项在某些人看来等于是海洋增铁“施肥”禁令的决定本身存在着一些缺陷。该小组担心，由于《生物多样性公约》的声明并不明确“小规模”的确切含义，因此它很有可能会“错误地、毫无必要地限制那些合法的科学活动”。该小组还补充说：“对沿海水域的试验进行限制似乎是一种新的、随意的、对生产不利的限制行为”，而且“展开大规模的试验从科学的角度上看完全是有理由的”（政府间海洋学委员会，2008年）。有关海洋增铁“施肥”活动的监管，咨询小组强调指出，那些受操纵的科学试验能提供的生态系统信息很少，“只有那些低行政管理成本的试验才应得到鼓励”。应该将此类科研试验与那些可能会给海洋带来额外二氧化碳的活动区分开来（政府间海洋学委员会，2008年）。

此外，《生物多样性公约》缔约方的声明还“促请各缔约方和其他国家政府采取措施，遵守1972年的《防止倾倒废物及其他物质污染海洋的公约》（即《伦敦公约》）”[国际海事组织（OMI），2008年]。《伦敦公约》缔约方第三十次协商会议以及《伦敦议定书》（1996年）缔约方第三次会议都讨论了与海洋肥化活动有关的问题。2008年10月31日，会议通过的决议指出：“鉴于目前的知识水平，合法科研以外的其他海洋施肥活动应当不被允许（国际海事组织，2008年）。与会代表虽然承认合法科研的必要性，但他们一致认为“相关的科研计划必须逐一进行评估，而评估框架则需要由科学小组根据《伦敦公约》和《伦敦议定书》的相关规定来制定（国际海事组织，2008年）。在这一评估框架尚未确定的情况下，缔约方敦请各方应表现出最大的审慎，并按照现有的最佳指导原则对相关科研项目进行评估，从而达到按照《伦敦公约》和《伦敦议定书》的要求来保护海洋环境的目的（国际海事组织，2008年）。值得注意的是，这一决议并无意限制那些“小规模”和在“沿海水域”进行的海洋增铁“施肥”试验。鉴于《生物多样性公约》缔约方的声明曾多次提到《伦敦公约》和《伦敦议定书》，作为“Lohafex”项目的联合负责人——而且我们也得到了各自机构的支持——我们认为这些限制措施对我们的项目并不适用。此外，我们的项目已经得到一些同行和公共机构（尤其是印度计划委员会）的评估。无论如何，无论是《生物多样性公约》的决议还是《伦敦公约》或《伦敦议定书》的决议，它们都是没有任何约束力的。2008年11月，我们的项目从后勤保障的角度看达到了不能返回临界点。从此，我们便一路向前。

“Lohafex”科考试验为人们提供了许多有关浮游生物生态环境的新信息。如果这一项目被阻止，这些信息便将无从获得。

“Lohafex”项目的考察船“Polarstern”号2009年1月7日驶离南非的开普敦。第二天，我们惊讶地获悉，一个名为“ETC小组”（流失、技术和集中行动小组）的国际非政府组织向德国联邦环境、自然保护和核安全部（当时，德国正在组织召开《生物多样性公约》缔约方会议）发出了一封抗议信。这封信认为，“Lohafex”项目违反了国际协定。在德国，另一个名为“北海行动会议”（Aktionskonferenz Nordsee）的非政府组织（在20世纪90年代，该组织曾致力应对富营养化和污染问题，但已于2009年解散）呼吁其过去的支持者向阿尔弗雷德·韦格纳研究所和德国政府发送抗议电子邮件。作为回应，德国环境部说服了教育和科研部，决定暂停“Lohafex”科考项目。这两个部联合发文决定，将“Lohafex”项目通报给两个独立的研究机构［位于英国剑桥的英国南极调查局（BAS）以及位于德国基尔的莱布尼茨海洋科学研究所（IFM-GEOMAR）］，让其为项目的环境影响进行评估。同时，该项目还交将通报给3位知名的法学家（德国大学的国际法教授），让其从国际法的角度对项目的合法性进行重新审核。在“Polarstern”号船上和阿尔弗雷德·韦格纳研究所里制定的项目计划以及风险评估报告得到了英国南极调查局和莱布尼茨海洋科学研究所的极高评价，而3名法学家也认为该项目完全符合国际法。正因为如此，德国当局已决定让“Lohafex”科考项目继续进行。

结论

鉴于“欧洲铁施肥项目”所采用的技术所取得的成功，我们曾决定在一个较稳定的、海洋涡流相对封闭的核心地带进行增铁“施肥”——这样可以防止那些已施了“肥”的区块不会被水流所冲走，并确保那些铁质能留在水面上。我们还利用项目被迫中止的那段时间仔细研究卫星图像所提高的不同海洋涡流。在整个区域，唯一一个会受到沿海海水影响的适宜涡流大致集中在西经16°和南纬48°一带。2010年1月25日，我们对该涡流进行了全面考察，1月26日，我们便得到了项目继续进行的许可。第二天，我们便在总面积达300平方公里的范围内开始播撒了10万吨能溶于水的硫酸亚铁（$FeSO_4$）颗粒。在陆地上，这种商业产品通常用于维护草坪，其中不含有任何有害杂质：草坪的推荐使用剂量是每平方米20克。而在海洋里，要想使浮游植物能够大量繁殖，其所需的剂量至少为每平方0.05克。这一结果可以在深度达100米的水域内，使铁的浓度达到每立方米约100微克，这一浓度远远超出了沿海未污染水域的正常水平。由于海水中的盐本身含有大约10%的硫酸盐，因此所添加的硫酸亚铁的量是非常低的。我们对于被施“肥”的区块以及这里的生物地球化学和生态进程进行了为期38天的密切观察。这些区块在涡流中心存在的时间达23天，之后才慢慢延伸，最终全部稀释。

“Lohafex”科考项目在西南大西洋高产水域所取得的试验结果与那些在非生产性水域增铁“施肥”（见上文）所得到的结果存在着很大不同。我们得出了六项重大发现：（1）由于周围环境中硅酸盐的含量较低，硅藻显然并不存在，这里的浮游植物生物量主要以小型（小于10微米）的鞭毛虫为主；（2）浮游植物生物量中叶绿素的含量一般不会超过每立方米1.7毫克，这可能是这里浮游动物的摄食压力较大的缘故（此时叶绿素的浓度——它为测量浮游植物生物量提高了方便——大约是自然大量繁殖期的两倍，而且这种情况在此前在南大洋进行的增铁“施肥”试验中也同样存在）；（3）增铁“施肥”尽管能使生物和细菌初级生产力提高近一倍，但是细菌生物量和产量仍然很低；（4）被施“肥”区块的二氧化碳吸收能力依然很低［小于15个“微气候”（micro-atmosphère），“微气候”相当于大气浓度的测量单位“百万分率”（PPM/V）］，而积累在表面的有机碳则以微粒和溶解的状态下存在；（5）微粒状态的有机碳会随水流漂到公海的很少；（6）海洋增铁“施肥”对于那些与气候变化有关的温室气体排放——如一氧化二氮以及可能会破坏臭氧层的卤代烃（碳化合物和卤化物）——没有多大的影响。

“Lohafex”科考项目的成果带来了两大后果。首先，尽管在南大洋海域，浮游植物的生产会因为水中缺铁而受到影响，在硅藻缺乏合适可溶硅的情况下，加入铁质并不会导致生物数量的大增，因为食草动物会（通过捕食）在其中发挥自上而下的控制作用。然而，我们的结果并不能排除另一种自下而上的控制（即通过可用营养资源来控制）方式：例如，缺乏像钴之类的其他微量营养素。钴对于维生素 B_{12} 的合成是必不可少的，直到我们的试验结束时，它的浓度还是不够。其次，南大洋 65% 的海域都存在硅浓度低的现象，因此在这里增铁“施肥”后对人为二氧化碳的封存能力比预期的要低得多。事实上，按照以前的估计——这些数据是根据可使用的硝酸盐数量推算出来的，所封存的碳量每年将可望达到 10 亿吨（相当单位体积浓度的 2 %oooo）。然而，在硅酸盐达到最低限量前，硝酸盐的实际可用量还不到预估数的一半。

“Lohafex”科考试验为人们提供了许多有关浮游生物生态环境的新信息。如果这一项目被阻止，这些信息便无从获得。然而，有关海洋增铁“施肥”的一些基本问题至今仍然没有答案（比塞勒等，2008 年；斯梅塔切克和纳克维，2008 年）。这些问题包括钴等微量元素的作用、在一年中浮游动物数量较少的时候增铁“施肥”对浮游植物的影响、从长期来看增铁“施肥”活动对掠食性浮游动物以及整个食物链其他环节所存在的潜在影响等。与大多数海洋科学家一样，我们都坚决反对商业目的的海洋增铁“施肥”活动：事实上，此类试验活动都是以追求利润为目的的，很少会考虑到那些不可预测的负面影响，而由非营利性国际机构组织实施，并受到联合国监管以及其他独立科研机构密切监督的试验活动，这方面的问题显然会少得多（斯梅塔切克和纳克维，2008 年）。这个机构的经费可以来自碳税（即指针对二氧化碳排放所征收的税，译注），而不要通过碳信用交易来筹措。此外，我们还主张利用这种有前途的科研方法来验证那些至今仍无法证实的假设。毫无根据地担心环境遭破坏以及担心这一技术可能被商业利用——如果因为这些原因就去阻止那些得到严格规范的海洋增铁“施肥”活动，那就好比把孩子连同洗澡水一起泼掉了。

参考文献

Abelmann A., Gersonde R., Cortese G., Kuhn G. et Smetacek V., 2006, "Extensive phytoplankton blooms in the Atlantic Sector of the glacial Southern Ocean", *Paleoceanography*, 21, PA1013, DOI : 10.1029/2005, PA, 001199.

Assmy P., Henjes J., Klaas C. et Smetacek V., 2007, "Mechanisms determining species dominance in a phytoplankton bloom induced by the iron fertilization experiment EisenEx in the Southern Ocean", *Deep-Sea Research I*, 54(3), p. 340-362.

Boyd P. W., Jickells T., Law C. S., Blain S., Boyle E. A., Buesseler K. O., Coale K. H., Cullen J. J., De Baar H. J. W., Follows M., Harvey M., Lancelot C., Levasseur M., Owens N. P. J., Pollard R., Rivkin R. B., Sarmiento J., Schoemann V., Smetacek V., Takeda S., Tsuda A., Turner S. et Watson A. J., 2007, "Mesoscale iron enrichment experiments 1993-2005: synthesis and future directions", *Science*, 315, p. 612-617.

Buesseler K. O., Doney S. C., Karl D. M., Boyd P. W., Caldeira K., Chai F., Coale K. H., De Baar H. J. W., Falkowski P. G., Johnson K. S., Lampitt R. S., Michaels A. F., Naqvi S. W. A., Smetacek V., Takeda S. et Watson A. J., 2008, "Ocean iron fertilization – moving forward in a sea of uncertainty", *Science*, 319.

Cassar N., Bender M. L., Barnett B. A., Songmiao F., Moxim W. J., Levy H. et Tilbrook B., 2007, "The Southern Ocean biological response to aeolian iron deposition", *Science*, 317, p. 1067-1070.

Channel Islands Marine and Wildlife Institute (CIMWI), 2007, *Domoic acid information and history*, Santa Barbara (CA), CIMWI.

Chisholm S., Falkowski P. et Cullen J., 2001, "Discrediting ocean fertilisation", *Science*, 294, p. 309-310.

Commission océanographique intergouvernementale (COI), 15 juin 2008, *Report on the IMO London Convention Scientific Group Meeting on Ocean Fertilization*, IOC/INF-1247, Paris, Publications de l'Unesco.

Convention sur la diversité biologique (CDB), 18-22 février 2008, *Biodiversity and Climate Change*, Conférence des parties, COP 9 Décision IX/16 », Bonn, Allemagne, CDB.

Lawrence M. G., 2002, « Side effects of oceanic iron fertilization », *Science*, 297, p. 1993.

Martin J. H., 1990, "Glacial-interglacial CO_2 change: the iron hypothesis", *Paleoceanography*, 5, p. 1-13.

Organisation maritime internationale (OMI), 2008, *Ocean Fertilization*, paragraphes 4.1-4.18, Troisième réunion consultative des parties contractantes à la Convention de 1972 sur la prévention de la pollution des mers résultant de l'immersion de déchets et d'autres matières, Londres, OMI, p. 19-22.

Smetacek V., Bathmann U., Nöthig E.-M. et Scharek R., 1991, "Coastal eutrophication: causes and consequences", *in* Mantoura F., Martin J. -M. et Wollast R. (éd.), *Ocean Margin Processes in Global Change*, Chichester, John Wiley, p. 251-279.

Smetacek V. et Cloern J. E., 2008, "On phytoplankton trends. Perspectives", *Science*, 319, p. 1346-1348.

Smetacek V. et Naqvi S. W. A., 2008, "The next generation of iron fertilization experiments in the Southern Ocean", *Philosophical Transactions of the Royal Society A*, 366, p. 3947-3967.

The Royal Society, 2009, *Geoengineering the climate: science, governance and uncertainty*, Document de politique, Londres, The Royal Society.

Washington Department of Fish and Wildlife (WDFW), 2010, *Domoic acid: a major concern to Washington state's shellfish lovers*, Olympia (Washington), WDFW.

第十三章

尼尔·汉密尔顿（Neil T. M. HAMILTON）
剑桥大学，英国

北极治理的挑战

2007 年 8 月 2 日，俄罗斯将一面国旗插在了北极点附近深度达 4500 多米的北冰洋海底，以此宣誓自己对北极这片蕴藏着丰富化石燃料的区域的主权。缺乏治理机制使得这里的能源竞争陷入了僵局，而这将不可避免地导致这个原本脆弱的环境进一步恶化。

如果你在街上随便问一个人说起北冰洋时会让他联想到什么，他一定会说到冰、北极熊、爱斯基摩人或探险家。很少有人会想到这片面积与俄罗斯相当的巨大海域，是地球上的五大洋之一。北冰洋仍然是海洋界的弃儿，也许因为它是世界上最小、最浅和最偏远的海洋。就在此前不久，这里还生活着几十万土著居民，这片区域一直被发达世界所忽略，大部分地区常年被冰雪所覆盖，人迹罕至。然而，近年来北冰洋不知不觉被推到了前台，其所蕴藏的价值被人们所认识。这一区域已被证明拥有重大的战略价值，这里所发生的深刻变化甚至可能会对全球民众的日常生活产生影响。

北冰洋是全球气候系统中最重要、最敏感的调节器。白色的冰能将所接收到的太阳能几乎全部反射，这将大大有助于降低大气的温度。北冰洋在北大西洋热盐环流（它就是人们所误称的“墨西哥湾流”）中也发挥着关键作用，而且它的长期的全球碳循环，有助于减缓气候变化的影响［世界自然基金会（WWF），2009 年］。然而，北冰洋也是受气候变化影响最为严重的地区，这里的气温上升速度是全球平均水平的两倍。北冰洋的夏季海冰已减少了 40%，冰层的厚度可能已经下降了一半，并且其规模还在迅速收缩。此外，北冰洋冰层所存储的大量的二氧化碳也可能会随着冰雪的融化而释放出来，从而加剧全球气候变暖这一不可逆转的势头。知名生态学家、北极问题专家马丁·佐梅科恩博士（Martin Sommerkorn）描绘了一幅事态发展的严峻画面：“如果说北极是煤矿中的金丝雀，那么它已经死了。”

除了气候变化的物理影响外，北冰洋还成了一个巨大的战略利益区。19 世纪初，北极地区曾被视为是蕴藏着取之不尽资源的处女地，而在冷战期间，它又成了超级大国的战略重点：它们在这里悄悄地进行一些技术试验（例如导航系统和海底探测技术等）。今天，气候变化使海洋显现出了新的空间，北极地区也因此为许多代表着不同利益的行为体提供了新机遇。北冰洋的资源（鱼、油气、矿物质、海上航线以及其他）引来了世界各地觊觎的目光。

上述众多因素决定了北冰洋的治理无论从战略还是从环保的角度看都将是十分困难的事。这一地区所出现的问题，其根源都在距此十分遥远的陆地上，而其中的解决方法十分复杂，也会涉及许多利害攸关的大问题。例如，在大家都知道冰决在迅速消融的情况下，应当如何制定保护北极熊和海象的计划？如何为那些因气候变化而迁徙的物种建立海洋保护区？如何阻止在那些偏远的、被人遗忘的地区进行不负责任的石油和天然气开采？如何保护北冰洋，使其免受由

图1　北冰洋的主要航线

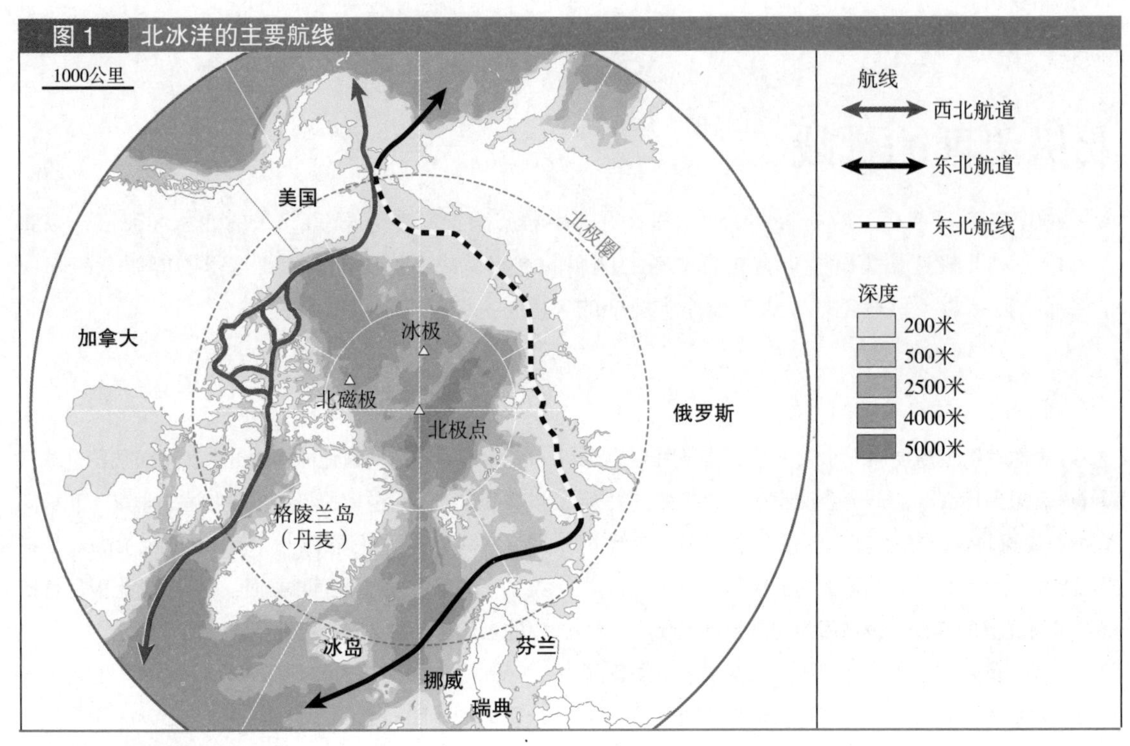

资料来源：北冰洋海运评估，2009年。

数千里之外的活动所造成的气候变暖的影响？

北极治理：水中捞月

北极国家早已意识到过去20多年来在环境治理方面的不足，因此它们于1991年推出了《北极环境保护战略》，之后在此基础上形成了“北极理事会”①。这个独一无二的机构②既是一个合作平台，也是一个供人们就不同议题，尤其是技术问题交换意见的平台。然而，直到前些年，这个机构的政治影响力仍非常有限，也很少会引起人们的关注：由于没有任何决策权，它几乎对该区域的环境质量产生不了任何影响。事实上，该机构的章程未赋予其任何超国家的权力，也没有任何制定公共政策的权力。总之，理事会不可能通过任何具有法律约束力的决议。它也不是一个功能性的机构。事实上，各成员更愿意让它继续作为一个非正式的合作机构，其下设的工作组从来都不

① 北极理事会是1996年由加拿大、丹麦、美国、俄罗斯联邦、芬兰、冰岛、挪威和瑞典共同发起成立的一个高级别论坛，一些北极本地社群代表在其中有永久参与的议席。其使命主要是促进北极国家在可持续发展以及环境保护等问题上的合作、协调和互动。有6个特别工作组分别负责其中的一些科学问题，其关注的重点包括北极污染的监控、评估和预防、气候变化、生物多样性保护及其可持续利用、紧急情况的准备和预防以及本地社群的生活条件等。理事会每两年召开一次部长级会议，而高级代表会议则每年举行两次。

② 理事会还包括一些本地社群。从理论上讲，这些土著居民拥有与各国一样的权力，但实际情况并非如此。

能涉及一些重要的资源开发领域，如渔业，这也就使得它无法实施任何保护战略。北极理事会是一个封闭的圈子，其中的成员很少是北极地区以外的国家，尽管这些国家和相关方在该地区拥有合法利益。

尽管如此，政治现实最终还是大白于天下：伴随着海冰融化在2007年创下最高纪录［美国国家冰雪数据中心（NSIDC），2007年］以及资源开发压力日益增大的同时，人类也因为《国际海洋法公约》的实施而迎来了最后一次领土扩张。根据《国际海洋法公约》的相关规定，一个国家可以将大片的海域称为“大陆架延伸”而将其据为己有。就北冰洋而言，这里大部分地区可以被视为“大陆架延伸”，冰块的融化又为这种领土的侵占提供了便利。

而国际海事组织或各类区域渔业管理组织等其他国际论坛似乎都无意来解决北极的问题，尽管其中的重要性日益明显。有关结冰水域商船建造和经营的操作指南又不具有任何强制性，这意味着那些悬挂着“方便旗”的单壳油轮可以合法地穿越北极海域，而此举在世界其他许多地方是被禁止的。

终于，有些国家的部长和领导人们关注到了这一问题：2009年在特罗姆瑟（挪威）举行的北极理事会部长级会议上，美国前副总统戈尔以及法国前总理米歇尔·罗卡尔在发表主旨演讲时都强调了北极气候的变化对环境和人类安全所可能带来的风险。2009年4月，美国国务卿希拉里·克林顿在为庆祝《南极条约》签署50周年而召开的南极条约协商国和北极理事会成员国联合会议上也做了开幕发言。不久前，俄罗斯总理普京在莫斯科主持了一个由俄罗斯组织召开的有关北极未来的极其重要的会议（见表1）。2010年，加拿大总理斯蒂芬·哈珀则把北极的主权问题提高到了与国家安全和身份认同感同等的高度——类似的观点此前还没有人提出过。随着冰川的缩小，5个北冰洋沿岸国家所面临的挑战越来越大：它们如何能保护好那些甚至还未绘制出地图的领土？它们又怎么能防止第三国使用甚至滥用原本属于它们的权利？它们如何能够既简单又合法地管理好如此广阔、环境恶劣又迅速变化的区域？

最近，许多极地国家和非极地国家和组织相继公布了许多与极地有关的重大政治战略：尤其是加拿大、丹麦、挪威、俄罗斯、美国、欧盟、北欧防务联盟和北约等。这种利益的表达是前所未有的，而且其所涉及的地域也不仅局限在北极。在此，我们可以举出一些已受气候变化影响的富有而稳定的国家的例子。需要指出的是，这些政策宣言中很少提及北极地区环境的脆弱性，也没有提到应当如何对其进行治理。合作是解决北极地区问题唯一的出路，而且在一

表1 2010年有关北极的国际会议

鉴于人们对北极地区的兴趣日益增加，一系列与北极环境和环境治理相关的会议相继召开。以下是新近召开的一些会议：

2010年1月：北极边界会议，特罗姆瑟，挪威。

2010年3月：北极现状会议，佛罗里达州，美国。

2010年4月：北极领导人峰会，莫斯科。

2010年6月：国际极地年会——奥斯陆科学大会，挪威。

2010年6月：北极科学年会——水：卫生、栖息地和经济的整合，阿拉斯加。

2010年9月：北极地区国家议员会议，布鲁塞尔。

2010年9月：北极国际论坛：北极——对话之地，莫斯科。

2010年10月：北极的环境安全，剑桥大学。

2010年10月：北极理事会高官会议，法罗群岛。

2010年10月：国际极地基金会组织的有关极地未来的国际研讨会，布鲁塞尔。

些具体问题上已经显示出了一些积极的迹象，如北极理事会成员已选择继续执行国际海事组织的相关进程，以便出台一些旨在加强船舶安全的新规则。北极理事会还成立了一个专责小组，负责制定一个涉及研发和救援等领域的协议[①]。这一专责小组还鼓励各方在一些热门话题上展开科研合作，但该小组并不会提供任何资金支持。不过，在一些涉及国防、航行权、渔业、石油或保护等实质性的问题上，相关的进展甚微。

碳氢燃料：当能源安全遭遇气候变化

石油和天然气充分说明了这一问题的复杂性，但这也是导致人们纷纷要争夺大陆架延伸区的原因。目前北极地区已探明的油田数量超过 400 个，这里蕴藏的原油占全球原油总储量的 10% 左右——大部分原油储藏在陆地上。最近的一项研究［戈蒂埃（Gautier）等，2009 年］对这些数据进行了补充：地球上目前所剩的碳氢燃料（主要是天然气）大约有 1/3 集中在北冰洋盆地及周边地区。这些资源大多位于海上，深度不到 500 米[②]，因此完全可以通过现有的钻探技术来加以开采利用。北冰洋的大陆架十分开阔，而且海水不深，可能是地球上面积最大而且未被开采的石油勘探区块。

目前，从北冰洋海上油田开采的石油和天然气的数量仍十分有限，但是相关的勘探工作开展得如火如荼。过去 3 年间，石油工业企业已在加拿大的北极地区投资了数十亿美元，而且格陵兰国家石油公司（NunaOil）预计到 2012 年将增发一倍允许在其海域勘探石油的许可证。2008 年，美国楚科奇海地区的一份石油开采合同换回了高达 27 亿美元的收入。位于俄罗斯巴伦支海的俄罗斯什托克曼凝析气田是世界上最大的油气勘探地之一，尽管从技术的角度来看这里也是开采最困难的地区之一：这里的油气资源位于科拉半岛（Kola）以北 600 公里的水域，水深超过 300 米，而且这里的海面上经常有浮冰活动。

北冰洋引起私营石油企业的兴趣首先是航运通道（见图 1）。因为冰的融化而开辟的新航线对环境而言是有害的。到目前为止，这片海域虽然还没有出现过重大的石油泄漏事故，但是美国矿产资源管理局［矿产资源管理局（MMS），2007 年］认为，在阿拉斯加一个开采许可证期内出现重大泄漏的概率大概是 20%，也就是 1/5。对于它们所可能造成损害的严重程度，我们已经有了一个大致的了解：1989 年，由于冰山的减少而驶入阿拉斯加的“埃克森·瓦尔迪兹号”（Exxon Valdez）油轮给副极地水域造成了多大的污染。与热带地区的情况相反，北极（或其附近）原油泄漏后，这些油不会迅速分解：大量的原油在几乎原生态的状态下沉入到阿拉斯加南部威廉王子湾的浅层海滩和海底。

因此，北极生态系统对于原油泄漏所造成的破坏尤为敏感，因为生活在这里的动物的代谢和保温严重依赖油溶性脂肪。此外，在冷冻地带进行漏油清理也会遇到巨大的技术困难，而且在大多数情况下几乎是根本不可能进行的（世界自然基金会，2007 年）。原油的回收——如果它们可行的话——也会遇到许多难题。如果是出现在公海上的小部分原油泄漏，则可以通过燃烧的方式来处理，但是如果原油撒落在冰层上或冰层下，或者在某种形式的冰川里，就无法对其进行收集。此外，分散剂也无法在北极环境中使用，

---

① 如果协议能够签署（也许在 2011 年），这将是北极理事会主持起草的第一个正式的国际协议。

② 为便于比较，随便提一句：曾经发生事故的墨西哥湾“深水地平线”石油平台，其开采深度为 1500 米。

它们会破坏羽毛和皮毛的隔热性能，从而带来灾难性的生态破坏。

目前，有多项研发计划在试图解决漏油中的不确定因素。迄今最雄心勃勃的公共机构和私营部门联合研究计划已于2010年启动[①]。应当承认的是，这一研究计划目前只是在实验室的新技术开发方面取得了非常小的进展，我们已经在最近一次北极理事会论坛上看到了相关的介绍。

除了技术上的困难以及北极生态系统高度敏感的性质之外，我们还应当在其中加上相关设备运输方面所存在的困难：这里常常处于黑暗之中而且风暴横行，至少需要几天甚至几周的时间才能把相关设备运输安装到位，才能开始在北极展开对泄漏原油的清理工作（即所谓的“响应间隔”）。目前储存的北冰洋周围地带的浮动式围油栏和分散剂的数额远远不足以用来应对一次中等规模的漏油事故，而且对于这里的大部分地区来说，一旦出现事故，到时候不一定有足够的运力（直升机和船舶等）能将相关设备运送到位。即使是在北冰洋海域交通最为便利的、自然资源最为丰富的区域之一——斯瓦尔巴群岛（Svalbard）周围，救援直升机的数量也很少，救援能力十分有限。

正因如此，一些非政府组织已多次公开呼吁暂停在北冰洋海域进行天然气和石油的开采，直到相关国家能提供充分的证据，证明自己有能力清除该地区的一切泄漏原油为止。然而，石油行业对这些呼声置若罔闻，至今也没有向人们展示其清理漏油的能力。这种立场和态度显然是不能令人接受的，更何况即使是在那些“十分便利”的地区——在此类地区，人们很容易迅速做出反应，正如人们在2010年墨西哥湾地区的经验中所看到的那样——石油行业依然会经常出“大”事。

石油和鱼，不可兼得

五个北冰洋沿岸国家均已开始颁发准许在这片区域开采碳氢燃料的经营许可证，却没有一个国家为此制定过必要的防护措施。它们都想不顾一切地尽快保障自身的能源安全，而对格陵兰来说，首要目标则是政治独立。作为一个高度国际化的行业，石油和天然气企业往往以财团的形式在经营，而关于这些财团的责任和标准十分模糊、千差万别。“你就相信我们吧”这样的豪言壮语常常会挂在公权机关和这些企业的嘴边。然而，比如说有一天在巴伦支海的俄罗斯部分真的发生原油漏洞，并影响到挪威的渔场，会引起怎样的后果？如果发生在博福特海的石油泄漏影响到了加拿大因纽特人的狩猎区，这又会引起怎样的后果？如果碳氢燃料的泄漏发生在了四个边境有争议的地区之一，情况又会怎样？如何能协调好石油和天然气开发与在保护北极熊栖息地问题上的明确国际承诺——根据相关协议，签字国不得进行任何可能危害北极熊栖息地的行为——这两者之间的关系？

虽然在保护北冰洋海洋环境方面已经有了很多法律工具［科伊武罗瓦（Koivurova）和莫勒纳尔（Molenaar），2009年］，但这个框架仍然不够完整，而且缺乏协调一致性。《联合国海洋法公约》是一个重要的条约，但它没有可供具体操作的条文或负责具体操作的机构，也没有任何制裁措施。其中只有

① 联合工业项目（JIP）由阿吉普国际财团（Agip KCO）、英国石油公司（BP）、雪佛龙石油公司（Chevron）、康菲石油公司（ConocoPhilips）、壳牌公司（Shell）、挪威国家石油公司（StatoilHydro）和道达尔公司（Total）等公司联合出资并承担具体项目的实施。该项目由挪威一个重要科研机构——挪威科技工业研究院（SINTEF）总负责。

一条，即第234条（有关冰封区域）的规定可专门适用于极地地区。就操作层面而言，由于其中存在的缺陷太多、太复杂，并不是通过对现行法律和体制框架的简单修改就能纠正的。现行的治理框架过于关注那些个性的问题及某些特定的区域，因此根本无法适用于整个北极地区。它没有考虑到跨越多个区块和多个地理区域的，或者说那些会随时间变化而变化的生态系统所面临的问题。它也忽略了各种海上活动，如渔业、航运、石油和天然气开采等所可能造成的累积效应。

北极地区丰富的水产资源始终缺乏一套协调一致的治理机制很可能会导致十分严重的后果。仅从地域上把那些渔业管理机构的管辖权向南延伸是不够的，因为它们不具备应对北极地区的环境和生物巨大变化的机制。这个问题体现了气候变化对环境治理的直接影响，而且也体现出了北极理事会成员国在加强北极地区渔业养护和管理方面的迟疑心态：多数国家认为，这是一个可通过现行机制来解决的国内问题。此外，这个巨大的区域还存在着多个区域渔业组织共同管理的现象，因为这里包含着至少11个大型的海洋生态系统。

在绿色和平组织和世界自然基金会等许多非政府组织看来，北极地区现行的渔业资源开发利用是建立在一种的“崩溃管理法”的原则之上的，即只有当一个渔场出现资源减少或快要消失时才开始对它进行治理，这一点加拿大大西洋沿海的鳕鱼就是最好的例证。没有一个国家在设定捕捞配额或捕捞限量时会去考虑气候变化的影响。也许这一事实早已司空见惯。联合国粮农组织估计，全球超过1/4的海洋鱼类种群处于过度捕捞的状态：过度捕捞占19%、被捕捞殆尽的占8%，而接近枯竭状态开始恢复的占1%，而一半以上鱼类种群处于充分捕捞的状态（联合国粮农组织，2010年）。

造成这一现象的主要原因是缺乏科学数据。据国际海洋考察理事会（CIEM）北冰洋渔业工作组介绍，有关北冰洋渔业管理的资料数据非常少，为该区域鱼类种群的未来行为建立系统模型的工作才刚刚开始。目前人们还不清楚气候变化会对这里丰富的鱼类资源带来怎样的后果。有一点似乎可以肯定，随着北冰洋表面水温以及整个水体水温的升高、冰层覆盖面的缩小以及海冰厚度的下降，海水中盐度的降低、酸度的提高以及其他一些变化，北冰洋的海洋生态系统将受到影响。构成这些生态系统的各个不同组成部分，无论在质上、量上、空间上还是时间上，都将发生变化。然而，这些变化所可能带来的影响，则是人们所无法做出精确预测的。

表2　北冰洋及其产鱼区

北冰洋拥有丰富的鱼类种群，其经济上的重要性从国际层面看也不可小视。这里的鱼类种群约占全球低脂肪鱼类的70%，而欧洲和北美洲所消费的鱼（表1）大约一半来自这里。巴伦支海是十分高产的海域，每平方公里能产鱼1100公斤，是地球上其他海域平均水平的四倍。这既与北冰洋海洋生态的基本机制有关，也与墨西哥湾流的存在有着密切关系。巴伦支海是地球上最后一个生存着大量鳕鱼种群的海域，这里每年允许的捕捞量为45万吨，相当于全球鳕鱼供应量的约一半。捕捞也是白令海最重要的一项产业：阿拉斯加鳕鱼是全球捕获量第二大的鱼类，每年的可捕量为100万吨，这与2006年时的300万吨相比已经大大减少了。不过，这一捕捞量仍是相当可观的：相比之下，全球捕获量最大的鱼类——秘鲁凤尾鱼，2007年的捕获量为760万吨。北海海域各种鱼类的总捕捞量为每年200万吨。非法捕捞仍然是北冰洋面临的一个大问题，不过随着更严格措施的落实以及监管的进一步到位，这一问题似乎有所好转。渔业资源对于生活在北极地区的民众以及沿海居民来说也是非常重要的。

图 2　北冰洋主要捕捞区分布图

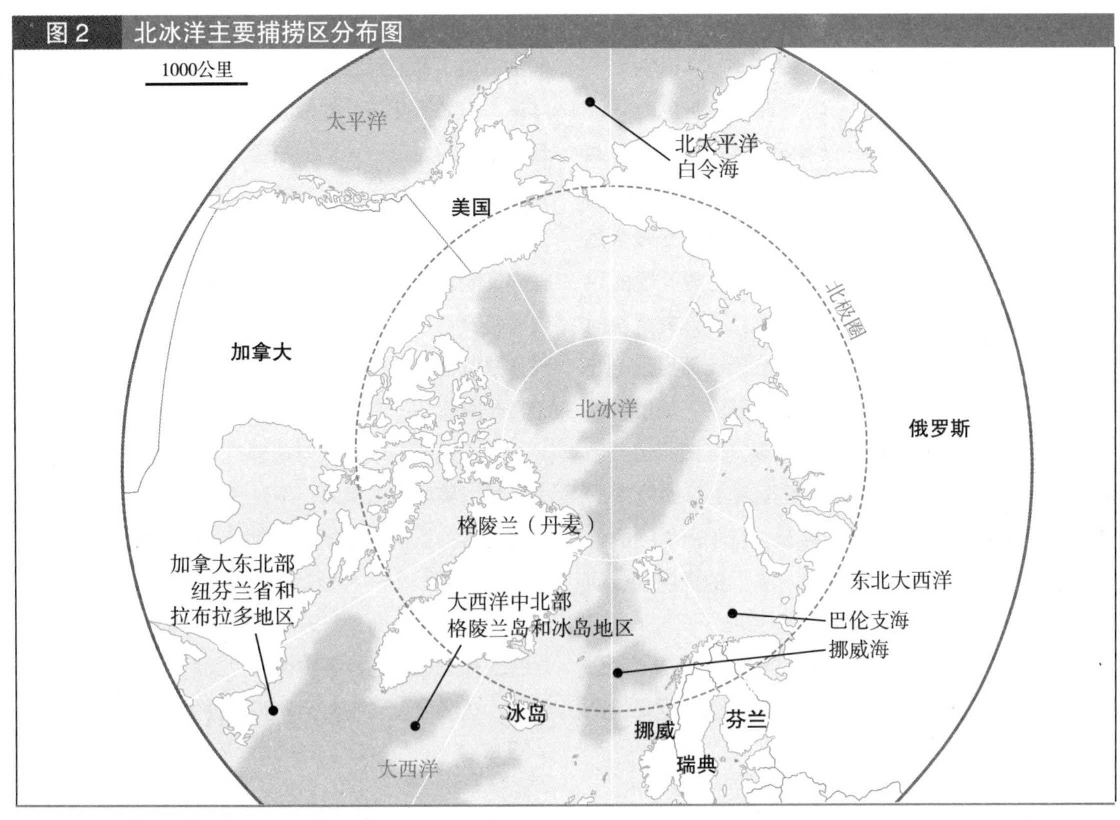

资料来源：北极气候影响评估（ACIA），2005 年。

一些国家已经认识到了其中的一些危险，美国不久前（2009 年 8 月）通过北太平洋渔业管理委员会宣布了一项暂停在白令海峡北部——这里是美国的一个主要渔场——进行商业捕捞的联邦禁捕令。美国建议，在对气候变化的潜在影响有了更好的了解之后，才有可能解除这一禁令。然而，这样的一个建议未得到其他北极国家的模仿。

鉴于当前北极地区发生变化的速度，要想在这里真正形成一种协调一致、可持续的治理模式的可能性不大，除非现有的某个机构被赋予更大的法律和政治权力，使其能颁布一些旨在保护该地区的原则。要想对这片因为冰川融化而出现的“新海洋”进行管理，光靠规章制度，尤其是那些不具有约束力的规章制度，是远远不够的。

投机取巧者还是无私奉献者？

除了北极理事会的成员之外，许多国家都在该地区拥有真正的利益。如果中国的船舶能走东北航道，那么它们抵达欧洲的时间将会缩短一半，所用的燃料也将节约一半。欧洲在这里也拥有许多商业利益（渔业、航运、石油和天然气）并且能在环保领域发挥重要作用。目前，除了联合国大会外，还没有任何一个可以讨论这些问题的论坛。“五个北冰洋沿岸国家”（美国、加拿大、格陵兰 / 丹麦、挪威和俄罗斯）彼此紧密团结，将其他一切利益相关者排除在外。除了巩固各自对领土的诉求之外，它们在其他方面似乎没有任何大的作为。

我们目前所面临的这一僵局将不可避免地导致北极地区环境的日益恶化。没有明确的领导、没有共同的方案，这一地区的治理仅仅局限于对所出现的问题以及紧张局势做出个别的回应。最简单也是最合逻辑的方式便是把北极理事会变成探讨这些问题的论坛，当然其前提是五个北冰洋沿岸国家允许就这些问题展开公开讨论。环境治理很可能会因此而出现一些积极的变化：给土著居民以正式的"国家"地位、就整个海域的共同目标达成协议、治理责任的共担、明确既真正代表人类的又不会影响国家主权的管理职责。这一切还远远未能达到。相反，我们所看到的情况是，由于其中不存在任何领袖，各国的声明或行动反而导致了紧张关系的加剧。

谁可以肩负起这种领导权呢？至今仍未批准《联合国海洋法公约》的美国早已表明，它不希望在这场讨论中发挥主导作用。中立国，也是五个国家中态度最为缓和的挪威，目前正在担任北极理事会的轮值主席。一年来，它却意味深长地始终保持着沉默。加拿大则主动放弃了担当这一角色的机会：它早已经把北极问题当成了一个民族主义和民粹主义的议题。格陵兰岛更注意的则是自己的独立而不是成为地区的领导者，即使它完全具备了这方面的实力。看来，俄罗斯现在已准备挺身而出，肩负起充当地区领导人的职责——这或许是其他四个国家所不愿看到的——而且在过去几个月时间里，它便确定了明确的议事日程。

北极理事会未来将向怎样的方向发展？或许这五个成员（美国、加拿大、格陵兰、挪威和俄罗斯）在共同利益的驱使下可能会创建出一个新的机构，从而为北极治理找到一种新的方式、发出一种新的声音。虽然对北极理事会进行改革才是最好的解决方案，但是在当前北极地区被各种民族主义利益所困扰的大背景下，这种假设也不失为一种理性的选择。

参考文献

Arctic Climate Impact Assessment (ACIA), 2005, *Scientific Report*, Cambridge, Cambridge University Press.

Conseil de l'Arctique, 2009, *Arctic Marine Shipping Assessment 2009 Report*, Tromsø (Norvège), Arctic Council. Disponible sur : arctic-council.org/filearchive/amsa2009report.pdf

Organisation des Nations unies pour l'alimentation et l'agriculture (FAO), 2010, *Fisheries Topics: Resources. The state of world inland fishery resources*, sur la page Internet de "FAO Fisheries and Aquaculture Department", Rome, FAO, mise à jour le 27 mai 2005 [cité le 13 novembre 2010]. Disponible sur : www.fao.org/fishery/topic/3550/en

Gautier D. L., Bird K. J., Charpentier R. R., Grantz A., Houseknecht D. W., Klett T. R., Moore T. E., Pitman J. K., Schenk C. J., Schuenemeyer J. H., Sørensen K., Tennyson M. E., Valin Z. C. et Wandrey C. J., 2009, "Assessment of undiscovered oil and gas in the Arctic", *Science*, 324 (5931), p. 1175-1179.

Koivurova T. et Molenaar E., 2009, *International Governance and regulation of the marine Arctic*, Oslo (Norvège), WWF International Arctic Programme.

Minerals Management Service, 2007, *Oil and Gas Lease Sale 193 and Seismic Surveying Activities in the Chukchi Sea. Final Environmental Impact Statement. Alaska Outer Continental Shelf, Chukchi Sea Planning Area*, OCS EIS/EA MMS 2007-026, Washington D. C., US Dept. of Interior.

National Snow and Ice Data Center (NSIDC), 2007, *Sea ice minimum announcement*, sur la page Internet de "Arctic Sea Ice News and Analysis", Boulder, CO, Université du Colorado. Disponible sur : nsidc.org/arcticseaicenews

Sommerkorn M. et Hassol S. (éd.), 2009, *Arctic Climate Feedbacks: Global Implications*, Oslo, WWF International Arctic Programme.

World Wildlife Fund (WWF), 2007, *Oil spill response challenges in Arctic waters*, Oslo, WWF International Arctic Programme.

聚 焦

focus

海上石油开采或将受到国际监管？

吕西安·沙巴松（Lucien CHABASON）
法国可持续发展与国际关系研究所（Iddri），巴黎

2010 年 4 月 20 日，英国石油公司（BP，也称超越石油公司）在美国墨西哥湾海域的“深水地平线”石油钻井平台发生爆炸，继而引发大火，最终沉没海底。事故造成 11 人死亡，并成为历史上规模最大的漏油事件之一。自爆炸事件发生到最后漏油被完全封闭长达 85 天的时间里，共有约 490 万桶的原油外泄，对海洋环境以及海岸线 400 公里范围的地区带来了严重影响。

“深水地平线”，规模空前的灾难

“深水地平线”事故并不是海上石油开采历史上第一次事故。但是，其严重程度与泄漏到海水中的原油量是空前的，这主要与开采的深度（此处的水深约为 1500 米）有关：在这一深度的水下，人力无法采取任何复杂的直接干预行动，整个抢修过程也因此而变得混乱而漫长。

然而，今天的海上石油开采活动十分盛行。海上石油平台所开采的原油数量约占全球总产量的 30%，而且这一比例还在不断提高。深海（水深超过 500 米）开采作业近年来获得迅猛发展，这主要得益于“震波探测技术和水下设施等领域”所取得的重大技术进步［塞尔布托维耶（Serboutoviez），2010 年］以及国际市场上原油价格的提高——它使得即使在深海的原油开采投资也变得有利可图。

“深水地平线”事故使得这一发展逻辑受到了质疑：其中的生态、人力和财力成本，尤其是在封堵漏油点过程中所遇到的困难，使人们一下子意识到了在深海开采石油所蕴涵的巨大风险，同时也使一些国家开始反思这一行业的发展和未来的前景。

“开采禁令”的福与祸

就在美国当局对导致这一灾难事故的原因进行调查之时，美国、加拿大、欧盟以及《东北大西洋海洋环境保护公约》组织（OSPAR）都在考虑要对那些已勘探的海域下达开采禁令或者考虑全面禁止在海上进行新的勘探和开采活动。在这方面同样也面临风险的中国或西非国家，却没有考虑下达这方面的禁令。

在美国，奥巴马政府曾在 2010 年 3 月 21 日宣布解除现有的海上原油开采禁令，以此表明对海上石油相关研究的支持——这是布什政府所未能做到的事。在“深水地平线”石油钻井平台发生爆炸后，奥巴马政府立即宣布墨西哥湾深水海域的石油开采暂停 6 个月，阿拉斯加海域几个项目的审查工作也被推迟。经过多次的政治辩论和复杂的立法程序之后，美

> **海上原油占到了全球原油总产量的 30%。**

国政府于 2010 年 10 月 12 日宣布解除这一年春季发布的禁令，之后又于 12 月 1 日重新宣布了一项部分禁令，禁止在大西洋和墨西哥湾大约 1200 公顷的海域进行钻井作业，限制期将一直持续到 2017 年。一直想保护其旅游资源的佛罗里达州在推动这一禁令过程中发挥了重要作用。

启动国际监管计划势在必行。

在只有一个类似钻井平台（水深为 2500 米）的加拿大，参议院负责能源和环境的委员会在“深水地平线”事故发生后，专门就一些与深水钻探有关的问题进行了审议。参议院报告指出，海上石油行业“对于加拿大经济总体上保持良好状态十分重要”①，并对其出色的安全条件提出赞扬。对于那些敏感地区，虽然该国的某些地区已实行了暂停禁令，但北冰洋的海上钻探许可证已经发放，首批设施有望于 2014 年投入运营。该报告最后说：“委员会放心地告诉加拿大人：加拿大外海的石油工业完全是可靠的；目前没有任何理由需要彻底禁止或暂时停止加拿大外海的石油开采活动。”

欧盟委员会则在 2010 年 7 月建议，在 2011 年制定出新的规则之前，暂停发放在欧盟海域进行深水开采的新许可证。欧洲议会于 2010 年 10 月 7 日否决了这项建议。在同年 10 月 12 日的通报中，欧盟委员会重申了其支持暂停令的主张。

与此同时，《东北大西洋海洋环境保护公约》组织在 2010 年 9 月下旬在卑尔根（挪威）举行的部长会议上拒绝了德国政府提出的将深海石油钻探禁令扩展至北海和东北大西洋的建议。英国议会也拒绝了实行任何禁令的提议，其依据之一是英国在这方面的立法已经相当严格，另外则是担心此举会影响到英国的经济利益。

对于是否实行“暂停禁令”，不同国家的反应也大相径庭，甚至在欧盟机构内部，这种差别也同样存在，这在一定程度上也是欧盟软弱无力的体现。鉴于海上石油开采行业的经济分量及其在平衡全球石油市场方面重要地位，似乎没有任何人想真正限制它的发展②。

强化法规的必要性

美联社进行的一项调查（《新观察家周刊》，2010 年 11 月 22 日）表明，当前海上石油开采治理的现状是：所有的国家都采取了一种让经营者自我管理的方式，即各国制定安全方面的目标和标准，而后发放经营许可证，但具体的安全措施则完全由各个经营者来实施。这种事实上的委托关系与这一行业的技术特性有关。事实上，相关的公权机关并不具备可以对石油开采活动进行有效监管的专业技能。就“深水地平线”事故而言，公权机关所能做的只有对事故所造成的一些不利影响——如沿海污染——进行善后处理。

在这方面，西非地区的形势尤为严峻。该地区一些国家的行政机构，无论在颁发许可证前的预选审查、对钻井平台的控制还是在发生事故后的救援方面，都不具有任何能力［马格林（Magrin）和范德塞尔（van Dessel），2010 年］，这对某些具有特殊价值的海洋保护区——如毛里塔尼亚的阿尔金岩石礁国家公园（PNBA）——来说是一种实实在在的威胁（《纽

---

① 《Étude sénatoriale au lendemain de l'incident de la plate-forme Deepwater horizon》, Sénat, Canada, août 2010.

② 需要指出的是，为了保护罗弗敦群岛（Lofoten），挪威已经减少用于拍卖的区域数量，而巴西石油公司（Petrobras）也推迟了位于水深 4000 米水域的 28 座钻井平台的增资计划。

约时报》，2010 年 12 月 9 日）。

此外，这一行业治理的另一个特点是利益的冲突。各国的能源部——有时是碳氢燃料部——常常肩负着一对互为矛盾的双重使命：既要促进石油开采行业的发展，同时又要负责监督这一行业的安全，而环境部的工作往往只局限于对这些工程的影响进行审查。

在这种主要依赖私人经营者的治理框架下，所有相关国家以及欧盟一致认为，有必要强化各国（以及欧盟）的规章制度建设，同时应加强深水钻井设施的安全。美国立即着手对行政机构进行了整顿，许可证的颁发制度（许可证制度）变得更加严格，对海上石油平台的运行也加强了控制。在 2010 年 10 月 12 日的通报中，欧盟委员会对欧盟海域进行海上石油开采所需要解决的问题进行了梳理，并提出了加强许可证发放前的预审以及加强各国的干预能力等建议（见表 1）。欧盟委员会想通过这些建议，把欧盟内部对于石油公司的管理规定扩展到欧盟疆域以外的地方，乃至整个世界。其目的是克服当前各国管理规章条块分割的局面，自上而下地实现统一。

海上石油开采或将受到国际监管

当前海上石油开采的管理规章是在 1982 年《联合国海洋法公约》的基础上制定出来的，尤其是第 194 条、第 288 条以及第 214 条等一些原则性的条款。这些条款所涉及的内容包括“与海底相关的活动所造成的污染，其管辖权在各个国家”以及海上石油钻井平台在报废后必须拆除等。

海上石油工业还必须遵守一些特定的环境保护协议，如《国际重要湿地特别是水禽栖息地公约》（即 1975 年生效的《拉姆萨尔公约》）以及与海洋生物多样性保护有关的一些区域性协定。

海上开采污染占石油对海洋环境总污染的 9%。

一些与海上石油开采相关的海洋活动，如将所开采的地下原油用船运走以及废物管理等，它们则受到了一些比石油平台管理更为详细的公约的约束。同样，一些区域性公约也规定，一旦出现事故，各方应当相互合作、互通信息。

说到底，真正用来管理海上石油开采活动的只有一个国际法律工具：它便是在 1976 年《保护地中海海洋环境和沿海地区公约》（即《巴塞罗那公约》）的框架下签订的有关“保护地中海，防止其受到海底大陆架及其底土的勘探与开采所造成污染”的《马德里议定书》或《海上开采议定书》（1994 年）。这一议定书在海上开采以及经营者所承担的义务方面都有着十分严苛的规定。目前，它已得到了 6 个国家（阿尔巴尼亚、塞浦路斯、利比亚、摩洛哥、叙利亚和突尼斯）的批准，也就是说已经达到了其生效所需的批约国数量。令人遗憾的是，迄今为止还没有欧洲国家（塞浦路斯除外）批准了这一议定书。在 2010 年 10 月 12 日发表的名为《海上石油和天然气开采活动与面临的挑战》的通报中，欧盟委员会计划“重新启动

表 1　如何避免新的灾难？

2010 年 10 月，欧盟委员会就加强海上石油开采的监管提出了若干准则：

——加大对经营许可证的预审力度，包括要求提供用于事故处理的担保金以及必须参加强制性保险等。此外，经营商还必须建立起应对事故的技术能力；

——强化安全规章以及海洋保护环境规章；

——强化承担事故后果的责任追查制，制定统一规范的检查和监督制度；

——加强在国家出现事故后的干预能力；

——在区域海以及全球层面加强与周边国家或欧洲的合作；

——要使欧盟的石油公司遵守与世界其他地区相同的、运用了现有最先进技术的安全规章。

使《海上开采议定书》能够尽快生效的进程"[①]。然而，虽然如今批约国数量已经达标，而且它也随时可以生效，但是该议定书的真正目标是能够得到所有相关方以及整个欧洲共同体成员国的批准。这再一次让我们看到了欧洲在说漂亮话与采取实际行动之间的落差。

在希望地中海《海上开采议定书》能得到《巴塞罗那公约》所有缔约方的实施，以及希望这个海上开采活动——包括深海开采——发展迅猛的地区能实行统一的管理规章的时候，我们不禁要提出这样一些问题：国际法是不是应该在区域层面加以推广？我们是不是应该呼吁在《关于保护与发展西非和中部非洲海洋及沿岸环境进行合作的阿比让公约》（1994 年）的框架下，也应当开展类似的进程？"深水地平线"事故以及海上石油开采独立调查委员会在 2011 年 1 月提交给美国总统奥巴马的报告中，提议应当为墨西哥湾、墨西哥、古巴以及北极地区制定统一的国际规则。鉴于各经营商所必须遵守的标准以及各国所进行的监控和干预程序都必须是相同的，因此这是不是意味着应当从全球范围内对海上的开采活动进行国际监管？

到目前为止，这一行业始终没有一个能真正在这方面采取行动的负责任的国际机构。事实上，与核能领域不同，碳氢燃料的开采一直是不受任何国际机制约束的。然而，从切尔诺贝利灾难事故后国际原子能机构 1994 年通过了《核安全公约》这一例子可以看到，在那些法律管辖权属于各个国家，但事故的影响可能会波及人类共同财产或可能会跨越国界的领域，国际社会必须加强管制。在国家所管辖海域进行的海上石油开采活动便属于这一情况。

加拿大海洋法协会已多次呼吁通过一项有关海上石油平台的国际公约，但始终未能如愿。有关国际法领域究竟应当采取何种最佳战略的讨论，最好是能将其纳入联合国环境规划署的框架或目前正在进行的"里约 + 20"进程当中。在此期间，目前仅存的一点国际协调则可以在一些专业组织［如国际石油工业环境保护协会（IPIECA）］或一些非正式的框架（国际监管论坛）下展开。

监管的紧迫性

人们非常惊讶地发现，海上石油开采活动从经济角度来看越来越重要，而从海洋和沿海环境的角度来看变得越来越危险，因为它们所在作业区的海水深度越来越深，处理事故的难度也日益加大。例如，尽管不断有人提出要将极具生态价值的北极地区建成一个庇护所，但毫无疑问的是，这里的油气开采以及海运活动一定会越来越密集。同样令人担忧的是，人们已经注意到：在那些毫无监管和干预能力的国家下辖的海域内，海上油气开采正在呈现出迅猛发展的势头。

最后，世界自然保护联盟（UICN）在 2004 年的一份报告中援引莎莉·阿姆·伦茨（Sally Arm Lentz）和弗雷德·费莱曼（Fred Felleman）的相关研究成果显示［克洛夫（Kloff）和威克斯（Wicks），2004 年］，海上开采造成的海洋污染约占 1990~1999 年石油对海洋环境总污染的 9%，而海洋运输所造成的污染在其中所占的份额达 68%。这一统计数字也可以说明在此期间国际层面对这一问题几乎无能为力。

---

① Commission COM（2010）560. Communication de la Commission au Parlement européen et au Conseil :《Le défi de la sécurisation des activités pétrolières et gazières *off shore*》{SEC（2010）1193 final}, Bruxelles, le 12 octobre 2010.

然而，国际社会至今仍认为解决这一问题没有意义，海上开采的管理依然掌握在经营商和相关沿海国家手里。在这种情况下，我们的社会一方面在倡导可持续发展和负责任发展，另一方面又依仗各类先进技术，继续推进地球上可居住地的边界——而此时对环境的威胁也越来越大了——也就不足为奇了。

“深水地平线”钻井平台事故以及深水海域油气开采业的快速发展将促使人们重新考虑这一立场。欧洲国家批准《巴塞罗那公约》的海上开采议定书将是朝这方面迈出的可喜的第一步。应当对现有的石油钻井平台进行系统和独立的核查，各国在颁发许可证前的审查机制和相关监督机制也应进行重新评估。但是，除了这第一种方法之外，启动国际监管计划也应当是势在必行的。

参考文献

KLOFF S. et WICKS C., 2004, « Gestion environnementale de l'exploitation de pétrole *off shore* et du transport maritime pétrolier », étude pour l'UICN, CEESP. Disponible sur : cmsdata.iucn.org/downloads/offshore_oil_fr.p

SERBOUTOVIEZ S., 2010, « La production pétrolière en mer (*off shore*)», IFP Énergies nouvelles. Disponible sur : www.ifpenergiesnouvelles.fr

MAGRIN G. et VAN DESSEL B., 2010, « BP "Deepwater Horizon, du golfe du Mexique à l'Afrique : un tournant pour l'industrie pétrolière ? », *ÉchoGéo* [revue en ligne], rubrique « Sur le vif » 2010, mis en ligne le 16 septembre 2010, consulté le 14 décembre 2010 à l'adresse : echogeo.revues.org/12099

聚　焦

一个塑料的海洋：太平洋垃圾旋涡

保罗·约恩斯通（Paul JOHNSTON）
埃克塞特大学，英国

米歇尔·奥尔索普（Michelle ALLSOPP）
埃克塞特大学，英国

戴维·桑蒂洛（David SANTILLO）
埃克塞特大学，英国

理查德·佩奇（Richard PAGE）
英国绿色和平组织，英国

海洋里的塑料垃圾越来越多：它们堆积在沙滩上，沉积在海底或漂浮海水表面及水体中［巴恩斯（Barnes）等，2009年］。海洋哺乳动物、鸟类、海龟和鱼类大量摄食了这类废物，有时可能被困在塑料废物堆中，甚至可能窒息而亡。那些个头较大的塑料废物对于大型海洋物种构成了直接的威胁［格雷戈里（Gregory），2009年］，而小型的塑料碎片则很可能会被那些小型物种——尤其是小型的食浮游生物的鱼类和滤食性动物（海绵、珊瑚和蛤等）——所误食。这些废塑料和塑料碎片在世界各大洋几乎无处不在，虽然不同海域塑料废物数量的多少会因为洋流、河流的夹杂物、人口密度以及工业化水平等因素的不同而存在很大差异。那些非工业化地区也受到了影响，因为水流会把这些废物带到这里。因此，这个问题如今越来越受到研究人员和公权机关的关注。

自20世纪中叶以来，全球塑料市场获得了迅猛发展[①]，年产量甚至达到了2.5亿吨，大约相当于全球石油消费量的8%［"欧洲塑料"（Plastics Europe），2009年］。在亚洲一些发展中国家，每年人均塑料消费量达20公斤——这也成了该地区工业增长的最大潜力所在，而在西欧和北美，塑料的人均年消费量则达到了100公斤左右。虽然塑料被用于许多产品的生产，但是1/3以上的塑料是用于生产短期包装物的，其中真正得到回收的废塑料仍十分有限。即使在欧洲，2008年被回收利用的废塑料还不到已消费塑料的1/4。大部分塑料进入了垃圾填埋场，或通过各种产业化和垃圾处理的焚烧方式来回收能源，或干脆被直接丢弃［"欧洲塑料"（Plastics Europe），2009年］。塑料的抗腐蚀性很强：据估计，塑料可存在几百年甚至几千年，这种材料基本上会以其原有的形态或碎片以及颗粒的形式存在于世界各个角落。世界各地的研究显示，海滩上的废弃物大部分是塑料［德雷克（Derraik），2002年］，而在那些靠近城市化区域的海域，海底的废弃物也主要是塑料。

塑料物品能够长途旅行，直到因为各类生物繁殖（如藤壶和其他生物体的生长）、自身重量增加而下沉到海底或在海滩上搁浅。通常情况下，人们往往

① "塑料"一词包括了数百种商业用材。市场需求的塑料材料约90%是七种聚合物，其中一半是聚氯乙烯（PVC）、聚丙烯和高密度和低密度聚乙烯（HDPE/ LDPE）。

很难确定这些废物究竟是在什么地方进入大海的。而那些容易被海洋动物摄食的塑料小颗粒更会给整个食物链带来潜在影响。这些小颗粒可能源自机械或光化学降解，或源自一些塑料颗粒或粉末倾倒物，它们还会释放出一些有毒化学物、添加剂或其他吸附物，而这些东西又会在鱼或其他生物体内累积［托伊滕（Teuten）等，2007 年］。一些植物和动物附着在那些漂浮塑料物的表面，因此很容易被长距离带到新的环境中。这些物种虽然并不是新的栖息地所原产的，但这并不影响它们在这里茁壮成长，成为入侵物种（格雷戈里，2009 年）。

一些区域的海底似乎成了此类废物的“汇集地”：在迄今人们所研究过的海域中，地中海所沉没的塑料废物密度最高，这可能是该地区人口密集、海上航运繁忙以及海潮力度相对较弱的缘故。此外，受一股大规模海洋环流的影响，一些残留物会沉积在某些区域的海底，如大西洋和北海就存在类似的海域（巴恩斯等，2009 年）。

与沉没的塑料一样，漂浮的塑料碎片往往也会积聚在某些特定区域。位于加利福尼亚州和夏威夷之间的北太平洋旋涡或者说北太平洋环流似乎就是这样一个区域之一［摩尔（Moore）等，2001 年］。该旋涡将来自太平洋这一广阔区域的垃圾全部聚集在了一起。这一旋涡中心地带的直径约为 1000 公里，这里堪称是抽样调查活动最为频繁的地区。据估计，这里的漂浮塑料废物多达 300 万吨（摩尔等，2008 年），相当于每平方公里 5 公斤，其中相当大的比例是漂浮的、分散的、以小碎片形式存在的“塑料碎末”（microplastics）。媒体将此称为“东部垃圾场”“太平洋垃圾旋涡（或涡流）”或“东部碎屑圈”。

图 1　造成北太平洋旋涡的海流

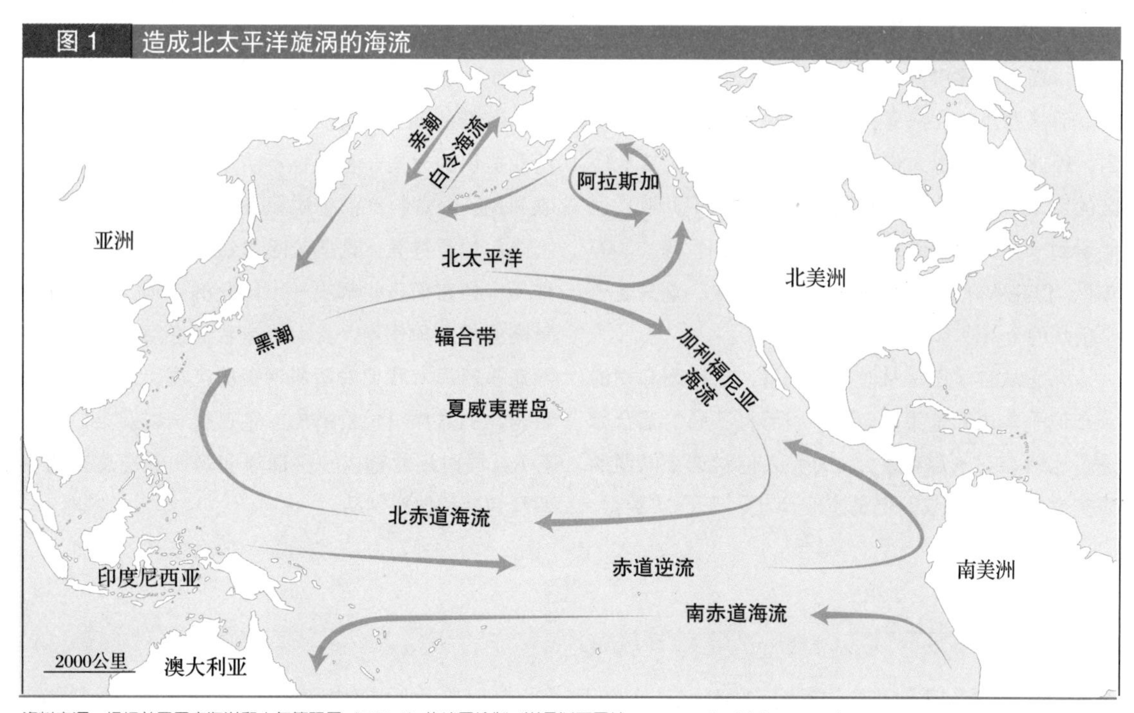

资料来源：根据美国国家海洋和大气管理局（NOAA）的地图绘制（详见以下网址：www.marinedebris.noaa.gov）。

类似的积聚区在太平洋其他区域也同样存在，尤其是位于日本附近的黑潮以南的一个小规模旋涡内部的“西方垃圾场”[美国国家海洋和大气管理局（NOAA），2010年]。此外，最近的一些观测结果表明，在马尾藻海中心存在着一个“大西洋垃圾带”——长期以来，人们一直以为这里是生物材料的聚集地。这里的碎片绝大多数是不超过10毫米的碎片，重量不超过20毫克［莫雷特－弗格森（Moret-Ferguson）等，2010年］。这些碎片未来的命运仍是个未知数①。

“太平洋垃圾旋涡”一词给人的印象是：这是一片幅员辽阔、很容易被观察到的区域，它称得上是名副其实的“垃圾带”（美国国家海洋和大气管理局，2010年）。而事实上，由大片塑料废弃物汇集在一起而形成的垃圾堆在这里也难得一见。然而，它们的的确确存在着，虽然表面上看不是那么引人注目，但它们的覆盖范围很广，潜在后果也很严重：在距水面一定深度的水域，存在着大量的塑料小碎片，而这些小碎片只有在进行拖网作业时才能看得到。因此，虽然说人们用空中观察的方式在其他地区的海域（如北太平洋副热带辐合第334页带）也能看到一些大型的碎片［皮切尔（Pichel）等，2007年］，但在所有海洋漂浮的塑料废弃物中，这只是一个极端的个例。

无论从空间还是从时间上来看，塑料废弃物的分布似乎本质上是不均匀的，因而将不同的辐合带进行比较存在一定难度。此外，人们对这个问题的研究兴趣越来越浓，但是迄今为止，无论从数量、地理覆盖面还是量化的可比性分析等角度看，相关的研究仍然非常有限。正因为如此，要对海洋中的塑料碎片所可能造成的生态后果进行评估，仍是一项艰巨的挑战。

那些大块塑料废弃物的聚集及其被摄食很容易被人们所观察和测定，但对“塑料碎末”摄食问题的研究才处于起步阶段。因此，当务之急是要对这一问题的生理影响以及对整个生态的总体影响进行研究。目前，人们的研究范围越来越广，包括关注信天翁及其他海鸟摄食塑料废物以及海豚、鲸鱼和海龟等被塑料垃圾所围困等问题。但是迄今唯一有关塑料小碎末的系统研究都是在海滩上的塑料废物堆积区（尤其是在夏威夷）进行的。此外，研究人员们也不具备对这些“塑料碎末”影响进行评估的技术手段。在这种情况下，我们怎样才能做好现在以及未来各种塑料污染的防治工作？那些耗资巨大的漂浮垃圾收集和回收项目只能在浅海水域以及某些封闭海域局部地区展开。

海滩的清洁行动注定是一场败仗，因为它们所能提供的只是一种治标不治本的解决方式。而回收利用、对塑料产品征税以及使用生物塑料和可生物降解的塑料等，这些策略虽然未来能发挥更大的作用，但它们只能解决一小部分的问题。而且这些策略要想发挥作用，其前提是我们必须能够而且也愿意重新思考我们对塑料消费的态度，能够看清这种材料的本质（代价高昂、存在很长以及难以清除等），同时还能够以一种谨慎和聪明的态度来使用塑料包装和塑料制品。

---

① 尽管最近几十年来世界塑料产量在不断增加，但自20世纪80年代中叶开始，西北大西洋和加勒比海地区的塑料废弃物的数量保持着一种相对稳定的状态。

参考文献

Barnes D. K. A., Galgani F., Thompson R. C. et Barlaz M., 2009, "Accumulation and fragmentation of plastic debris in global environments", *Philosophical Transactions of the Royal Society B*, 364, p. 1985-1998.

Derraik J. G. B., 2002, "The pollution of the marine environment by plastic debris: a review", *Marine Pollution Bulletin*, 44 (9), p. 842-852.

Gregory M. R., 2009, "Environmental implications of plastic debris in marine settings – entanglement, ingestion, smothering, hangers-on, hitch-hiking and alien invasions", *Philosophical Transactions of the Royal Society B*, 364, p. 2013-2025.

Moore C. J., 2008, "Synthetic polymers in the marine environment: a rapidly increasing long-term threat", *Environmental Research*, 108, p. 131-139.

Moore C. J., Moore S. L., Leecaster M. K. et Weisberg S. B., 2001, "A comparison of plastic and plankton in the North Pacific central gyre", *Marine Pollution Bulletin*, 42(12). Disponible sur : www.mindfully.org/Plastic/Moore-North-Pacific-Central-Gyre.htm

Moret-Ferguson S., Law K. L., Proskurowski E. K., Peacock E. E. et Reddy C. M., 2010, "The size, mass and composition of plastic debris in the western North Atlantic Ocean", *Marine Pollution Bulletin*, 60(10), p. 1873-1878.

National Oceanic and Atmospheric Administration (NOAA), 2010, *Demystifying the Great Pacific Garbage Patch. NOAA National Ocean Service Marine Debris Programme*. Washington, D.C., Département du Commerce des États-Unis, consulté à l'adresse : marinedebris.noaa.gov/publications/weeklyreports_pdfs/feb10.pdf

Pichel W. G., Churnside J. H., Veenstra T. S., Foley D. G., Friedman K. S., Brainard R. E., Nicoll J. B., Zheng Q. et Clemente-Colon P., 2007, "Marine debris collects within the North Pacific Subtropical Convergence Zone", *Marine Pollution Bulletin*, 54, p. 1207-1211.

Plastics Europe, 2009, *The Compelling Facts about Plastics 2009: An Analysis of European Plastics Production, Demand and Recovery for 2008*, Bruxelles, Plastics Europe.

Teuten E. L., Rowland S. J., Galloway T. S. et Thompson R. C., 2007, "Potential for plastics to transport hydrophobic contaminants", *Environmental Science & Technology*, 41, p. 7759-7764.

第十四章

苏珊·艾弗里（Susan AVERY）
伍兹霍尔海洋研究所，伍兹霍尔，马萨诸塞州，美国

本杰明·加尔诺（Benjamin GARNAUD）
法国可持续发展与国际关系研究所（Iddri），巴黎

亚历山大·马尼安（Alexandre MAGNAN）
法国可持续发展与国际关系研究所（Iddri），巴黎

斯科特·多尼（Scott C. DONEY）
伍兹霍尔海洋研究所，伍兹霍尔，马萨诸塞州，美国

气候：海洋的挑战

海洋在全球气候体系和养育生命方面起着至关重要的作用。然而，如今这些功能正受到人为因素而引发的气候变化的威胁。从中期来看，受到严重威胁的将不仅仅是海洋和沿海生态系统，还包括生活在沿海以及其他地区的人类社会。

在未来的几十年里，因人为因素而引发的气候变化将对海洋以及海洋生物资源——这些资源为许多人提供了丰富的食物和生存资料——带来深远的影响。虽然这其中还有许多不确定的因素，但是加强对海洋以及气候这些复杂的体系的科学了解早已成了一项迫切的任务，唯此才能设计出牢靠的适应和缓解战略。海洋在全球气候体系和养育生命方面起着至关重要的作用。它有助于调节全球热量、淡水和碳的循环，并对温度的变化和区域分布以及陆地的降水产生影响。但是，这种能力受到了大气中人为二氧化碳浓度的提高以及由此而引发的全球和区域性气候变化的威胁［米尔（Meehl）等，2007年］。根据观测，气候变化已经对海洋造成了重大影响，其缓解环境变化的能力已有所降低。此外，它势必也影响到海洋的生物多样性、海洋的生态系统服务功能以及人类社会的活动［奥尔索普（Allsopp）等，2009年］。

今天，全球20%的珊瑚礁已彻底消失，近50%面临威胁甚至是非常严重的威胁，只有30%目前尚未面临威胁。

最近数十年所收集的卫星数据和实地测量结果清楚地表明，地表和地下水都在变暖，一些冰架正在崩解，北极地区和南极半岛的海冰和冰川正在消退，而淡水则在不同的海洋盆地间进行着重新分配。气候变化也影响到了河流注入大海的水流量，从全球范围改变了风向和海洋环流的模式。所有这些因素都会影响到地球的物理、化学和生物学特性，而这些特性又会彼此互相影响——这一点是过去很少有人提及的。海平面上升及其所产生的后果——如水涝灾害或盐碱化等——对沿海的系统构成了严重的威胁——无论这些系统是人为的还是自然的。

在对未来做出预测之前，人们首先必须准确地了解海洋应对气候变暖的方式。目前，海洋消化了大约1/4来自化石燃料的燃烧和砍伐森林而产生的二氧化碳，因而它减缓了地球表面温度上升的速度。然而，海洋也是温室气体排放所产生的多余热量的最大储存库。从全球来看，自20世纪50年代以来，海洋表面温度平均大约升高了0.4摄氏度。人们观察到，水深达750米的水域甚至更深的水域，其水温都出现了大幅上升的情况［阿恩特（Arndt）等，2010年］。按照某些气候模型预测，受当前气候变暖的影

响，海洋吸收大气中多余二氧化碳和热量的能力将有所减弱。

本章将就这些威胁展开探讨。首先要研究的是气候变化——它不仅仅局限于气候变暖——对海洋带来的两个主要直接后果：海平面的上升以及海洋的酸化。其次，本章将重点阐述这些变化对于生态系统和人类系统所造成的影响，分析的重点是极地地区、珊瑚礁、沿海地区和生物多样性。最后，本章将揭示相关研究所面临的一些基本挑战并提出各类不同的解决方案。

气候变化导致海平面上升以及海洋的酸化

海平面上升

越来越多的科学家相信，鉴于未来大气中温室气体浓度的上升以及气候变暖的预期，到 21 世纪末海平面将上升 0.5~1 米。事实上，从全球范围看，冰层的融化和海水的热膨胀（全球气候变暖的结果）确实会导致海平面的上升。而且如果格陵兰或南极洲西部的大冰盖迅速融化，这一现象将进一步加剧。对于沿海生态系统和当地居民来说，风暴潮和土地的开发利用等其他一些因素也将增加沿海洪灾的频率。

热膨胀和地面沉降而引发的局部地区水位上升

总体上看，两类因素会影响到海水的水位：一类因素能真正抬高水位，另一类因素则会导致地面的下降。海洋的热膨胀以及海洋与其他蓄水区之间的水体交换是导致海平面上升的两个主要原因。所谓热膨胀，就是指当水体温度升高时，其体积会膨胀，从而抬高了水位。这种现象显然是气候变化导致海洋平均温度升高而引起的。在水体交换过程中，如果流入海洋的水量超过了其蒸发量，则会导致海平面的上升。然而，平均大气温度的升高会导致部分淡水水库，即冰川和冰盖（主要是在格陵兰岛和南极洲）的消融。导致地面沉降的两大原因则是板块的上升或下沉以及因为地下水开采和（或）城市建筑的重压而引发的地面沉降[①]。

海平面上升及其造成的后果在全球不同地区不尽相同，或者说不一定相同。首先，那些导致海平面上升的因素，它们所带来的地方性影响会因地而异。其次，其他一些地方性现象，如洋流和大气压力，也会改变海面的水位。最后，地面沉降主要是一些地方性的原因造成的。因此，在对沿海生态系统以及所建基础设施进行评估或制定适应战略时，必须考虑到那些全球性因素，同时也必须考虑到那些地方性因素。

老现象与新威胁

海平面上升并不是一个新现象。例如，在距今大约 2.5 万年最后一个冰河期即将结束之时，海平面的水平比今天大约低 120 米。从 1 万年前开始，海平面大约以每个世纪 2 米左右的幅度上升，即比 21 世纪所预测的上升速度快 2~4 倍——当然，这一预测数并没有考虑到大量冰盖消融的问题。虽然人们对这些预测未来海平面上升的数据还存有争议，但是与这些变化的规模或速度相比，人们在这些现象——沿海地区的发展以及城市化是导致它们出现的原因之一——面前所表现出来的脆弱性似乎更值得关注［马尼安(Magnan)，2009 年］。此外，我们还注意到，海平面的逐渐上升还很容易导致一些极端天气（如风暴潮）的出现：在气候变化的影响下，极端天气所出现的频率和强度都可能增加。

---

① 例如，在 20 世纪，意大利的威尼斯城因为各种因素的影响（地质因素、地下水开采和海平面上升等）已经下沉了约 23 厘米。

海平面的上升，再加上气候变化，将会给生态系统和人类社会带来众多有害影响。这些后果会因为各个地区的不同而不同：海滩的侵蚀、地下水的盐碱化、沿海地区受到更大的洪涝灾害以及三角洲、河口和红树林等面积的大幅减少甚至消失。海平面上升和气候变化所造成的后果还会与现有的一些问题相互纠缠。例如，三角洲一直在遭受人类活动的影响：城市化、农业和建设大坝等，这一切已经而且将继续带来一些与气候变化所产生的影响相类似的问题①。

酸化

海水的化学成分会直接影响到海洋生命的分布及其生产力。例如，海洋浮游植物的成长需要养分和无机碳，而海洋动物则需要氧气来呼吸。然而，人类活动通常会给海洋的化学成分带来根本性的变化［多尼（Doney），2010 年］。化石燃料的燃烧会增加大气中的二氧化碳含量，而且大气中过量的二氧化碳大约有 1/4 会溶解在海洋里。人为二氧化碳的吸收会改变海水的成分，导致海洋的酸化。珊瑚、贝类和其他一些需要碳酸盐矿物来形成自己的外壳或外骨骼的海

图 1　2000 年、2050 年和 2099 年海洋酸化情况

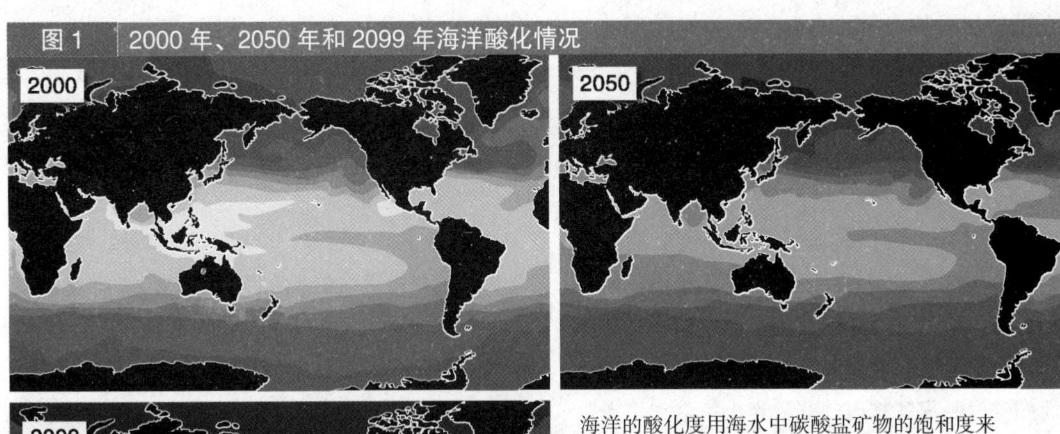

海洋的酸化度用海水中碳酸盐矿物的饱和度来测定

0　0.5　1　1.5　2　2.5　3　3.5　4　4.5

二氧化碳海洋吸收后会形成碳酸，碳酸会将海水中的碳酸钙溶解。

当水中的碳酸盐矿物浓度低于2.75时，许多海洋生物体将无法生成外壳。

资料来源：据菲利（Feely）等，2009 年。

① 20 世纪 70 年代建造的阿斯旺大坝（埃及）切断了尼罗河所带来的沉积物——正是这些沉积物形成了尼罗河。其结果使得沿岸地区出现了严重的侵蚀——这种侵蚀与气候变化无关，而且有越来越严重的趋势。

洋物种会因此而难以生长（多尼等，2009 年）。如今，海洋的酸化速度比过去数百万年间自然的酸化速度快了大约 100 倍，而且人们至今还不清楚海洋生物体究竟在多大程度上能够适应如此快速的变化。图 1 根据一些最新的数据，大致描述了从现在到 2050 年间海洋的酸化情况。

有关海洋酸化的生物学效应，人们已经在实验室里进行了研究，在海洋里也进行过十分短暂的试验。这些研究结果表明，海洋酸化可能对某些微生物、植物和动物产生直接的有害影响，但与此同时也可能对另一些物种带来好处。目前，人们尚不清楚面对海水中二氧化碳浓度的上升，这些自然种群会做出怎样的反应，以及如何来适应它；也不清楚这一状况会对海洋物种带来怎样的后果。人们所关注的主要是二氧化碳浓度的上升对海洋食物链的影响、对一些重要商业渔场的影响以及从区域和全球层面看，这些影响所发生的形式与强度有什么区别。然而，海洋酸化对生命、海洋生态系统以及沿海和海洋的生物多样性所可能带来的损害仍然是十分令人担忧的，尤其是当前一些人为因素使得这些系统面临着巨大的压力：污染、过度捕捞、因侵蚀而带来的沿海生态系统的物理退化（栖息地遭破坏）、湿地的消失以及拖网作业等。珊瑚礁生态系统可能面临最严重的威胁。最后，酸化、气候变化和一些局域性的人类活动所共同产生的累积效应，要比某一种威胁的单独破坏力要强大得多。

受威胁的生态系统和人类系统

沿海和海洋生物多样性

沿海和海洋生态系统为人类社会和地球提供了各种重要的服务。这些服务包括提供食物，清洗和水的回收，为植物和动物提高营养和化学物质，为娱乐和旅游提供资源，调节气候，为基础设施和人类提供保护并防止其受到侵蚀和洪涝灾害等。

我们刚才提到的气候变化所带来的一些后果（海平面上升、气温升高、海洋酸化以及海洋环流的变化等），与其他一些人类活动（海岸侵蚀加剧、富营养化、过度捕捞和污染）一样，都会给海洋生态系统带来破坏性的威胁和影响。这些变化可能会严重影响到海洋物种的生长、繁殖或分布，而这反过来又可能破坏海洋生物群落的结构，破坏食物链，降低可利用生物资源的生产效率并减少生物多样性——而生物多样性在维护海洋健康状态方面发挥着核心作用。

从一些有关鱼类种群变化的监测数据中已经可以看到气候变化的影响。在一些沿海地区（北海和北美东岸），过去几十年间，许多海洋物种的栖息地已经向极地和公海海域迁移。这些鱼类似乎在寻找更深的水，这显然是受到了气温变暖影响的缘故［奈（Nye）等，2009 年］。在 21 世纪，全球大部分被商业捕捞的鱼类都将继续——甚至加速——向极地的迁移。覆水区域的鱼类栖息地将比深水鱼类的栖息地出现更大的变化［张（Cheung）等，2010 年］。这一切似乎是群落结构和海洋生物多样性已发生巨变所造成的：北冰洋和南大洋面临着被温带水域物种入侵的威胁，而在热带和副极地，本地物种则面临着极高的灭绝率。

要想预测气候变化对鱼类种群规模的影响是件很难的事，因为温度的上升以及环流模式的改变会影响到众多的因素（如食物的库存量、生长率、疾病、捕食、季节变化或生物气候学的变化等），而且有时这些影响的方向是相反的。随着水温的上升，一些海洋寄生虫和海洋疾病开始向两极蔓延。此外，浮游植物——它们是海洋食物链的基础——的生产力在热带和亚热带海域将有所下降，而在高纬度地区则可能保持不变或略有提高［施泰因阿赫尔·（Steinacher）等，2010 年］。

极地地区

极地地区是气候变化最敏感的生态系统之一［北极气候影响评估（ACIA），2004 年，米尔（Meehl）等，2007 年］。因此，了解海洋在这些地区的作用至关重要。所有的人都承认，北极和南极半岛区域的环境近来发生了重大的变化。例如，北极地区气温上升

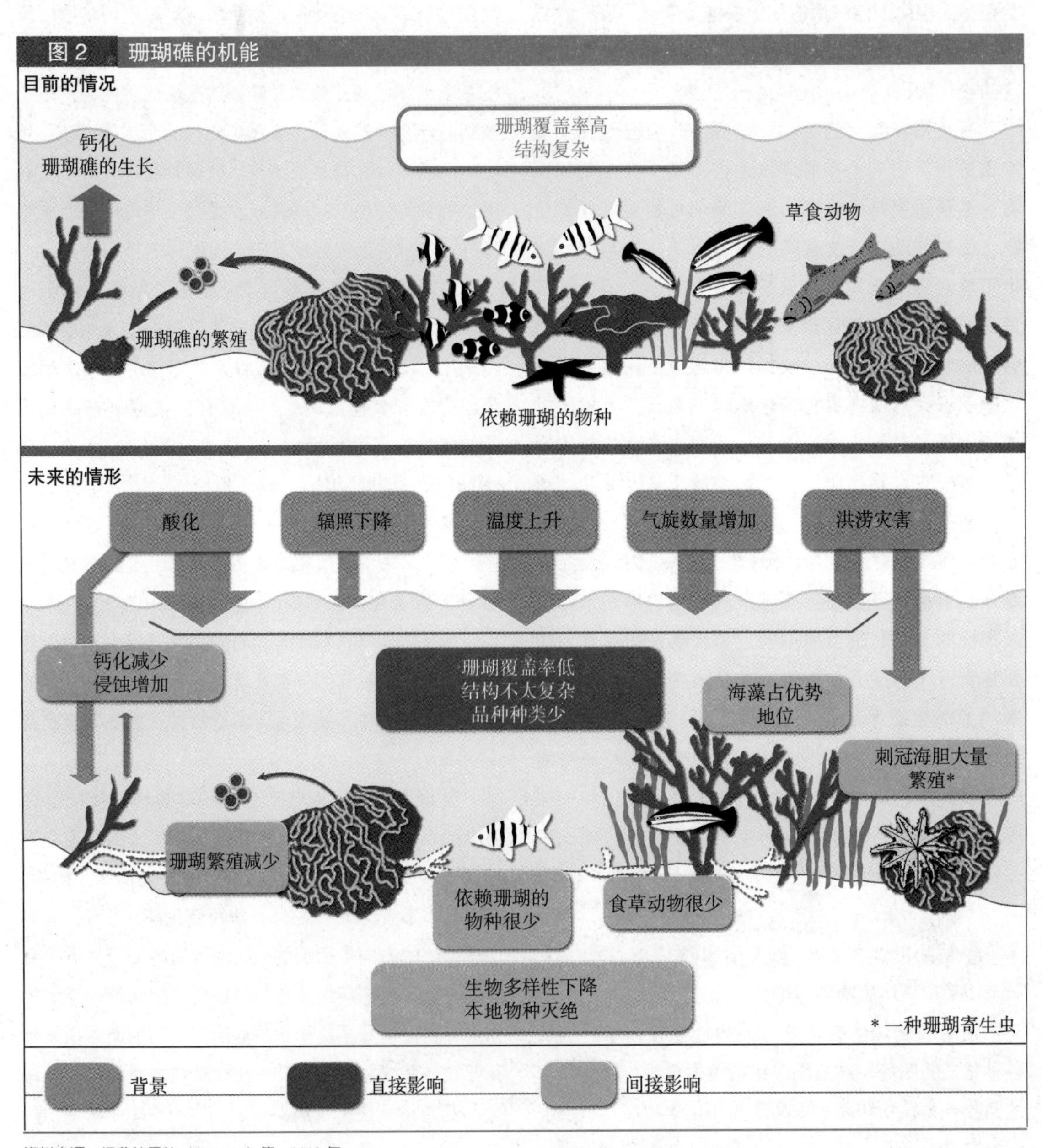

资料来源：据费特里特（Fettereet）等，2010 年。

的速度是全球平均水平的两倍，海冰和陆地冰迅速融化，其融化的速度甚至比相关模型的预测还要快，靠近北极地区的大陆冻土层也出现了解冻的迹象（阿恩特等，2010 年；国家研究理事会，2010 年）。令人吃惊的是，过去 30 年，北冰洋夏末海冰的体积减小了 30%~40%（见图 3）。据计算机模型推算，到 21 世纪中叶，北冰洋在夏季将见不到任何冰的踪迹。在南极半岛，许多大型的浮冰 [包括拉森（Larsen）冰架和威尔金斯（Wilkins）冰架] 都已经部分或全部崩塌，并由此而形成了新的自由航道。

这些变化已对海洋和陆地生态系统产生了令人震惊和深刻的影响，并将不可避免地对人类群体产生影响 [阿尼西莫夫（Anisimov）等，2007 年]。人们已经发现，在高纬度地区一些特定海洋生态系统所发生的变化已经对北极熊、海象和企鹅等一些标志性物种产生了影响。这些变化还可能影响到养育着全球数百万人的商业捕捞业。许多极地动物在获取食物、寻找栖息地以及在其部分或全部生命周期里进行繁殖时，都离不开海冰。这些海冰的迅速消失使这里的某些物种大量死亡，有时甚至导致局部地区某些物种的灭绝或被生活在副极地地区的其他一些物种所取代 [达克洛（Ducklow）等，2007 年]。事实上，正是由于气候变化和海冰的减少才使得北极熊在美国的《濒危物种法》(Endangered Species Act) 中被列为“濒危物种”。

与此同时，北冰洋夏季海冰的减少还可能将大量的人吸引到这里：北冰洋海洋资源的开发（如渔业捕捞）或石油和天然气开采，海上航线向一些敏感或至今人们仍知之甚少的区域推进展等。对于这些活动所可能产生的影响，研究人员将很难做出评估。要想做到这一点，他们必须首先建立起许多先进的观察系统，更好地了解极地生态系统与极地气候的动态变化。更重要的是，为了能更好地做出预测和评估这些变化的后果，科研人员必须在极地生态系统对人为干扰加剧的敏感性方面拥有更丰富的信息。

珊瑚礁

珊瑚礁在地球上所占的面积将近 60 万平方公里，称得上是地球上生物多样性最为丰富的生态系统之一。更重要的是，它们为各类幼鱼提供了栖身地。此外，全球数千种珊瑚为大约 3000 万人提供了基本的食物来源。此外，珊瑚礁还具有其他一些功能，尤其是保护海岸防止其受到海浪的侵袭。珊瑚礁还具有极高的经济价值，尤其是作为旅游资源的价值。今天，珊瑚礁却受到了人类活动、气候变化以及海洋酸化的严重威胁。

沿海居民过度采集珊瑚礁，所采集的量大大超过生态系统自然恢复能力的现象并不罕见。因森林砍伐、城市、工业和农业垃圾和（或）沉积物的侵蚀等造成的陆地源污染造成了水质的下降，从而对珊瑚礁的最重要组成部分——十分敏感的珊瑚虫造成了不良影响。这种紧张状态已严重损害了海洋的生物多样性，加重了气候变暖和其他一些自然现象的影响，如太平洋东部热带海域表面海水的水温变暖，形成人们所说的厄尔尼诺南方涛动现象（ENSO）[①]。全球珊瑚礁监测网 2008 年预测，全球 20% 的珊瑚礁已彻底消失，近 50% 面临非常严重的威胁，只有 30% 目前尚未面临威胁（见图 2）[威尔金森（Wilkinson），

---

① 厄尔尼诺南方涛动现象会对海洋和大气同时产生影响：它会破坏全球大气环流，改变区域气候条件（尤其改变飓风的轨迹和数量），并增加太平洋东部水灾和西部地区干旱的威胁。此外，我们也知道，厄尔尼诺南方涛动现象会导致渔业捕获量的下降。

2008 年］。

鉴于当今世界城市在沿海地区的发展势头，珊瑚礁所面临的紧张状态未来似乎不会得到缓解：事实上，在气候变化的影响下，一些局部和区域的威胁变得更加严重了。珊瑚礁的生存主要取决于气候的变化，这不仅因为气候变化可能带来更猛烈的风暴，而且还因为它与以下三个主要过程密不可分：表层海水变暖、海洋的酸化以及海平面的上升。珊瑚动物（珊瑚虫）对于温度的变化非常敏感。珊瑚白化的现象——珊瑚虫提供营养的虫黄藻因为受到压力而发生了颜色改变——就与水温的异常增高有关。事实上，虫黄藻（与珊瑚虫共生的微小单细胞藻类）离开了其所寄生的珊瑚虫，从而使珊瑚虫丧失了自己所需的养分，最终导致珊瑚虫变成白色。珊瑚虫的死亡也可能是由于海洋的化学成分发生变化而引起的，这种变化也可能导致珊瑚礁变白。随着被溶解的二氧化碳的增加，海水的酸性也会增强，珊瑚虫的石灰质骨骼可能因此而无法长成。随着海平面上升，珊瑚只能选择生长或者死亡，因为虫黄藻需要接近水面的阳光才能进行光合作用。目前，谁也不清楚珊瑚将如何应对海平面的上升，但迄今人们提出了以下三种假设：（1）随着水位的上升同时生长；（2）在经历了一段时间的相对濒死状态后，它们最终会继续生长，生长速度甚至超过水位上升的速度；（3）它们最终因为挺不过去而全部死亡。

沿海地区

除了珊瑚礁之外，受气候变化以及地方和区域人类印记增加威胁的还有沿海环境——我们的许多资

图 3　北极冰的融化

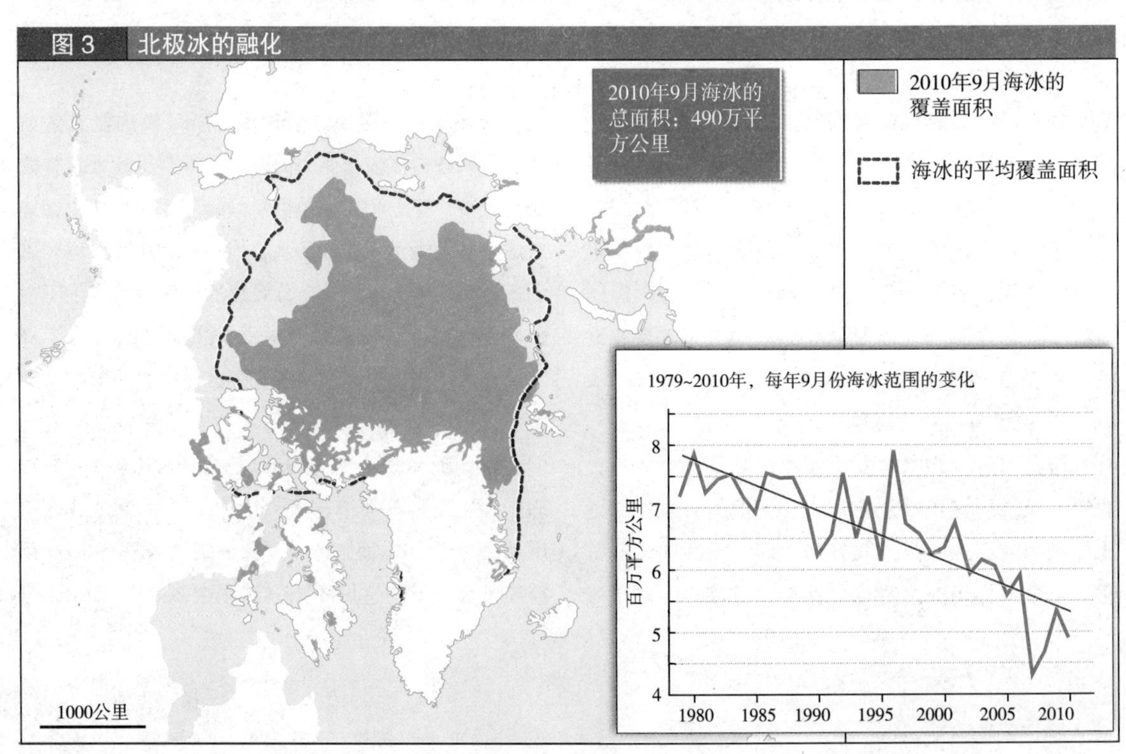

资料来源：据费特雷（Fetterer F.）、诺尔斯（Knowles K.）、魏尔（Meier W.）和萨瓦（Savoie M.），2002 年。2010 年更新。

源都依赖这一环境。因气候变化而导致的水位上升会威胁到低海拔地区的海岸以及生活在这里的民众［尼科尔斯（Nicholls）等，2007 年］，而且如果这种势头得不到遏制，就在 21 世纪里，它将造成十分严重的社会、经济和环境后果。目前，地球上大约一半的人口生活在靠近海岸的地区，而这其中有 1/5 将被淹没。全世界 2/3 的大城市位于海边。那些低海拔国家以及岛国将被洪水淹没或受到洪灾泛滥以及风暴潮的威胁。

无论对沿海地区来说还是对其他地区来说，气候变化当然不是唯一的威胁，但它会加剧现有的一些人为压力因素。例如，沿海开发、污染、气候变化以及海平面上升等，这些因素的综合作用很可能会破坏珍贵的生态系统（盐沼、河口、海草和红树林等）——而这些生态系统发挥着大型海洋渔场的养育场这一至关重要的作用。同样，来自农业用地的多余养分给许多沿海和河口地区带来了很多问题，因为它们容易形成一些缺氧或者含氧量低的地区（即所谓的“死亡地带”）——这对鱼类和海洋无脊椎动物是十分有害的。在一些沿海地区，水位的上升、风向以及海洋环流模式的改变也会加剧沿海缺氧的频率和严重程度（多尼，2001 年）。在适应沿海气候变化的过程中，需要付出最大代价的首先是那些穷国和最不发达国家（见表 1）。

海平面上升的应对策略

2008 年法国担任欧盟轮值主席国期间，曾起草过一份有关如何应对水位上升的报告［比莱（Billé）和罗谢特（Rochette），2008 年］。这份报告提出了三种优先于“不行动策略”的适应策略：保护、“适应”和撤退战略。表 1 对各种策略的优缺

表 1 不同适应策略的优点与缺点

适应策略	优　点	缺　点
保护 加固海岸线（堤坝，抛石）或针对侵蚀的原因进行整治（防波堤、突堤、重新抛放砂石等）	——可以迅速解决本地的问题 ——社会接受度高	——成本高 ——只是将侵蚀现象转移到了其他地方 ——沉积功能将从此丧失
——“适应”（自然和人类系统做出调整，以适应新的或变化的环境） ——通过制定新的建筑法以适应新现象（分区规划，抬高地基等） 对毁坏的财产或系统进行补偿的措施	——节省空间和自然海岸线得到保护 ——地方政治 ——低成本 ——避免赔偿和保护工程的额外费用	——非正规的地方性措施 ——不是长久之计
撤退战略 ——将一些受威胁的设施迁移至内陆	——短期和长期效率俱佳 ——不存在维护问题 ——不会对沉积功能产生影响	——需要在内陆为所迁移的设施或活动腾出空间 ——在那些经济和社会价值很高的区域或者重要的基础设施或城市化区域，这一切将难以实施 ——社会接受度低
不采取行动 ——做出决定不采取行动	尊重自然功能	只能在那些价值度低的区域实行

资料来源：据帕斯科夫（Paskoff），2001 年以及比莱（Billé）和罗谢特（Rochette），2008 年。

表 2

以下是沿海生态系统保护战略的两个例子：

1）人们可以让自然界形成自我适应的能力，也就是说不能让基础设施——其中一些已经存在——给当地环境带来不可逆转的压力。这意味着要么将其中的一些设施迁移走，要么通过设立"禁建区"（在这个区域内不允许兴建任何建筑物或其他设施）的方式来避免建设新设施。气候变化也应当被纳入环境影响的研究当中，还应当被纳入国土整治和城市规划当中。

2）人们也可以选择促进沿海栖息地和物种的适应能力这一方式：气候威胁与一些长期存在的现象（生态系统的碎片化、污染和过度捕捞等）共同作用，这使得人们必须去建立规模更广、数量更多、管理更完善、彼此间互联（保护区网络、走廊和绿色网络等）的保护区，也迫使人们采取行动以减少或迁移那些偶发的污染源（城市和工业污染）和弥漫性污染源（农业污染），并减少对栖息地的破坏（疏浚和底拖网）。

在保护人类住区方面，可以采取多种策略：

1）撤退战略规划：将一些受威胁的住房迁移至内陆，以防止其受到沿海灾害的威胁，也就是说要对沿海部分区域去人工化。这一战略显然存在着一个需要被各利益相关方所接受的问题，但经验表明，在其中所牵涉的利益关系不是太大的情况下，这种方法是可行的。

2）通过《风险防范计划》《城市规划》或者一些旨在禁止或限制在靠近海岸的大片土地上进行建设的规定等来进行风险管理。这些"禁建地"规模的大小则主要取决于当地的地形、沉降率、受侵蚀的速度以及一定的时间跨度内海平面上升的预期水平（比如100年内上升2米）等。

3）保险和补偿机制。在某些情况下，此类机制要比其他类型的措施更有效、更省钱。不过，用保险甚至是不能投保来诱导搬迁本身也是有风险的。

4）在没有其他解决方案的情况下（高度城市化的区域、十分密集却不能搬迁的经济活动、发电厂等生命周期很长却又十分危险的基础设施），需采取强硬的措施来保护海岸。

5）最后，在其他情况下，给海滩人工回填沙子的方式从经费开支上可能会比其他解决方案更具有吸引力。但是需要再次强调指出的是，采取这一做法必须充分考虑到当地的各种因素（沙粒的大小、新沙回填的位置、所受侵蚀的模式以及对下游的影响等）。

点进行了总结分析。在此基础上，我们可以进一步探讨推进沿海生态系统养护和人类住区保护战略的具体例子。

挑战

面对迫在眉睫的气候变化威胁，特别是那些因为人类活动或自然进程而变得更严重的威胁，如果我们想遏制这种变化的势头，或减轻海洋或海岸环境所受到的压力（过度捕捞、水体富营养化和湿地的破坏等），我们就必须立即采取行动。我们不能以期待海洋学研究未来取得的进展为借口，来推迟当前应采取的政治行动。今天，有一点似乎已十分清楚，无论我们将在减少当前和未来的温室气体排放方面采取什么样的措施，我们这个星球的气候正在发生着剧烈的变化。未来几十年间我们所做出的决定将影响到几个世纪，甚至是数千年之后的地球气候［所罗门（Solomon）等，2009 年；国家研究理事会，2010 年］。整个地球上的人类将不得不去适应这些变化所带来的影响，而且如果我们仍像今天这样始终无意去采取一些缓解措施的话，那么随着时间的推移，这些影响将越来越严重。面对环境条件的改变，沿海地区以及生活在这里的民众显然要更加脆弱，它们也更需要为适应这些影响而有所准备。

目前，已经出现了一些不错的应对策略：大力发展符合一个地区实情的、管理精良的水产养殖业，而不是一味地去捕捉那些野生物种；在内陆建立一些旅游设施或住宅，而不是一味地破坏海岸沙丘；教育消费者更加关注鱼类种群和渔业的枯竭问题。简言之，在制定适应战略时以下三大因素是至关重要的。首先，重要的是要考虑气候变化将如何影响明天的人类社会，而不只是今天的人类社会，尽管相关的推算方式将因此而变得更加复杂；必须建立起一些综合的长期预测机制，如要考虑到人口增长、沿海城市化以及粮食需求等问题。其次，只有那些对背景有明确界定的解决方案才是好方案。就适应气候变化而言，在某一条件下被认为是“好做法”的方法在另一种条件下可能就是有害的，甚至可能引发一些不可逆转的情况，或者引发一些与气候无关的紧张关系。最后，适应气候变化的战略也必须是可以实现的，尽管它们会受到一些经济和（地缘）政治的约束；它们还必须考虑采取一些激励机制，鼓励个人、企业、组织和公权机关采取行动，为某一共同目标努力或者共同来反对它。

此外，人们迫切需要一个能为气候服务计划提供支持的全国性、区域性或全球性的组织网络。这一网络将负责收集和整理一些与气候和海洋相关的信息，提供数据产品和服务，促进服务商和用户之间的对话。与此同时，更重要的一点是，政治家和决策者以及那些知情的公民必须表明：自己愿意在掌握了海洋科学所提供的最全面信息的基础上而有所行动。这就是为什么我们必须把深化科学知识放在一个优先的位置。

致谢：

这份研究报告借鉴了海洋生物实验室和伍兹霍尔海洋研究所共同起草的《白皮书》的部分内容。该《白皮书》是在 2009 年 12 月哥本哈根《联合国气候变化框架公约》缔约方第 15 次会议期间举行的“国际海洋日”庆祝活动期间发表的。更详细的信息请参阅伍兹霍尔海洋研究所的网站：www.woodsholeconsrtium.org。

这一报告也借鉴了由欧盟研究司所资助的 CIRCE（气候变化及其影响研究：地中海的环境）研究项目的主要成果。有关详情，请参阅：www.circeproject.eu/。

参考文献

Allsopp M., Page R., Johnston P. et Santillo D., 2009, *State of the World's Oceans*, Londres, Springer.

Anisimov O. A., Vaughan D. G., Callaghan T. V., Furgal C., Marchant H., Prowse T. D., Vilhjálmsson H. et Walsh J. E., 2007, "Polar regions (Arctic and Antarctic)", *in* Parry M. L., Canziani O. F., Palutikof J. P., Van der Linden P. J. et Hanson C. E. (éd.), *Climate Change 2007: Impacts, Adaptation and Vulnerability. Contribution of Working Group II to the Fourth Assessment Report of the Intergovernmental Panel on Climate Change*, Cambridge et New York, Cambridge University Press.

Arctic Climate Impact Assessment (ACIA), 2004, *Impacts of a Warming Arctic: Arctic Climate Impact Assessment*, Cambridge et New York, Cambridge University Press.

Arndt D. S., Baringer M. O. et Johnson M. R. (éd.), 2010 "State of the Climate in 2009", *Bulletin of the American Meteorological Society*, 91(7), S1-S224.

Billé R. et Rochette J., 2008, « La GIZC face au changement climatique », document de cadrage pour la conférence *La Gestion intégrée des zones côtières en Méditerranée du local au régional : comment stopper la perte de la biodiversité ?*, Nice, France, 18-19 décembre. Disponible sur : www.iddri.org/Activites/Interventions/081218_Papier-cadrage-GIZC.pdf

Carreno M., Belair C. et Romani M., 2008, « Répondre à l'élévation du niveau de la mer en Languedoc-Roussillon », *La Lettre des Lagunes*, hors-série n° 1.

Cheung W. W. L., Lam V. W. Y., Sarmiento J. L., Kearney K., Watson R., Zeller D. et Pauly D., 2010, "Large-scale redistribution of maximum fisheries catch potential in the global ocean under climate change", *Global Change Biology*, 16(1), p. 24-35. DOI : 10.1111/j.1365-2486.2009.01995.x.

Doney S. C., 2010, "The growing human footprint on coastal and open-ocean biogeochemistry", *Science*, 328, p. 1512-1516.

Doney S. C., Fabry V. J., Feely R. A. et Kleypas J. A., 2009, "Ocean acidification: the other CO_2 problem", *Annual Review of Marine Science*, 1, p. 169-192.

Ducklow H. W., Baker K., Martinson D. G., Quetin L. B., Ross R. M., Smith R. C., Stammerjohn S. E., Vernet M. et Fraser W., 2007, "Marine pelagic ecosystems: The West Antarctic Peninsula", *Philosophical Transactions of the Royal Society B-Biological Sciences*, 362 (1477), p. 67-94.

Feely R. A., Doney S. C. et Cooley S. R., 2009, "Ocean acidification: present conditions and future changes in a high-CO_2 world", *Oceanography*, 22(4), p. 36-47.

Fetterer F., Knowles K., Meier W. et Savoie M., 2002, actualisé en 2010, *Sea Ice Index*, Boulder, Colorado (États-Unis), National Snow and Ice Data Center, article numérique.

Magnan A., 2009, « La vulnérabilité des territoires littoraux au changement climatique : mise au point conceptuelle et facteurs d'influence », *Analyses*, n° 1, Iddri.

Meehl G. A., Stocker T. F., Collins W. D., Friedlingstein P., Gaye A. T., Gregory J. M., Kitoh A., Knutti R., Murphy J. M., Noda A., Raper S. C. B., Watterson I. G., Weaver A. J. et Zhao Z.-C., 2007, "Global Climate Projections", *in* Solomon S., Qin D., Manning M., Chen Z., Marquis M., Averyt K. B., Tignor M. et Miller H. L. (éd.), *Climate Change 2007: The Physical Science Basis. Contribution of Working Group I to the Fourth Assessment Report of the Intergovernmental Panel on Climate Change*, Cambridge et New York, Cambridge University Press.

National Research Council, 2010, *Climate Stabilization Targets: Emissions, Concentrations and Impacts over Decades to Millennia*, Washington D.C., National Academies Press.

Nicholls R. J., Wong P. P., Burkett V. R., Codignotto J. O., Hay J. E., McLean R. F., Ragoonaden S. et Woodroffe C. D., 2007, "Coastal systems and low-lying areas", *in* Parry M. L., Canziani O. F., Palutikof J. P., Van der Linden P. J. et Hanson C. E., (éd.), *Climate Change 2007: Impacts, Adaptation and Vulnerability. Contribution of Working Group II to the Fourth Assessment Report of the Intergovernmental Panel on Climate Change*, Cambridge et New York, Cambridge University Press, p. 315-356.

Nye J. A., Link J. S., Hare J. A. et Overholtz W. J., 2009, "Changing spatial distribution of fish stocks in relation to climate and population size on the Northeast United States continental shelf", *Marine Ecology-Progress Series*, 393, p. 111-129. DOI : 10.3354/meps08220.

Paskoff R., 2001, *L'Élévation du niveau de la mer et les espaces côtiers*, Paris, Institut océanographique.

Solomon S., Plattner G.-K., Knutti R. et Friedlingstein P., 2009, "Irreversible climate change due to carbon dioxide emissions", *Proceedings of the National Academy of Sciences*, 106(6), p. 1704-1709.

Steinacher M., Joos F., Frölicher T. L., Bopp L., Cadule P., Cocco V., Doney S. C., Gehlen M., Lindsay K., Moore J. K., Schneider B. et Segschneider J., 2010, "Projected 21st-century decrease in marine productivity: a multi-model analysis", *Biogeosciences*, 7(3), p. 979-1005.

Wilkinson C. (éd.), 2008, *Status of Coral Reefs of the World: 2008*, Townsville, Global Coral Reef Monitoring Network and Reef and Rainforest Research Center.

图书在版编目（CIP）数据

海洋的新边界 /（法）雅克，（印度）帕乔里，（法）图比娅娜主编；潘革平译．—北京：社会科学文献出版社，2013．4
（看地球；2）
ISBN 978－7－5097－4104－7

Ⅰ.①海…　Ⅱ.①雅…②帕…③图…④潘…　Ⅲ.①海洋经济学－世界　Ⅳ.①P74

中国版本图书馆 CIP 数据核字（2012）第 304580 号

海洋的新边界（看地球Ⅱ）

主　　编 / 皮埃尔·雅克　拉金德拉·K. 帕乔里　劳伦斯·图比娅娜
译　　者 / 潘革平

出 版 人 / 谢寿光
出 版 者 / 社会科学文献出版社
地　　址 / 北京市西城区北三环中路甲 29 号院 3 号楼华龙大厦
邮政编码 / 100029

责任部门 / 全球与地区问题出版中心（010）59367004
电子信箱 / bianyibu@ssap.cn
项目统筹 / 祝得彬
经　　销 / 社会科学文献出版社市场营销中心（010）59367081　59367089
读者服务 / 读者服务中心（010）59367028
责任编辑 / 董风云　段其刚
责任校对 / 丁爱兵
责任印制 / 岳　阳

印　　装 / 北京画中画印刷有限公司
开　　本 / 787mm × 1092mm　1/16
印　　张 / 12.25
版　　次 / 2013 年 4 月第 1 版
字　　数 / 308 千字
印　　次 / 2013 年 4 月第 1 次印刷
书　　号 / ISBN 978－7－5097－4104－7
著作权合同登记号 / 图字 01－2012－7271 号
定　　价 / 49.00 元